理論統計学教程

吉田朋広 / 栗木 哲 / 編

従属性の統計理論

時空間統計解析

矢島美寛・田中 潮 著

共立出版

「理論統計学教程」編者

吉田朋広(東京大学大学院数理科学研究科)
栗木　哲(統計数理研究所数理・推論研究系)

「理論統計学教程」刊行に寄せて

　理論統計学は，統計推測の方法の根源にある原理を体系化するものである．その論理は普遍的であり，統計科学諸分野の発展を支える一方，近年統計学の領域の飛躍的な拡大とともに，その体系自身が大きく変貌しつつある．新たに発見された統計的現象は新しい数学による表現を必要とし，理論統計学は数理統計学にとどまらず，確率論をはじめとする数学諸分野と双方向的に影響し合い発展を続けており，分野の統合も起きている．このようなダイナミクスを呈する現代理論統計学の理解は以前と比べ一層困難になってきているといわざるをえない．統計科学の応用範囲はますます広がり，分野内外での連携も強まっているため，そのエッセンスといえる理論統計学の全体像を把握することが，統計的方法論の習得への近道であり，正しい運用と発展の前提ともなる．

　統計科学の研究を目指している方や応用を試みている方に，現代理論統計学の基礎を明瞭な言語で正確に提示し，最前線に至る道筋を明らかにすることが本教程の目的である．数学的な記述は厳密かつ最短を心がけ，数学科および数理系大学院の教科書，さらには学生の方の独習に役立つよう編集する．加えて，各トピックの位置づけを常に意識し，統計学に携わる方のハンドブックとしても利用しやすいものを目指す．

　なお，各巻を (I)「数理統計の枠組み」ならびに (II)「従属性の統計理論」の二つのカテゴリーに分けた．前者では全冊を通して数理統計学と理論多変量解析を俯瞰すること，また後者では急速に発展を遂げている確率過程にまつわる統計学の系統的な教程を提示することを目的とする．

　読者諸氏の学習，研究，そして現場における実践に役立てば，編者として望外の喜びである．

編者記す

序　　文

　すべてのデータは時間の推移とともに様々な地点において実験や観測によって採取される時空間データ (spatio-temporal data) である．したがって従来から統計科学は時空間データの解析に携わってきたといえる．しかし本書で定義する時空間統計解析とは，データに内在する時空間的相互作用を明確に考慮した統計モデルを構築し，このモデルに基づいてデータの時空間的変動メカニズムを明らかにすることを目的とした解析を意味する．近年新たな発展を遂げている統計科学諸分野の中でも，最も注目を浴びているテーマの1つであり，関係する学問分野は自然科学から人文・社会科学に至るまで広範囲にわたる．したがって時空間統計解析は「究極の統計科学」ともいえる．

　本書では「理論統計学教程」シリーズの趣旨に沿い，特に時空間統計解析で用いられる様々なモデルの性質および推測理論について数学的に厳密かつ端的に解説することを目的としている．巻末の参考文献において紹介するように時空間統計解析の理論に関して解説した洋書は少なからず存在する．一方，著者達の知る限り和書は数少ない．本書で必要となる最小限の数学的知識は第9章「数学的補論」において説明し，厳密性を欠くことなく平易な解説を目指した．それでも通常の理論統計学と異なる数学的概念・知識も必要とし，読者におかれては初読の際には理解しがたいトピックもあると思うが，あまり神経質にならず参考文献で理解を深めつつ繰り返し学習していただければ幸いである．

　章ごとの数学的記号・術語の統一性に可能な限り努めたが，分野ごとに定着した記号・術語の使用法もあり，それらを尊重した章もある．特に第6章「点過程論」では他の章と異なる使用法もあるが，混乱の生じないよう工夫し

たのでご寛恕いただきたい．

　上述のように，本書は時空間統計解析の理論について解析している．しかし応用分野は地球温暖化，地震や津波の発生，鳥インフルエンザなどの感染性疾病の伝播，動植物の植生・生態の変化，欧州統合や環太平洋経済連携協定交渉に象徴される経済活動の国際化，さらには都市の集積メカニズムなど，環境学・疫学・経済学・地域科学を含む広範な学問分野にわたる．これらの時空間統計モデルに基づく実証分析に関心のある読者は，巻末に挙げた書籍・論文をご一読願いたい．また著者達の力不足により割愛した重要なトピック，たとえば「時空間ベイズ統計解析」についても巻末の参考文献に代表的な文献を列挙しているので参考にしていただきたい．本書が読者の方々に時空間統計解析への興味を惹起することを望むとともに，忌憚のないご意見をいただければ幸いである．

　最後に本書の執筆をお薦めくださった吉田朋広先生（東京大学），栗木哲先生（統計数理研究所），草稿改訂に際し有益なコメントをくださった査読者の方，様々なご支援をいただいた共立出版編集部の皆様に衷心より謝意を表したい．

目　　　次

序　文 ……………………………………………………………… v

第1章　序　　　論 ………………………………………………… 1
　1.1　時空間統計解析について ………………………………… 1
　1.2　時空間データの数学的表現 ……………………………… 2
　1.3　データの種類 ……………………………………………… 3
　1.4　次章以降の構成 …………………………………………… 5

第2章　定常確率場の定義と表現 ………………………………… 6
　2.1　定常確率場の定義 ………………………………………… 6
　2.2　自己共分散関数のスペクトル表現 ……………………… 12
　2.3　定常確率場のスペクトル表現 …………………………… 19

第3章　定常確率場に対するモデル ……………………………… 27
　3.1　定常確率場自身に対するモデル ………………………… 28
　3.2　自己共分散関数・スペクトル密度関数に対するモデル (1)
　　　　等方型・分離型モデル …………………………………… 48
　3.3　自己共分散関数・スペクトル密度関数に対するモデル (2)
　　　　非等方型・非分離型モデル ……………………………… 58
　　　3.3.1　はじめに ……………………………………………… 58
　　　3.3.2　自己共分散関数 ……………………………………… 59

3.3.3　確率偏微分方程式 ……………………………………… 63
　　　3.3.4　スペクトル密度関数 ……………………………………… 66
　　　3.3.5　混合法 ……………………………………………………… 67
　　　3.3.6　自己共分散関数の線形結合 ……………………………… 68

第4章　定常確率場の推測理論 ……………………………………… 75
　4.1　サンプリング方法の定式化 ………………………………………… 75
　4.2　混合条件 ……………………………………………………………… 77
　4.3　自己共分散関数の推定 ……………………………………………… 79
　　　4.3.1　等間隔・増加領域漸近論 ………………………………… 79
　　　4.3.2　不等間隔・増加領域漸近論 ……………………………… 86
　4.4　パラメトリックモデルの推定 ……………………………………… 100
　　　4.4.1　推定量と端効果 …………………………………………… 100
　　　4.4.2　テイパー型ピリオドグラム ……………………………… 102
　　　4.4.3　等間隔・増加領域の場合のパラメータ推定 …………… 112
　　　4.4.4　その他の漸近理論 ………………………………………… 117
　4.5　モデルの検定 ………………………………………………………… 120
　4.6　補題とその証明 ……………………………………………………… 123

第5章　時空間データの予測 ………………………………………… 128
　5.1　最良線形予測量 ……………………………………………………… 128
　5.2　最良線形不偏予測量 ………………………………………………… 132
　5.3　ブロック・クリギング ……………………………………………… 135
　5.4　共分散テイパリング ………………………………………………… 138

第6章　点過程論 ……………………………………………………… 145
　6.1　点過程の歴史的背景と研究事例 …………………………………… 146
　6.2　点過程 ………………………………………………………………… 147
　6.3　強度測度 ……………………………………………………………… 149
　6.4　Poisson 点過程と Neyman-Scott クラスター点過程 …………… 152

	6.4.1　Poisson 点過程	152
	6.4.2　Neyman-Scott クラスター点過程	154
6.5	Palm 理論と Palm 型最尤法	157
	6.5.1　Palm 強度	157
	6.5.2　Palm 強度と Ripley の K-関数	159
	6.5.3　Palm 型最尤法	162

第 7 章　地域データに対するモデル　164

7.1	空間自己回帰モデルと条件付き自己回帰モデル	165
7.2	隣接行列により表現された SAR および CAR モデルの性質	170
7.3	SAR モデルの推定	173
7.4	時空間地域モデル	185
7.5	補　　題	186

第 8 章　非定常モデル　189

8.1	固有定常確率場	189
8.2	バリオグラムに対する推測理論	201
8.3	たたみ込み法	204

第 9 章　数学的補論　207

9.1	測度論・確率論	207
9.2	線 形 空 間	216
9.3	Fourier 変換	228

参考文献ガイドおよび補足	237
参 考 文 献	242
索　　引	253

第1章

序　　論

本章ではまず時空間統計解析の概要を述べ，次に時空間データをどのように数学的に表現するか，またこの表現に基づいて分類される3種類のデータについて解説する．最後に次章以降の本書の内容について紹介する．

1.1　時空間統計解析について

　すべてのデータは，時間の推移とともに様々な地点において実験や観測によって採取される**時空間データ** (spatio-temporal data) である．したがって従来から統計科学は時空間データの解析に携わってきたといえる．しかし本書でいう**時空間統計解析** (spatio-temporal statistical analysis) とは，データに内在する時空間的相互作用を明確に考慮した統計モデルを構築し，このモデルに基づいてデータの時空間的変動メカニズムを明らかにすることを目的とした解析を意味する．

　近年新たな発展を遂げている統計科学諸分野の中でも，時空間統計解析は最も注目を浴びている分野の1つといえる．その理由としては，環境学・疫学・経済学・地域科学を含む広範な学問分野においてグローバルな視点からその時空間的変動メカニズムを緊急に解明しなければならない問題に我々が直面していることにある．

　一方これらのデータを収集・解析するためのインフラストラクチャーとして，リモートセンシング，全地球測位システム (Global Positioning System,

GPS），地理情報システム (Geographical Information System, GIS) などの科学技術が発展してきた．またユーザーに使い勝手の良い統計解析ソフトウエアが普及し，さらには大規模データが瞬時に解析可能な高速計算機が開発されてきている．

このような時代状況を意識しつつ，本書では時空間データを解析するための統計モデルおよびその理論的性質・推測理論について説明する．

ここでいくつか注意を与えておく．本書の目的はいま述べたように時空間統計解析において基本となるモデルの理論的性質，それに対する推測理論について厳密な証明に基づき解説することにある．ただし証明が簡潔になり本質が見えやすくなるように原論文と仮定を変更しているところもある．また統計科学はそれ自身の理論的発展を期するとともに，一方で上述のような分野における実証分析に貢献するためにある．本書を読了後，時空間統計解析の理論についてさらに深く勉強されたい方，また実際データへの応用に興味のある方のために巻末に参考文献ガイドを掲げておく．なお本書執筆時点においてもこの分野は目覚ましい発展を遂げている．割愛したトピックも多々あり，次章以降の内容は選択的であり網羅的ではない．さらに選択した内容についても分量は均一ではない．1つの理由は，この分野を扱った従来の和書ではあまり扱われていない重要トピックの詳細な説明に重点を置いたことにある．また著者達の説明能力・興味の範囲に依存していることにも起因する．本書で十分にカバーできなかったトピックに関する書籍・論文も参考文献ガイドに掲げてあるので今後の勉強の参考にしていただきたい．

1.2　時空間データの数学的表現

本節では時空間データの数学的表現を与える．実数の全体を $\boldsymbol{R} = (-\infty, \infty)$ とし，その d 次元 Euclid 空間は $\boldsymbol{R}^d$ $(d = 1, 2, \ldots)$ と表す．また整数の全体を $\boldsymbol{Z} = \{0, \pm 1, \pm 2, \ldots\}$ とし，その d 次元直積集合 $\boldsymbol{Z} \times \cdots \times \boldsymbol{Z} = \{(z_1, z_2, \ldots, z_d) \mid z_i \in \boldsymbol{Z}, i = 1, 2, \ldots, d\}$ は $\boldsymbol{Z}^d$ と表す．$\boldsymbol{R}^d$ と $\boldsymbol{Z}^d$ を統一的に表す場合には $\boldsymbol{K}^d$ とする．

次に観測地点・時点 (site) を $\boldsymbol{s} = (s_1, s_2, \ldots, s_d)' (\in \boldsymbol{K}^d)$ とする．$'$ はベク

トルの転置とする．$Y(\boldsymbol{s})$ はある確率空間 $(\Omega, \mathcal{F}, P)$ 上で定義された確率変数あるいは確率ベクトルとし，$\boldsymbol{s}$ において観測されるデータを表す．ここで Ω は標本空間，$\mathcal{F}$ は Ω の部分集合を要素とするある σ-代数，P は $\mathcal{F}$ 上で定義された確率とする．$Y(\boldsymbol{s})$ が確率変数のときは一変量データ，確率ベクトルのときは多変量データである．たとえば $d = 2$ のときには，$\boldsymbol{s}$ は 2 次元ベクトルで第 1, 2 座標は各々緯度，経度を示し，$Y(\boldsymbol{s})$ はその地点における地価などを考えればよい．また $d = 3$ であれば，$\boldsymbol{s}$ は 3 次元ベクトルで，第 1, 2, 3 座標は各々緯度，経度，高さを示し，$Y(\boldsymbol{s})$ はその地点における気温などとする．さらに観測時点も考慮する場合には，次元 d を 1 つ大きくし $\boldsymbol{s}$ の最後の座標が時点を表すとすればよい．先ほどの気温の例では $d = 4$ として，$\boldsymbol{s}$ の第 4 座標を時点にとればよい．時点を強調したいときには第 4 座標のみ分離して $t\,(\in \boldsymbol{K})$ と記し，データを $Y(\boldsymbol{s}, t)$ と表す．ただし本書を通じて，文脈によって明らかな場合には「観測地点・時点」と断らずに，時点のパラメータを含めて簡単に観測地点とよぶこともある．

$\boldsymbol{s}$ の動く領域を $D\,(\subset \boldsymbol{K}^d)$ としたとき，データの全体を $\{Y(\boldsymbol{s}) : \boldsymbol{s} \in D\}$ と書き，**確率場** (random field) という．簡単に $\{Y(\boldsymbol{s})\}$ と書く場合もある．なお $d = 1$ で時間の推移とともに観測されるデータを，**時系列データ** (time series data) あるいは単に時系列とよび，$\{Y(t)\}$ と書く．

1.3　データの種類

前節で定式化した表現に基づいて，時空間データは，**地点参照データ** (point-referenced data)，**地域（格子）データ** (areal (lattice) data)，**点配置データ** (point pattern data) の 3 種類に大別される．以下順番に説明する．

(a) 地点参照データ

D が正の体積をもつ d 次元直方体を含む $\boldsymbol{R}^d$ の部分集合であり，$\boldsymbol{s}$ が D 上を連続的に変化するとき，$\{Y(\boldsymbol{s}) : \boldsymbol{s} \in D\}$ を**地点参照データ** (point-referenced data) という．前節で例に挙げた気温のデータや風速・風向データなどがこのカテゴリーに分類される．理論的には空間上を連続的に変動していくが，実際

の観測値は有限個の地点および時点で得られる.

(b) 格子データ

D が高々可算個の点からなる $\boldsymbol{R}^d$ の部分集合のとき，$\{Y(\boldsymbol{s}) : \boldsymbol{s} \in D\}$ を **格子データ** (lattice data) あるいは **地域データ** (areal data) という．観測地点の間隔は規則的な場合と不規則な場合がある．前者の場合は D を $\boldsymbol{Z}^d$ あるいはその部分集合で表す．各格子に画素が与えられた画像データなどがこれに当たる．後者の例として，図 1.1 は 2001 年の首都圏における公示地価の観測地点を表している (Matsuda=Yajima [113])．なお地域データにおいては $Y(\boldsymbol{s})$ が地点 $\boldsymbol{s}$ におけるデータを意味する場合もあるが，ある行政地区における集計データなどではその地区の中心都市のデータとして割り当てることもある．その場合には，$\boldsymbol{s}$ を観測地点ではなく地域を代表する地点と解釈する方が自然である．たとえば都道府県別の失業率をその都庁，道庁，府庁，県庁所在地に割り当てる場合などがある．

(c) 点配置データ

観測地点 $\boldsymbol{s}$ そのものが確率変数となるデータを点配置データ (point pattern data) という．たとえばある事象が生起した地点のデータを解析する場合である．いま地点 $\boldsymbol{s}$ で地震が起きたときには $Y(\boldsymbol{s}) = 1$，起きなかったときには $Y(\boldsymbol{s}) = 0$ とする．このとき $\boldsymbol{N} = \{\boldsymbol{s} \mid Y(\boldsymbol{s}) = 1, \boldsymbol{s} \in D\}$ が地震の起きた地点の全体になる．起きた時点まで考慮すれば $\boldsymbol{N} = \{(\boldsymbol{s}, t) \mid Y(\boldsymbol{s}, t) = 1, (\boldsymbol{s}, t) \in D\}$ となる．震度を $M(\boldsymbol{s})$ とすれば，$\boldsymbol{N}$ と $\{M(\boldsymbol{s}) \mid \boldsymbol{s} \in \boldsymbol{N}\}$ の関連などについ

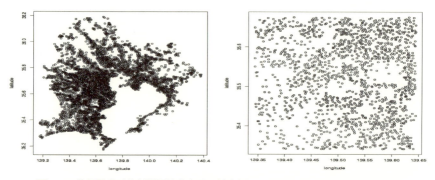

図 1.1 首都圏公示地価観測地点とその拡大図 (Matsuda-Yajima(2009) [113])

いて解析する．$M(s)$ を観測地点 s におけるマーク (mark) という．

1.4 次章以降の構成

　第 2 章から第 5 章ではそれぞれのデータに対するモデルとその性質，統計的推測理論を解説する．まず第 2 章では地点参照データを解析するための定常確率場とその性質を説明する．つづいて第 3 章では定常確率場に対する代表的なモデルを紹介する．定常確率場とは時間あるいは地点の平行移動に関して確率法則が不変な確率場で，時系列解析 (time series analysis) における定常過程の一般化である．これらの章では時系列解析と時空間統計解析の異同に留意しつつ，定常確率場の定義およびそのモデルを解説する．第 4 章では定常確率場の推測理論について説明する．第 5 章では地球統計学 (geostatistics) の分野ではクリギング (Kriging) とよばれている，定常確率場において既知の観測値から未知の観測値を予測する方法について議論する．

　第 6 章では地震の発生地点・時点や植物の繁茂や野生動物の生息状況などの分析に応用される点配置データに対するモデルおよび推測理論について説明する．

　第 7 章では主に時空間計量経済学 (spatio-temporal econometrics) の実証分析に応用される地域データに対するモデルおよびその推測理論について説明する．

　観測地域が広がるにつれ，また観測時間が長くなるにつれ，定常性を仮定したモデルは現実性を欠く場合が多くなる．第 8 章では近年特に発展を遂げている非定常モデルのいくつかを紹介する．

　最後に第 9 章では付録として第 2 章から第 8 章を理解するために必要となる数学的な基本事項をまとめてある．その詳細については巻末の参考文献で勉強されたい．

第2章

定常確率場の定義と表現

本章では定常確率場の定義・その性質を解説する．非定常的な挙動を示すデータを解析する非定常確率場については第 8 章で解説する．

2.1 定常確率場の定義

　一口に時空間データといっても，非常に多くの種類の時空間的変動を含んでいる．したがって時空間データを的確に表現する確率場も，時空間データの性質に依存して異なる．しかし時空間統計の 1 つの目的は，データが時点・地点とともに変化するにしても，それらに内在する時空間的に不変な構造・ダイナミズムを明らかにすることである．したがって不安定な挙動を示す確率場は時空間データを表現するモデルとしては不向きであり，時空間データ解析の出発点となるのは，時間・空間の推移に対して不変な確率構造を保持している定常確率場である．

　定常確率場とは，その挙動を規定する確率法則が時空間軸の平行移動に関して不変な確率場であり，仮定する条件の強弱により 2 種類ある．

　いま確率場 $\{Y(\boldsymbol{s}) : \boldsymbol{s} \in \boldsymbol{K}^d\}$ は実数値をとるとする．任意の n，任意の地点 $\boldsymbol{s}_i\,(i=1,\ldots,n)$ における $Y(\boldsymbol{s}_i)\,(i=1,2,\ldots,n)$ の同時確率分布関数を

$$F_{\boldsymbol{s}_1,\ldots,\boldsymbol{s}_n}(\boldsymbol{x}) = P(Y(\boldsymbol{s}_1) \leq x_1, Y(\boldsymbol{s}_2) \leq x_2, \ldots, Y(\boldsymbol{s}_n) \leq x_n) \tag{2.1}$$

とおく．ここで $\boldsymbol{x} = (x_1, x_2, \ldots, x_n)'$ とする．

[定義 2.1（強定常確率場）] 任意の n 個の地点 $\boldsymbol{s}_i\,(i=1,2,\ldots,n)$ をすべて任意のベクトル $\boldsymbol{h}\,(\in \boldsymbol{K}^d)$ だけ平行移動させて $\boldsymbol{s}_i + \boldsymbol{h}$ とする．このとき

$$F_{\boldsymbol{s}_1,\ldots,\boldsymbol{s}_n}(\boldsymbol{x}) = F_{\boldsymbol{s}_1+\boldsymbol{h},\ldots,\boldsymbol{s}_n+\boldsymbol{h}}(\boldsymbol{x}) \tag{2.2}$$

が成立するならば，$\{Y(\boldsymbol{s}) : \boldsymbol{s} \in \boldsymbol{K}^d\}$ を**強定常確率場** (strongly あるいは strictly stationary random field) という．

強定常性はすべての同時確率分布関数が任意の時空間軸の平行移動 $\boldsymbol{h}$ に対して不変であるという強い制約である．不変性を 2 次までのモーメント，期待値，共分散のみに弱めた確率場が弱定常確率場である．

[定義 2.2（弱定常確率場）] 確率場 $\{Y(\boldsymbol{s}) : \boldsymbol{s} \in \boldsymbol{K}^d\}$ が次の 3 条件をみたすとする．

(1) 任意の $\boldsymbol{s}$ に対して $E(Y(\boldsymbol{s})^2) < \infty$ である．
(2) 期待値は $\boldsymbol{s}$ に依存せず一定の値 $E(Y(\boldsymbol{s})) = \mu$ をとる．
(3) $Y(\boldsymbol{s})$ と $Y(\boldsymbol{t})$ の共分散はベクトル差 $\boldsymbol{t} - \boldsymbol{s}$ のみに依存し，$C(\boldsymbol{t} - \boldsymbol{s}) = E[(Y(\boldsymbol{s}) - \mu)(Y(\boldsymbol{t}) - \mu)]$, $\boldsymbol{t}, \boldsymbol{s} \in \boldsymbol{K}^d$ となる．

このとき $\{Y(\boldsymbol{s}) : \boldsymbol{s} \in \boldsymbol{K}^d\}$ を**弱定常確率場** (weakly stationary random field) という．特に $d = 1$ の場合 $\{Y(t) : t \in \boldsymbol{K}\}$ を**強（弱）定常過程** (strongly (weakly) stationary process) という．

$\boldsymbol{t} - \boldsymbol{s} = \boldsymbol{h}$ とおき，$\{C(\boldsymbol{h}) : \boldsymbol{h} \in \boldsymbol{K}^d\}$ を**自己共分散関数** (autocovariance function) とよぶ．また $\rho(\boldsymbol{h}) = C(\boldsymbol{h})/C(\boldsymbol{0})$ とおく．ここで $\boldsymbol{0}$ は d 次元ゼロベクトルとする．$C(\boldsymbol{0}) = \mathrm{Var}(Y(\boldsymbol{s}))$ であるから，$\rho(\boldsymbol{h})$ は $Y(\boldsymbol{s})$ と $Y(\boldsymbol{s} + \boldsymbol{h})$ の相関係数になるので，$\{\rho(\boldsymbol{h}) : \boldsymbol{h} \in \boldsymbol{K}^d\}$ を**自己相関関数** (autocorrelation function) とよぶ．なお以下では断りのない限り，$E(X^2) < \infty$, $E(Y^2) < \infty$ をみたす 2 つの確率変数に対する等式 $X = Y$ は確率 1 で等しいことを意味する．

強定常確率場は 2 次モーメントが存在するならば弱定常確率場になる．

[定理 2.3] $E(Y(\boldsymbol{s})^2) < \infty$ をみたす強定常確率場は弱定常確率場である.

証明 定義 2.2 の 3 条件が成立することを示せばよい.

(1) は仮定している. 次に $n=1$ とおけば, (2.2) より任意の $\boldsymbol{s}$ に対して, $Y(\boldsymbol{s})$ の確率分布関数は同一になる. (1) より期待値が存在して, $\boldsymbol{s}$ に依存しない定数となる. ゆえに (2) も成立する. 最後に $n=2$ として任意の $\boldsymbol{s}$ と $\boldsymbol{t}$ に対して, $\boldsymbol{h}=\boldsymbol{t}-\boldsymbol{s}$ とおけば, (2.2) より

$$F_{\boldsymbol{s},\boldsymbol{t}}(x_1,x_2) = F_{\boldsymbol{0},\boldsymbol{h}}(x_1,x_2)$$

が成立する. したがって $Y(\boldsymbol{s})$ と $Y(\boldsymbol{t})$ の同時確率分布関数は $Y(\boldsymbol{0})$ と $Y(\boldsymbol{h})$ の同時確率分布関数に等しくなり, その共分散は $\boldsymbol{h}$ のみに依存する. ゆえに (3) も成立する. ∎

2 次モーメントをもたない強定常確率場の場合は, 定義より弱定常確率場にはならない.

次に弱定常確率場に対する自己共分散関数の性質を示す.

[定理 2.4] 弱定常確率場の自己共分散関数 $\{C(\boldsymbol{h}) : \boldsymbol{h} \in \boldsymbol{K}^d\}$ は次の性質をみたす.

(1) $C(\boldsymbol{0}) \geq 0$.
(2) 任意の $\boldsymbol{h}\,(\in \boldsymbol{K}^d)$ に対して $|C(\boldsymbol{h})| \leq C(\boldsymbol{0})$ が成立する.
(3) 任意の $\boldsymbol{h}\,(\in \boldsymbol{K}^d)$ に対して $C(\boldsymbol{h}) = C(-\boldsymbol{h})$ が成立する.

証明 $C(\boldsymbol{0}) = \mathrm{Var}(Y(\boldsymbol{s}))$ より (1) が成立する. Cauchy-Schwarz の不等式 (9.2 節)

$$|\mathrm{Cov}(Y(\boldsymbol{s}),Y(\boldsymbol{s}+\boldsymbol{h}))| \leq [\mathrm{Var}(Y(\boldsymbol{s}))]^{1/2}[\mathrm{Var}(Y(\boldsymbol{s}+\boldsymbol{h}))]^{1/2} = C(\boldsymbol{0})$$

より (2) が成立する.

最後に (3) は等式

$$C(\boldsymbol{h}) = \mathrm{Cov}(Y(\boldsymbol{s}),Y(\boldsymbol{s}+\boldsymbol{h})) = \mathrm{Cov}(Y(\boldsymbol{s}+\boldsymbol{h}),Y(\boldsymbol{s})) = C(-\boldsymbol{h})$$

より成立する. ∎

さらに自己共分散関数は**非負定値性** (non-negative definiteness) をみたす. 非負定値性は弱定常確率場が存在することの証明および次節で説明するスペクトル表現の導出に重要な役割を果たす.

[定義 2.5（非負定値性）] 実数値関数 $\kappa(\boldsymbol{s}) : \boldsymbol{K}^d \to \boldsymbol{R}$ が任意の n, 任意の $x_i \in \boldsymbol{R}\,(i=1,\ldots,n)$, 任意の $\boldsymbol{s}_i \in \boldsymbol{K}^d\,(i=1,\ldots,n)$ に対して

$$\sum_{i,j=1}^n x_i \kappa(\boldsymbol{s}_i - \boldsymbol{s}_j) x_j \geq 0$$

をみたすとき, $\kappa(\boldsymbol{s})$ は**非負定値** (non-negative definite) であるという. 特に等号が $x_i = 0\,(i=1,\ldots,n)$ のときのみ成立するならば**正定値** (positive definite) であるという.

[定理 2.6] 実数値関数 $C(\boldsymbol{h}) : \boldsymbol{K}^d \to \boldsymbol{R}$ が非負定値であるための必要十分条件は $C(\boldsymbol{h})$ が弱定常確率場の自己共分散関数になることである.

証明 十分性の証明は簡単である. $C(\boldsymbol{h})$ が弱定常確率場の自己共分散関数ならば, 任意の n, 任意の $x_i \in \boldsymbol{R}\,(i=1,\ldots,n)$, 任意の $\boldsymbol{s}_i \in \boldsymbol{K}^d\,(i=1,\ldots,n)$ に対して

$$0 \leq \mathrm{Var}\left(\sum_{i=1}^n x_i Y(\boldsymbol{s}_i)\right)$$
$$= \sum_{i,j=1}^n x_i C(\boldsymbol{s}_i - \boldsymbol{s}_j) x_j$$

が成立することからわかる.

必要性の証明には Kolmogorov の拡張定理 (Kolmogorov's extension theorem, Brockwell=Davis [17], Karatzas=Shreve [79], Shiryaev [146]) を用いる. 任意の n, $\boldsymbol{s}_i\,(i=1,\ldots,n)$ に対して,

$$\phi_{s_1,\ldots,s_n}(\boldsymbol{u}) = \exp(-\boldsymbol{u}'\boldsymbol{C}\boldsymbol{u}/2)$$

とおく．ここで $\boldsymbol{u} = (u_1, \ldots, u_n)' \in \boldsymbol{R}^n$，$\boldsymbol{C}$ は $n \times n$ 行列でその (i,j) 成分は $C(\boldsymbol{s}_i - \boldsymbol{s}_j)$ とする．$C(\boldsymbol{h})$ は非負定値であるから，$\phi_{s_1,\ldots,s_n}(\boldsymbol{u})$ は n 次元正規分布 $N(\boldsymbol{0},\boldsymbol{C})$ の特性関数である．また任意の $i(=1,\ldots,n)$ に対して

$$\phi_{s_1,\ldots,s_{i-1},s_{i+1},\ldots,s_n}(u_1,\ldots,u_{i-1},u_{i+1},\ldots,u_n) = \lim_{u_i \to 0} \phi_{s_1,\ldots,s_n}(\boldsymbol{u})$$

が成立する．したがって Kolmogorov の拡張定理より $C(\boldsymbol{h})$ を自己共分散関数にもつ正規定常確率場（例 2.10 で再述する）が存在する． ∎

ここでいくつか簡単な定常確率場の例を挙げる．より複雑な定常確率場については次章で紹介する．

[**例 2.7**（独立同一分布にしたがう確率変数列）] $\{Y(\boldsymbol{s}) : \boldsymbol{s} \in \boldsymbol{Z}^d\}$ は互いに独立で同一分布にしたがう確率変数列とする．$F(x)$ を $Y(\boldsymbol{s})$ の確率分布関数とすれば

$$F_{s_1,\ldots,s_n}(\boldsymbol{x}) = \prod_{i=1}^n F(x_i)$$

となるので，明らかに (2.2) をみたす強定常確率場である．$E(Y(\boldsymbol{s})^2) < \infty$ ならば定理 2.3 より弱定常確率場である．$E(Y(\boldsymbol{s})) = \mu$，$\text{Var}(Y(\boldsymbol{s})) = \sigma^2$ のとき，$\{Y(\boldsymbol{s})\}$ を $\text{IID}(\mu, \sigma^2)$ と書く．自己共分散関数は

$$C(\boldsymbol{h}) = \begin{cases} \sigma^2, & \boldsymbol{h} = \boldsymbol{0}, \\ 0, & \boldsymbol{h} \neq \boldsymbol{0}, \end{cases}$$

になる．

[**例 2.8**（互いに無相関な確率変数列）] $\{U(\boldsymbol{s}) : \boldsymbol{s} \in \boldsymbol{Z}^d\}$ は互いに無相関で期待値，分散が $\boldsymbol{s}$ に依存しない確率変数列とする．このような確率変数列は**白色雑音** (white noise) とよばれている．$E(U(\boldsymbol{s})) = \mu$，$\text{Var}(U(\boldsymbol{s})) = \sigma^2$ のとき，$\{U(\boldsymbol{s})\}$ を $\text{WN}(\mu, \sigma^2)$ と書く．自己共分散関数は $\text{IID}(\mu, \sigma^2)$ と同じく

$$C(\boldsymbol{h}) = \begin{cases} \sigma^2, & \boldsymbol{h} = \boldsymbol{0}, \\ 0, & \boldsymbol{h} \neq \boldsymbol{0}, \end{cases}$$

になる.ただし互いに無相関であっても各地点の確率分布関数が異なる場合などは強定常確率場にはならない.

[例 2.9（移動平均モデル）] $\{Y(\boldsymbol{s}) : \boldsymbol{s} \in \boldsymbol{Z}^d\}$ を

$$Y(\boldsymbol{s}) = U(\boldsymbol{s}) - \theta U(\boldsymbol{s} - \boldsymbol{j})$$

によって定義する.ここで $\{U(\boldsymbol{s})\}$ は $\mathrm{WN}(\mu, \sigma^2)$, $\boldsymbol{j} = (1, 1, \ldots, 1)'$,$\theta$ は定数とする.このとき $E(Y(\boldsymbol{s})) = (1-\theta)\mu$,また自己共分散関数は

$$C(\boldsymbol{h}) = \begin{cases} (1+\theta^2)\sigma^2, & \boldsymbol{h} = \boldsymbol{0}, \\ -\theta\sigma^2, & \boldsymbol{h} = \boldsymbol{j}, -\boldsymbol{j}, \\ 0, & その他, \end{cases}$$

となるので,$\{Y(\boldsymbol{s})\}$ は弱定常確率場である.さらに $\{U(\boldsymbol{s})\}$ が $\mathrm{IID}(\mu, \sigma^2)$ ならば,強定常確率場である.$d=1$ のときは,1次の移動平均モデル (Moving Average model of the first order) とよばれている.

[例 2.10（正規定常確率場）] $\{Y(\boldsymbol{s}) : \boldsymbol{s} \in \boldsymbol{K}^d\}$ を任意の有限次元同時確率分布が多変量正規分布にしたがう確率場とする.さらに期待値が $\boldsymbol{s}$ に依存せず一定の値 $E(Y(\boldsymbol{s})) = \mu$ となり,また $Y(\boldsymbol{s})$ と $Y(\boldsymbol{t})$ の共分散がベクトル差 $\boldsymbol{t} - \boldsymbol{s}$ のみに依存すると仮定する.明らかに $\{Y(\boldsymbol{s})\}$ は弱定常確率場であるが,多変量正規分布は各成分の期待値および各成分間の共分散行列により分布が規定されるので強定常確率場でもある.すなわち正規確率場では強定常性と弱定常性は同値になる.

なお以下の節や章では強定常確率場か弱定常確率場かが文脈より明らかなときは,単に定常確率場とよぶ.

2.2 自己共分散関数のスペクトル表現

弱定常確率場自身およびその自己共分散関数は様々な周波数をもつ波の合成によって表現でき，これをスペクトル表現とよぶ．本節では自己共分散関数，次節では定常確率場のスペクトル表現を与える．

本書で扱う確率場はほとんど実数値をとる確率場であるが，スペクトル表現の導出などには複素数値をとる確率場およびそれに対する共分散を導入しておくと計算上便利である．

$\{Y_R(s) : s \in K^d\}$, $\{Y_I(s) : s \in K^d\}$ を各々実数値をとる確率場とし，複素数値確率場 $\{Y(s) : s \in K^d\}$ を $Y(s) = Y_R(s) + iY_I(s)$ によって定義する．ここで i は虚数単位 $i^2 = -1$ とする．このとき複素数値弱定常確率場およびその自己共分散関数は以下のように定義される．

[定義 2.11（複素数値弱定常確率場）] 複素数値確率場 $\{Y(s) : s \in K^d\}$ が次の 3 条件をみたすとする．

(1) 任意の s に対して $E(|Y(s)|^2) < \infty$ である．
(2) 期待値は s に依存せず一定の値 $E(Y(s)) = \mu$ をとる．
(3) 共分散 $E[(Y(s) - \mu)\overline{(Y(t) - \mu)}]$, $t, s \in K^d$ はベクトル差 $t - s$ のみに依存する．

ここで $\mu = E(Y_R(s)) + iE(Y_I(s))$, $|Y(s)|^2$ は複素数の絶対値の 2 乗 $|Y(s)|^2 = Y_R(s)^2 + Y_I(s)^2$, $\overline{(Y(t) - \mu)}$ は複素数の共役 $\overline{(Y(t) - \mu)} = (Y_R(s) - iY_I(s)) - (E(Y_R(s)) - iE(Y_I(s)))$ とする．

このとき $\{Y(s) : s \in K^d\}$ を**複素数値弱定常確率場** (complex-valued weakly stationary random field) という．また $C(h) = E[(Y(s) - \mu)\overline{(Y(s + h) - \mu)}]$ を自己共分散関数とよぶ．

複素数値弱定常確率場については，定理 2.4 に対応して以下の定理を得る．証明は定理 2.4 と同様なので省略する．

[定理 2.12] 複素数値弱定常確率場の自己共分散関数 $\{C(h), h \in K^d\}$ は次

の性質をみたす.

(1) $C(\mathbf{0}) \geq 0$.
(2) 任意の $\boldsymbol{h}\,(\in \boldsymbol{K}^d)$ に対して $|C(\boldsymbol{h})| \leq C(\mathbf{0})$ が成立する.
(3) 任意の $\boldsymbol{h}\,(\in \boldsymbol{K}^d)$ に対して $C(\boldsymbol{h}) = \overline{C(-\boldsymbol{h})}$ が成立する.

実数値定常確率場との違いは (2) の絶対値が複素数の絶対値であること,また (3) の右辺の項に共役が必要になることである. (3) をみたす関数を**エルミート関数** (Hermitian function) という.

非負定値性の定義も以下のように変更される.

[**定義 2.13（複素数値関数の非負定値性）**] $\boldsymbol{C}$ を複素数の全体 $\boldsymbol{C} = \{z \mid z = x+iy,\ x,y \in \boldsymbol{R}\}$ とする.複素数値関数 $\kappa(\boldsymbol{s}) : \boldsymbol{K}^d \to \boldsymbol{C}$ が任意の n,任意の $z_i \in \boldsymbol{C}\,(i=1,\ldots,n)$,任意の $\boldsymbol{s}_i \in \boldsymbol{K}^d\,(i=1,\ldots,n)$ に対して

$$\sum_{i,j=1}^{n} z_i \kappa(\boldsymbol{s}_i - \boldsymbol{s}_j) \overline{z}_j \geq 0$$

をみたすとき,$\kappa(\boldsymbol{s})$ は非負定値であるという.特に等号が $z_i = 0\,(i=1,\ldots,n)$ のときのみ成立するならば正定値であるという.

このとき定理 2.6 に対応して,以下の定理が成立する.証明は $d=1$ の場合は Brockwell=Davis [17] を参照されたい.一般の d の場合も同様に証明できる.

[**定理 2.14**] 複素数値関数 $C(\boldsymbol{h}) : \boldsymbol{K}^d \to \boldsymbol{C}$ が非負定値であるための必要十分条件は $C(\boldsymbol{h})$ が複素数値弱定常確率場の自己共分散関数になることである.

以上の準備のもとで,定常確率場の自己共分散関数のスペクトル表現を導く.$\boldsymbol{K}^d = \boldsymbol{Z}^d$ と $\boldsymbol{K}^d = \boldsymbol{R}^d$ に分けて証明する.まず $\boldsymbol{K}^d = \boldsymbol{Z}^d$ の場合は,**Herglotz の定理** (Herglotz's theorem) とよばれる次の定理が成立する.

[**定理 2.15（Herglotz の定理）**] 複素数値関数 $C(\boldsymbol{h}) : \boldsymbol{Z}^d \to \boldsymbol{C}$ が非負定値であるための必要十分条件は

$$C(\boldsymbol{h}) = \int_{[-\pi,\pi]^d} \exp(i(\boldsymbol{h},\boldsymbol{\lambda}))dF(\boldsymbol{\lambda}) \qquad (2.3)$$

をみたすことである．ここで $F(\boldsymbol{\lambda})$ は $\mathcal{B}([-\pi,\pi]^d)$ 上の有限測度, $\boldsymbol{h} = (h_1, h_2, \ldots, h_d)'$, $\boldsymbol{\lambda} = (\lambda_1, \lambda_2, \ldots, \lambda_d)'$, $(\boldsymbol{h},\boldsymbol{\lambda})$ は内積 $(\boldsymbol{h},\boldsymbol{\lambda}) = \sum_{i=1}^d h_i\lambda_i$ とする．さらに $F(\boldsymbol{\lambda})$ は一意的に定まる．

証明 $d=1$ の場合について証明する．$d \geq 2$ の場合は記号が煩雑になるが，証明の本質は $d=1$ の場合と同じであるので方針のみ示す．

十分性は (2.3) より

$$\sum_{j,k=1}^n z_j C(s_j - s_k)\overline{z}_k = \int_{[-\pi,\pi]} \left(\sum_{j,k=1}^n \exp(i(s_j - s_k)\lambda)z_j\overline{z}_k\right) dF(\lambda)$$
$$= \int_{[-\pi,\pi]} \left|\sum_{j=1}^n \exp(is_j\lambda)z_j\right|^2 dF(\boldsymbol{\lambda}) \geq 0$$

となり，成立する．

次に必要性を示す．いま $f_N(\lambda)$ を

$$f_N(\lambda) = \frac{1}{2\pi N} \sum_{s_j,s_k=1}^N e^{is_j\lambda}C(s_j - s_k)e^{-is_k\lambda}$$
$$= \frac{1}{2\pi N} \sum_{|m|<N} (N - |m|)e^{-im\lambda}C(m)$$

によって定義する．$C(h)$ の非負定値性より

$$f_N(\lambda) \geq 0, \quad \lambda \in [-\pi,\pi]$$

が成立する．ここで $F_N(\lambda)$ を

$$F_N(\lambda) = \begin{cases} 0, & \lambda < -\pi, \\ \int_{-\pi}^\lambda f_N(\nu)d\nu, & -\pi \leq \lambda \leq \pi, \\ F_N(\pi), & \lambda > \pi, \end{cases}$$

によって定義する．このとき任意の N に対して

$$\int_{-\infty}^{\infty} dF_N(\lambda) = \int_{[-\pi,\pi]} dF_N(\lambda) = C(0)$$

となる.そこで $\{F_N(\lambda)/C(0)\}$ を $\boldsymbol{R}$ 上の分布関数とみなした場合,定理 9.15 (2) より $F(\lambda) = 0, \lambda < -\pi, F(\lambda) = C(0), \lambda \geq \pi$ をみたすある単調非減少右連続関数 $F(\lambda)$ と $\{F_N(\lambda)\}$ の部分列 $\{F_{N_k}(\lambda)\}$ が存在して,$\{F_{N_k}(\lambda)/C(0)\}$ は $F(\lambda)/C(0)$ へ分布収束する.したがって定理 9.14 (1) (i) より $N_k \to \infty$ のとき

$$\int_{[-\pi,\pi]} e^{ih\lambda} dF_{N_k}(\lambda) = \int_{-\infty}^{\infty} e^{ih\lambda} dF_{N_k}(\lambda)$$
$$\to \int_{-\infty}^{\infty} e^{ih\lambda} dF(\lambda) = \int_{[-\pi,\pi]} e^{ih\lambda} dF(\lambda)$$

が成立する.一方,任意の整数 h に対して

$$\int_{[-\pi,\pi]} e^{ih\lambda} dF_N(\lambda) = \begin{cases} \left(1 - \frac{|h|}{N}\right) C(h), & |h| < N, \\ 0, & \text{その他,} \end{cases} \quad (2.4)$$

が成立する.したがって (2.4) において N を N_k に置き換え,$N_k \to \infty$ とすれば

$$C(h) = \int_{[-\pi,\pi]} e^{ih\lambda} dF(\lambda)$$

を得る.

次に一意性を示す.いま 2 つの単調非減少関数 $F_j(\lambda)$ $(j = 1, 2)$ に対して

$$\int_{[-\pi,\pi]} g(\lambda) dF_1(\lambda) = \int_{[-\pi,\pi]} g(\lambda) dF_2(\lambda)$$

をみたす可測関数 $g(\lambda)$ の全体を $\mathcal{K}$ とおく.このとき任意の h に対して $e^{ih\lambda} \in \mathcal{K}$ である.$\mathcal{K}$ は関数の線形和に関して閉じていることと定理 9.46 より $g(-\pi) = g(\pi)$ をみたす連続関数も $\mathcal{K}$ に含まれる.さらに $L^2(F_j) = L^2([-\pi, \pi], \mathcal{B}([-\pi,\pi]), F_j)$ $(j = 1, 2)$ とおけば,連続関数の集合の閉包は $L^2(F_j)$ $(j = 1, 2)$ に等しいので,最終的には $\mathcal{K} = L^2(F_j)$ $(j = 1, 2)$ が成立する.ここで $\mathcal{B}([-\pi,\pi])$ の任意の可測集合 A に対して関数 $\chi_A(\lambda)$ を

$$\chi_A(\lambda) = \begin{cases} 1, & \lambda \in A, \\ 0, & \lambda \notin A, \end{cases}$$

によって定義する．$\chi_A(\lambda)$ を A の**指示関数** (indicator function) とよぶ．このとき

$$F_1(A) = \int_{[-\pi,\pi]} \chi_A(\lambda) dF_1(\lambda) = \int_{[-\pi,\pi]} \chi_A(\lambda) dF_2(\lambda) = F_2(A)$$

が成立し，一意性が導かれる．

一般の d の場合は，$\boldsymbol{s}_j = (s_{j1}, \ldots, s_{jd})'$, $\boldsymbol{s}_k = (s_{k1}, \ldots, s_{kd})'$ に対して

$$f_N(\boldsymbol{\lambda}) = \frac{1}{(2\pi N)^d} \sum_{s_{j1},\ldots,s_{jd}=1}^{N} \sum_{s_{k1},\ldots,s_{kd}=1}^{N} e^{i(\boldsymbol{s}_j,\boldsymbol{\lambda})} C(\boldsymbol{s}_j - \boldsymbol{s}_k) e^{-i(\boldsymbol{s}_k,\boldsymbol{\lambda})}$$

とすれば，必要性および一意性を導くことができる． ∎

$\boldsymbol{K}^d = \boldsymbol{R}^d$ の場合には，**Bochner の定理** (Bochner's theorem) とよばれる次の定理を得る．

［定理 2.16（Bochner の定理）］ 連続な複素数値関数 $C(\boldsymbol{h}) : \boldsymbol{R}^d \to \boldsymbol{C}$ が非負定値であるための必要十分条件は

$$C(\boldsymbol{h}) = \int_{\boldsymbol{R}^d} \exp(i(\boldsymbol{h}, \boldsymbol{\lambda})) dF(\boldsymbol{\lambda}) \tag{2.5}$$

をみたすことである．ここで $F(\boldsymbol{\lambda})$ は $\mathcal{B}(\boldsymbol{R}^d)$ 上の有限測度であり，一意的に定まる．

証明 十分性は (2.5) によって定義される $C(\boldsymbol{h})$ が連続関数であること，および

$$\sum_{j,k=1}^{n} z_j C(\boldsymbol{s}_j - \boldsymbol{s}_k) \overline{z}_k = \int_{\boldsymbol{R}^d} \left(\sum_{j,k=1}^{n} \exp(i(\boldsymbol{s}_j - \boldsymbol{s}_k, \boldsymbol{\lambda})) z_j \overline{z}_k \right) dF(\boldsymbol{\lambda})$$

$$= \int_{\boldsymbol{R}^d} \left| \sum_{j=1}^{n} \exp(i(\boldsymbol{s}_j, \boldsymbol{\lambda})) z_j \right|^2 dF(\boldsymbol{\lambda}) \geq 0$$

より成立する．

次に必要性を示す．任意の $N\,(>0)$，任意の $\boldsymbol{\lambda} = (\lambda_1, \ldots, \lambda_d)' (\in \boldsymbol{R}^d)$ に対して関数 $g(\boldsymbol{x})\,(\boldsymbol{x} \in \boldsymbol{R}^d)$ を

$$g(\boldsymbol{x}) = \exp\left\{-\frac{|\boldsymbol{x}|^2}{N} + i(\boldsymbol{x}, \boldsymbol{\lambda})\right\}$$

によって定義する．ここで $\boldsymbol{x} = (x_1, \ldots, x_d)'$, $|\boldsymbol{x}|^2 = \sum_{i=1}^d x_i^2$ とする．このとき $g(\boldsymbol{x})$ は $\boldsymbol{R}^d$ 上で可積分であり，したがって定理 2.12 (2) より

$$\int_{\boldsymbol{R}^d}\int_{\boldsymbol{R}^d} C(\boldsymbol{x}-\boldsymbol{y})\overline{g(\boldsymbol{x})}g(\boldsymbol{y})d\boldsymbol{x}d\boldsymbol{y} \tag{2.6}$$

が存在する．

次に (2.6) の積分が非負であることを示す．この証明のみ記号が煩雑になるので $d = 2$ とする．一般の d の場合も同様に示せる．

$$\int_{\boldsymbol{R}^2}\int_{\boldsymbol{R}^2} C(\boldsymbol{x}-\boldsymbol{y})\overline{g(\boldsymbol{x})}g(\boldsymbol{y})d\boldsymbol{x}d\boldsymbol{y}$$
$$= \lim_{L\to\infty}\int_{[-L,L]^2}\int_{[-L,L]^2} C(\boldsymbol{x}-\boldsymbol{y})\overline{g(\boldsymbol{x})}g(\boldsymbol{y})d\boldsymbol{x}d\boldsymbol{y} \tag{2.7}$$

であるから，任意の $L > 0$ に対して，(2.7) の右辺の積分が非負であることを示せばよい．いま $m = 1, 2, \ldots$ に対して，$\boldsymbol{s}_{j_1j_2,m} = (L(-1+\frac{j_1}{m}), L(-1+\frac{j_2}{m}))$ $(j_1, j_2 = 1, \ldots, 2m)$ とおく．このとき $C(\boldsymbol{h})$ の非負定値性より

$$0 \le \left(\frac{L}{m}\right)^4 \sum_{j_1,j_2,k_1,k_2=1}^{2m} \overline{g(\boldsymbol{s}_{j_1j_2,m})}C(\boldsymbol{s}_{j_1j_2,m} - \boldsymbol{s}_{k_1k_2,m})g(\boldsymbol{s}_{k_1k_2,m}) \tag{2.8}$$

が成立する．$[-L,L]^2 \times [-L,L]^2$ において $C(\boldsymbol{x}-\boldsymbol{y})$ および $\overline{g(\boldsymbol{x})}g(\boldsymbol{y})$ は $(\boldsymbol{x}, \boldsymbol{y})$ の関数として一様連続である．したがって (2.8) において $m \to \infty$ とすれば (2.7) の右辺の積分に収束するので，この積分は非負である．

ここで

$$\boldsymbol{x} - \boldsymbol{y} = \sqrt{2}\boldsymbol{u}, \quad \boldsymbol{x} + \boldsymbol{y} = \sqrt{2}\boldsymbol{v}$$

と変数変換すれば，(2.6) の積分は

$$0 \leq \int_{\mathbf{R}^d} \int_{\mathbf{R}^d} C(\sqrt{2}\boldsymbol{u}) \exp\left(-\frac{|\boldsymbol{u}|^2 + |\boldsymbol{v}|^2}{N} - i(\sqrt{2}\boldsymbol{u}, \boldsymbol{\lambda})\right) d\boldsymbol{u} d\boldsymbol{v}$$
$$= (\pi N/2)^{d/2} \int_{\mathbf{R}^d} C(\boldsymbol{u}) \exp\left(-\frac{|\boldsymbol{u}|^2}{2N} - i(\boldsymbol{u}, \boldsymbol{\lambda})\right) d\boldsymbol{u}$$

をみたす.したがって

$$\tilde{C}_N(\boldsymbol{\lambda}) = \frac{1}{(\sqrt{2\pi})^d} \int_{\mathbf{R}^d} C(\boldsymbol{u}) \exp\left(-\frac{|\boldsymbol{u}|^2}{2N} - i(\boldsymbol{u}, \boldsymbol{\lambda})\right) d\boldsymbol{u}$$

は非負の値をとる関数である.さらに $\tilde{C}_N(\boldsymbol{\lambda})$ は連続かつ $L^2(-\infty, \infty)^d \cap L^1(-\infty, \infty)^d$ に属する関数 $C(\boldsymbol{u})e^{-|\boldsymbol{u}|^2/2N}$ のフーリエ変換である.

次に $e^{-\epsilon|\boldsymbol{\lambda}|^2/2}$ $(\epsilon > 0)$ は $\epsilon^{-d/2}e^{-|\boldsymbol{u}|^2/2\epsilon}$ のフーリエ変換であるから,Parseval の等式(定理 9.51)より

$$\int_{\mathbf{R}^d} \tilde{C}_N(\boldsymbol{\lambda}) \exp(-\epsilon|\boldsymbol{\lambda}|^2/2) d\boldsymbol{\lambda}$$
$$= \frac{1}{\epsilon^{d/2}} \int_{\mathbf{R}^d} C(\boldsymbol{u}) \exp(-|\boldsymbol{u}|^2/2N) \exp(-|\boldsymbol{u}|^2/2\epsilon) d\boldsymbol{u}$$
$$\leq \frac{C(\boldsymbol{0})}{\epsilon^{d/2}} \int_{\mathbf{R}^d} \exp(-|\boldsymbol{u}|^2/2\epsilon) d\boldsymbol{u}$$
$$= (\sqrt{2\pi})^d C(\boldsymbol{0})$$

が成立する.ここで $\epsilon \to 0$ とすれば Fatou の補題より,

$$\int_{\mathbf{R}^d} \tilde{C}_N(\boldsymbol{\lambda}) d\boldsymbol{\lambda} \leq (\sqrt{2\pi})^d C(\boldsymbol{0})$$

となる.したがって $\tilde{C}_N(\boldsymbol{\lambda})$ も $L^2(-\infty, \infty)^d \cap L^1(-\infty, \infty)^d$ に属する.定理 9.49 により

$$C(\boldsymbol{u}) \exp(-|\boldsymbol{u}|^2/2N) = \frac{1}{(\sqrt{2\pi})^d} \int_{\mathbf{R}^d} \exp(i(\boldsymbol{u}, \boldsymbol{\lambda})) \tilde{C}_N(\boldsymbol{\lambda}) d\boldsymbol{\lambda}$$
$$= \int_{\mathbf{R}^d} \exp(i(\boldsymbol{u}, \boldsymbol{\lambda})) dF_N(\boldsymbol{\lambda}) \tag{2.9}$$

が成り立つ.ここで

$$F_N(\boldsymbol{\lambda}) = \frac{1}{(\sqrt{2\pi})^d} \int_{\boldsymbol{z} \leq \boldsymbol{\lambda}} \tilde{C}_N(\boldsymbol{z}) d\boldsymbol{z}$$

とする．このとき (2.9) より $\frac{C(\boldsymbol{u})}{C(\boldsymbol{0})}e^{-|\boldsymbol{u}|^2/2N}$ は $\boldsymbol{R}^d$ 上の確率分布関数 $F_N(\boldsymbol{\lambda})/C(\boldsymbol{0})$ の特性関数であり，$N \to \infty$ のとき連続関数 $C(\boldsymbol{u})/C(\boldsymbol{0})$ に収束する．したがって定理 9.14 (2) より $C(\boldsymbol{u})/C(\boldsymbol{0})$ もある確率分布関数の特性関数となっている．この確率分布関数を $F(\boldsymbol{\lambda})/C(\boldsymbol{0})$ とおき，(2.9) において $N \to \infty$ とすれば，定理 9.14 (1) (i) より (2.5) を得る．$F(\boldsymbol{\lambda})$ の一意性は特性関数と確率分布関数が 1 対 1 の関係にあることから導かれる． ∎

$F(\boldsymbol{\lambda})$ を定常確率場の**スペクトル分布関数** (spectral distribution function) という．$F(\boldsymbol{\lambda})$ が Lebesgue 測度に対して絶対連続なとき，その密度関数を $f(\boldsymbol{\lambda})$ と書き，**スペクトル密度関数** (spectral density function) とよぶ．このとき (2.3) および (2.5) は各々

$$C(\boldsymbol{h}) = \int_{[-\pi,\pi]^d} \exp(i(\boldsymbol{h},\boldsymbol{\lambda}))f(\boldsymbol{\lambda})d\boldsymbol{\lambda},$$
$$C(\boldsymbol{h}) = \int_{\boldsymbol{R}^d} \exp(i(\boldsymbol{h},\boldsymbol{\lambda}))f(\boldsymbol{\lambda})d\boldsymbol{\lambda}$$

になる．

2.3 定常確率場のスペクトル表現

本節では定常確率場のスペクトル表現を導く．最初に準備として直交確率測度およびそれに基づく確率積分を定義する．$\boldsymbol{K}^d = \boldsymbol{Z}^d$ のときは $\mathcal{B} = \mathcal{B}([-\pi,\pi]^d)$，$\boldsymbol{K}^d = \boldsymbol{R}^d$ のときは $\mathcal{B} = \mathcal{B}(\boldsymbol{R}^d)$ とする．いま任意の集合 $\Delta \in \mathcal{B}$ に対して複素数値確率変数 $M(\Delta)$ が定義されているとする．

[**定義 2.17 (直交確率測度)**]　確率変数の族 $\{M(\Delta) : \Delta \in \mathcal{B}\}$ が次の 3 条件をみたすとき $\{M(\Delta)\}$ を**直交確率測度** (orthogonal stochastic measure) という．

(1) 任意の Δ に対して，$E|M(\Delta)|^2 < \infty$ をみたす．
(2) $\{\Delta_n, n = 1, 2, \ldots\}$ を互いに排反な集合列 $\Delta_j \cap \Delta_k = \phi\,(j \neq k)$，$\Delta_0 = \bigcup_{n=1}^{\infty} \Delta_n$ とすれば

$$M(\Delta_0) = \sum_{n=1}^{\infty} M(\Delta_n)$$

が成立する．右辺の無限和は平均 2 乗収束を意味する．

(3) ある d 次元有限測度 $F(\boldsymbol{\lambda})$ が存在して，任意の $\Delta, \Delta_1, \Delta_2 \in \mathcal{B} (\Delta_1 \cap \Delta_2 = \phi)$ に対して

$$E|M(\Delta)|^2 = F(\Delta),$$
$$E(M(\Delta_1)\overline{M(\Delta_2)}) = 0$$

が成立する．

特に $d=1$ の場合は**直交増分過程** (process with orthogonal increments) という．

次に任意の $f \in L^2(F)$ に対して直交確率測度に基づく確率積分 $\int_{\boldsymbol{K}^d} f(\boldsymbol{\lambda}) dM(\boldsymbol{\lambda})$ を段階的に定義する．まず $L_0(\mathcal{B})$ を単関数 (simple function)

$$f(\boldsymbol{\lambda}) = \sum_{k=1}^{n} c_k \chi_{\Delta_k}(\boldsymbol{\lambda}), \quad \Delta_k \in \mathcal{B}, \quad k = 1, 2, \ldots, n \tag{2.10}$$

の全体とする．ここで n は任意の数，$c_k\,(k=1,\ldots,n)$ は任意の複素数，Δ_k と Δ_l は互いに排反 $\Delta_k \cap \Delta_l = \phi\,(k \neq l)$ とし，$\chi_{\Delta_k}(\boldsymbol{\lambda})$ は集合 Δ_k の指示関数である．このとき $f(\boldsymbol{\lambda}) \in L_0(\mathcal{B})$ に対する確率積分を

$$I(f) = \int f(\boldsymbol{\lambda}) dM(\boldsymbol{\lambda}) = \sum_{k=1}^{n} c_k M(\Delta_k) \tag{2.11}$$

によって定義する．(2.10) の表現において，$c_k = c_l\,(k<l)$ が成立する場合には新たに $\Delta_k' = \Delta_k \cup \Delta_l$ とおく．同様の操作を繰り返していけば $f(\boldsymbol{\lambda})$ は一義的に

$$f(\boldsymbol{\lambda}) = \sum_{k=1}^{m} r_k \chi_{\Delta_k'}(\boldsymbol{\lambda}) \tag{2.12}$$

のように表現できる．ただし $r_k \neq r_l\,(k \neq l)$ とする．定義 2.17 (2) より (2.12) に基づく確率積分は (2.11) と同一である．したがって f の単関数による表現に依存せず (2.11) により $I(f)$ は一意的に定義できる．

$g(\boldsymbol{\lambda})$ を別の $L_0(\mathcal{B})$ に属する関数とし，$g(\boldsymbol{\lambda}) = \sum_{k=1}^{n} d_k \chi_{\Delta_k}(\boldsymbol{\lambda})$ と表せば，定義 2.17 (3) より

$$\begin{aligned}
E(I(f)\overline{I(g)}) &= E\left[\left(\sum_{k=1}^{n} c_k M(\Delta_k)\right)\left(\sum_{k=1}^{n} \overline{d}_k \overline{M(\Delta_k)}\right)\right] \\
&= \sum_{k=1}^{n} c_k \overline{d}_k F(\Delta_k) \\
&= \int_{\boldsymbol{K}^d} f(\boldsymbol{\lambda})\overline{g(\boldsymbol{\lambda})} dF(\boldsymbol{\lambda}) \\
&= (f,g)_{L^2(F)}
\end{aligned} \qquad (2.13)$$

が成立する．

次に $\boldsymbol{K} = \boldsymbol{R}$ のときは $L^2(F) = L^2(\boldsymbol{R}^d, \mathcal{B}(\boldsymbol{R}^d), F)$，$\boldsymbol{K} = \boldsymbol{Z}$ のときは $L^2(F) = L^2([-\pi,\pi]^d, \mathcal{B}([-\pi,\pi]^d), F)$ とする．$f \in L^2(F)$ に対して $I(f)$ を定義する．$L_0(\mathcal{B})$ は $L^2(F)$ の線形部分空間でその閉包は $L^2(F)$ に等しい．したがって任意の $f \in L^2(F)$ に対して関数列 $\{f_n\} \subset L_0(\mathcal{B})$ が存在して

$$\lim_{n\to\infty} \|f_n - f\|_{L^2(F)} = 0$$

をみたす．このとき $I(f)$ を

$$I(f) = \underset{n\to\infty}{\text{l.i.m.}}\, I(f_n) \qquad (2.14)$$

によって定義する．(2.14) の $I(f)$ が理論的に正当化されるためには (i) 右辺の確率変数列がある確率変数に平均 2 乗収束すること，(ii) さらにこの確率変数が $\{f_n\}$ の選択に依存せず一意的に決定される（確率 1 で等しい）ことを示す必要がある．まず $\{f_n\}$ は $L^2(F)$ 上の Cauchy 列である．一方 (2.13) および確率積分は $L_0(\mathcal{B})$ 上で線形性をみたすことより

$$\begin{aligned}
E|I(f_n) - I(f_m)|^2 &= E|I(f_n - f_m)|^2 \\
&= \|f_n - f_m\|_{L_2(F)}^2
\end{aligned}$$

が成立し，$\{I(f_n)\}$ は $L^2(\Omega, \mathcal{F}, P)$ 上の Cauchy 列となる．したがって $L^2(\Omega, \mathcal{F}, P)$ の完備性より (i) が成り立つ．次に別の関数列 $\{g_n\} \subset L_0(\mathcal{B})$ が $\lim_{n\to\infty} \|g_n - f\|_{L^2(F)} = 0$ をみたすとしよう．このとき $f_1, g_1, f_2, g_2, \ldots$ も f に $L^2(F)$ 上で収束する．したがって (2.13) より $I(f_1), I(g_1), I(f_2), I(g_2), \ldots$ は，$L^2(\Omega, \mathcal{F}, P)$ 上の Cauchy 列となるから，ある確率変数に収束する．$\{I(f_n)\}$ と $\{I(g_n)\}$ は各々収束する確率変数列の部分列であるから，同じ確率変数に収束し，(ii) が成り立つ．

以上の議論から確率積分 $I(f)$ に関して以下の定理を得る．

[定理 2.18] (1) 任意の $a_i \in \boldsymbol{C}$ ($i = 1, 2$)，任意の $f, g \in L^2(F)$ に対して

$$I(a_1 f + a_2 g) = a_1 I(f) + a_2 I(g)$$

が成立する．すなわち $I(f)$ は線形写像である．

(2) 任意の $f, g \in L^2(F)$ に対して

$$E(I(f)\overline{I(g)}) = (f, g)_{L^2(F)}$$

が成立する．したがって $I(f)$ は $L^2(F)$ から $L^2(\Omega, \mathcal{F}, P)$ への等距離写像である．

(3) $I(f)$ による $L^2(F)$ の像 $I(L^2(F))$ は $L^2(\Omega, \mathcal{F}, P)$ の閉線形空間すなわち部分 Hilbert 空間である．

証明 (1) ある確率変数列 $\{f_n\}, \{g_n\} \subset L_0(\mathcal{B})$ が存在して，$n \to \infty$ のとき，$\|f_n - f\| \to 0$，$\|g_n - g\| \to 0$ をみたす．f_n, g_n については定義より

$$I(a_1 f_n + a_2 g_n) = a_1 I(f_n) + a_2 I(g_n)$$

が成立する．したがって

$$\begin{aligned} I(a_1 f + a_2 g) &= \operatorname*{l.i.m.}_{n\to\infty} I(a_1 f_n + a_2 g_n) \\ &= \operatorname*{l.i.m.}_{n\to\infty} a_1 I(f_n) + \operatorname*{l.i.m.}_{n\to\infty} a_2 I(g_n) \\ &= a_1 I(f) + a_2 I(g) \end{aligned}$$

が成立する．

(2) 内積の連続性と (2.13) より

$$E(I(f)\overline{I(g)}) = \lim_{n\to\infty} E(I(f_n)\overline{I(g_n)})$$
$$= \lim_{n\to\infty} (f_n, g_n)_{L^2(F)}$$
$$= (f, g)_{L^2(F)}$$

となる．

(3) 確率変数列 $\{X_n\} \subset I(L^2(F))$ と確率変数 X に対して $E|X_n - X|^2 \to 0 (n \to \infty)$ が成立するとき，$X \in I(L^2(F))$ を示せばよい．仮定より X_n に対して，$X_n = I(f_n)$ をみたす $f_n \in L^2(F)$ が存在する．(1), (2) より

$$E|X_n - X_m|^2 = E|I(f_n) - I(f_m)|^2$$
$$= E|I(f_n - f_m)|^2$$
$$= \|f_n - f_m\|_{L^2(F)}^2$$

が成立する．$\{X_n\}$ は $L^2(\Omega, \mathcal{F}, P)$ 上の Cauchy 列であるから，$\{f_n\}$ も $L^2(F)$ 上の Cauchy 列である．したがって，ある $f \in L^2(F)$ が存在して，$n \to \infty$ のとき $\|f - f_n\|_{L^2(F)}^2 \to 0$ をみたす．再び (2) の性質より $E|I(f) - I(f_n)| \to 0$ であるから $X = I(f)$ となり，$X \in I(L^2(F))$ を得る． ∎

以上の準備のもとで，定常確率場のスペクトル表現を導出する．この表現は実際にはより一般的な次の定理の系として導くことができる．

[定理 2.19] $\{Y(\boldsymbol{s}) : \boldsymbol{s} \in \boldsymbol{K}^d\}$ を任意の $\boldsymbol{s}$ に対して $E(Y(\boldsymbol{s})) = 0$, $E|Y(\boldsymbol{s})|^2 < \infty$ をみたす複素数値確率場とする．また $\{Y(\boldsymbol{s})\}$ の共分散関数は

$$C(\boldsymbol{s}_1, \boldsymbol{s}_2) = E(Y(\boldsymbol{s}_1)\overline{Y(\boldsymbol{s}_2)}) = \int_{\boldsymbol{T}^d} g(\boldsymbol{s}_1, \boldsymbol{\lambda})\overline{g(\boldsymbol{s}_2, \boldsymbol{\lambda})}dF(\boldsymbol{\lambda}) \qquad (2.15)$$

をみたす．ここで $\boldsymbol{K} = \boldsymbol{R}$ のとき $\boldsymbol{T} = \boldsymbol{R}$，$\boldsymbol{K} = \boldsymbol{Z}$ のとき $\boldsymbol{T} = [-\pi, \pi]$ とし，$F(\boldsymbol{\lambda})$ は $\boldsymbol{T}^d$ 上の有限測度とする．

また $g(\boldsymbol{s}, \boldsymbol{\lambda})$ は，任意の $\boldsymbol{s}$ に対して $\boldsymbol{\lambda}$ の関数とみなしたとき，$g(\boldsymbol{s}, \boldsymbol{\lambda}) \in L^2(F)$ とする．$L^2(g)$ を関数族 $\{g(\boldsymbol{s}, \boldsymbol{\lambda}) : \boldsymbol{s} \in \boldsymbol{K}^d\}$ が張る $L^2(F)$ の部分

Hilbert 空間とする.

このとき $L^2(g) = L^2(F)$ が成立するならば,任意の $\Delta \in \mathcal{B}$ に対して,$E|M(\Delta)|^2 = F(\Delta)$ をみたす直交確率測度 $\{M(\Delta) : \Delta \in \mathcal{B}\}$ が存在して,$Y(\boldsymbol{s})$ は

$$Y(\boldsymbol{s}) = \int_{\boldsymbol{T}^d} g(\boldsymbol{s}, \boldsymbol{\lambda}) dM(\boldsymbol{\lambda}) \tag{2.16}$$

によって表現できる.また $\{M(\Delta) : \Delta \in \mathcal{B}\}$ は一意に定まる.

証明 $L_0(g)$ を任意の自然数 n,複素数 c_k,$\boldsymbol{s}_k \in \boldsymbol{K}^d$ $(k = 1, \ldots, n)$ によって

$$f(\boldsymbol{\lambda}) = \sum_{k=1}^{n} c_k g(\boldsymbol{s}_k, \boldsymbol{\lambda})$$

と表現できる関数 f の全体とする.明らかに $L_0(g)$ は $L^2(F)$ の線形部分空間であり,その閉包は $L^2(g)$ である.$L_0(g)$ から $L^2(\Omega, \mathcal{F}, P)$ の中への写像 $\eta = \psi(f)$ を

$$\eta = \sum_{k=1}^{n} c_k Y(\boldsymbol{s}_k) \tag{2.17}$$

によって定義する.(2.17) のように表現できる確率変数の全体を $L_0(Y)$ とおく.このとき (2.15) より $f_i(\boldsymbol{\lambda}) \in L_0(g)$ $(j = 1, 2)$ に対しては

$$(f_1, f_2)_{L^2(F)} = \int_{\boldsymbol{K}^d} f_1(\boldsymbol{\lambda}) \overline{f_2(\boldsymbol{\lambda})} dF(\boldsymbol{\lambda}) = E(\psi(f_1) \overline{\psi(f_2)}) \tag{2.18}$$

が成立するので,$\psi(f)$ は $L_0(g)$ から $L_0(Y)$ への等距離写像になる.$L^2(Y)$ を $L_0(Y)$ の閉包とすれば,定理 2.18 の $I(f)$ に対する論法と同様に,$\psi(f)$ を $L^2(g)$ から $L^2(Y)$ への等距離写像へ拡張できる.

一方,仮定より任意の $\Delta \in \mathcal{B}$ に対して $\chi_\Delta(\boldsymbol{\lambda}) \in L^2(F) = L^2(g)$ となるので,$M(\Delta) = \psi(\chi_\Delta)$ と定義する.このとき $\psi(f)$ が等距離写像であるから,

$$E(M(\Delta_1) \overline{M(\Delta_2)}) = \int_{\boldsymbol{T}^d} \chi_{\Delta_1} \chi_{\Delta_2} dF(\boldsymbol{\lambda}) = F(\Delta_1 \cap \Delta_2)$$

が成立する.したがって $\{M(\Delta) : \Delta \in \mathcal{B}\}$ は定義 2.17 (1), (3) の性質をみた

す．(2) は，$\lim_{n\to\infty}\int_{\boldsymbol{T}^d}|\chi_{\Delta_0} - \sum_{i=1}^{n}\chi_{\Delta_i}|^2 dF(\lambda) = 0$ に注意すれば，やはり $\psi(f)$ が等距離写像であることより

$$\begin{aligned}M(\Delta_0) &= \psi(\chi_{\Delta_0}) \\ &= \mathop{\text{l.i.m.}}_{n\to\infty}\sum_{i=1}^{n}\psi(\chi_{\Delta_i}) \\ &= \mathop{\text{l.i.m.}}_{n\to\infty}\sum_{i=1}^{n}M(\Delta_i)\end{aligned}$$

となる．

以上から $\{M(\Delta)\}$ は直交確率測度である．そこで $\tilde{Y}(\boldsymbol{s})$ を定理 2.18 の確率積分

$$\tilde{Y}(\boldsymbol{s}) = \int_{\boldsymbol{T}^d} g(\boldsymbol{s}, \boldsymbol{\lambda}) M(d\boldsymbol{\lambda})$$

によって定義する．ここで

$$\begin{aligned}E(Y(\boldsymbol{s})\overline{M(\Delta)}) &= (g(\boldsymbol{s}), \chi_\Delta)_{L^2(F)} \\ &= \int_{\boldsymbol{T}^d} g(\boldsymbol{s}, \boldsymbol{\lambda})\chi_\Delta(\boldsymbol{\lambda}) F(d\boldsymbol{\lambda})\end{aligned}$$

に注意すれば，定理 2.18 の証明と同様にして

$$E(Y(\boldsymbol{s})\tilde{Y}(\boldsymbol{s})) = \int_{\boldsymbol{T}^d} g(\boldsymbol{s}, \boldsymbol{\lambda})\overline{g(\boldsymbol{s}, \boldsymbol{\lambda})} F(d\boldsymbol{\lambda})$$

が成立する．したがって

$$\begin{aligned}&E|Y(\boldsymbol{s}) - \tilde{Y}(\boldsymbol{s})|^2 \\ &= E(Y(\boldsymbol{s})\overline{Y(\boldsymbol{s})}) - E(\tilde{Y}(\boldsymbol{s})\overline{Y(\boldsymbol{s})}) - E(Y(\boldsymbol{s})\overline{\tilde{Y}(\boldsymbol{s})}) + E(\tilde{Y}(\boldsymbol{s})\overline{\tilde{Y}(\boldsymbol{s})}) \\ &= 0\end{aligned}$$

となる．

最後に一意性を示す．いま別の直交確率測度 $\{\tilde{M}(\Delta) : \Delta \in \mathcal{B}\}$ が存在して，任意の $g(\boldsymbol{s}, \boldsymbol{\lambda})$ に対して

$$\int_{\boldsymbol{K}^d} g(\boldsymbol{s}, \boldsymbol{\lambda}) dM(\boldsymbol{\lambda}) = \int_{\boldsymbol{K}^d} g(\boldsymbol{s}, \boldsymbol{\lambda}) d\tilde{M}(\boldsymbol{\lambda})$$

が成立すると仮定する．ここで可測関数 $f(\boldsymbol{\lambda})(\in L^2(F))$ に対して，写像 $I_M(f)$, $I_{\tilde{M}}(f)$ を

$$I_M(f) = \int_{\boldsymbol{K}^d} f(\boldsymbol{\lambda}) dM(\boldsymbol{\lambda}),$$

$$I_{\tilde{M}}(f) = \int_{\boldsymbol{K}^d} f(\boldsymbol{\lambda}) d\tilde{M}(\boldsymbol{\lambda})$$

によって定義する．このとき $I_M(g(\boldsymbol{s}, \boldsymbol{\lambda})) = I_{\tilde{M}}(g(\boldsymbol{s}, \boldsymbol{\lambda}))$ および $L^2(g) = L^2(F)$ であるから，任意の可測集合 Δ に対して

$$M(\Delta) = I_M(\chi_\Delta) = I_{\tilde{M}}(\chi_\Delta) = \tilde{M}(\Delta)$$

が成立し，一意性が導かれる． ■

定理 2.19 より定常確率場のスペクトル表現を直ちに得る．

[定理 2.20] $\{Y(\boldsymbol{s}) : \boldsymbol{s} \in \boldsymbol{K}^d\}$ を期待値 0 の複素数値定常確率場とする．このとき確率直交測度 $\{M(\Delta) : \Delta \in \mathcal{B}\}$ が存在して，$Y(\boldsymbol{s})$ は

$$Y(\boldsymbol{s}) = \int_{\boldsymbol{K}^d} \exp(i(\boldsymbol{s}, \boldsymbol{\lambda})) dM(\boldsymbol{\lambda}) \tag{2.19}$$

によって表現できる．

証明 $g(\boldsymbol{s}, \boldsymbol{\lambda}) = \exp(i(\boldsymbol{s}, \boldsymbol{\lambda}))$ とおけば，$L^2(g) = L^2(F)$ が成立するので，定理 2.19 より導ける． ■

$E(Y(\boldsymbol{s})) = \mu$ が 0 でないときには，$Y(\boldsymbol{s}) - \mu$ に前述の議論を適用すればよい．(2.19) を定常確率場の**スペクトル表現** (spectral representation) という．直観的にいうと，定常確率場は様々な周波数 $\boldsymbol{\lambda}$ の波 $\exp(i(\boldsymbol{s}, \boldsymbol{\lambda}))$ が合成された確率場で，振幅と位相を決定する $dM(\boldsymbol{\lambda})$ が確率変数で，周波数が異なると互いに無相関になっている．

第3章

定常確率場に対するモデル

定常確率場に対して統計モデルを導入する方法は大別して2つに分けられる．1つは定常確率場 $\{Y(s)\}$ 自身に対して直接導入する方法であり，他方は自己共分散関数 $C(h)$ あるいはスペクトル密度関数 $f(\lambda)$ に対して導入する方法である．定常確率場に対するモデルとしては，時系列データ（$d = 1$ の場合）に対してポピュラーなモデルである自己回帰移動平均モデル（ARMA モデル）を時空間データ（$d \geq 2$ の場合）に一般化できる．しかしながら時系列データに比べ，モデルを一義的に決定できる条件が複雑になる．また時系列データのように過去・現在・未来という自然な順序が導入しにくい時空間データに対して現実性をもつモデルか否かという問題も生じる．そこで ARMA モデルを補完・代替するモデルとして，条件付き自己回帰モデル（CAR モデル）を紹介する．

一方，自己共分散関数あるいはスペクトル密度関数の基本的なモデルとしては，関数が h あるいは λ の部分ベクトルに依存する関数の積で表現される分離型モデルあるいはノルム $\|h\|, \|\lambda\|$ のみに依存する等方型モデルがある．さらにこれらのモデルのフィットが良くないモデルを解析するために提案された非分離型モデル，非等方型モデルを説明する．

3.1 定常確率場自身に対するモデル

本節では $K = Z$ とする.また定常確率場の共分散の構造を規定するモデルを考えるので,簡単のため $E(Y(s)) = 0$ とする.まず白色雑音の線形和によって定義される線形過程を導入する.

[定義 3.1 （線形過程）] $\{U(s) : s \in Z^d\}$ を $\mathrm{WN}(0, \sigma^2)$ とし,$\{c_t, t \in Z^d\}$ を $l^2(Z^d)$ に属する数列,すなわち $\sum_{t \in Z^d} c_t^2 < \infty$ をみたす数列とする.このとき

$$Y(s) = \sum_{t \in Z^d} c_t U(s - t) \tag{3.1}$$

によって定義される $\{Y(s)\}$ を**線形過程** (linear process) という.

これは例 9.30 における $X_t = \sum_{i=0}^{\infty} \psi_i U_{t-i}$ を任意の d に対して一般化した確率場であり,(3.1) の右辺の無限和は平均 2 乗収束の意味である.

線形過程は後に定義する移動平均モデルで次数が無限の場合に相当する.

[定理 3.2] 線形過程は定常確率場であり,その自己共分散関数およびスペクトル密度関数は

$$C(h) = \sigma^2 \sum_{t \in Z^d} c_t c_{t+h}, \quad f(\lambda) = \frac{\sigma^2}{(2\pi)^d} \left| \sum_{t \in Z^d} c_t \exp(-i(t, \lambda)) \right|^2$$

である.

証明 $[-N, N]^d = \{(t_1, \ldots, t_d)' \mid -N \leq t_i \leq N, i = 1, \ldots, d\}$ とする.ここで

$$Y_N(s) = \sum_{t \in [-N, N]^d} c_t U(s - t)$$

とおく.このとき $E(Y(s) - Y_N(s))^2 = \sigma^2 \sum_{t \notin [-N, N]^d} c_t^2 \to 0 \, (N \to \infty)$ および

$$\mathrm{Cov}(Y_N(\boldsymbol{s}), Y_N(\boldsymbol{s}+\boldsymbol{h})) = \sigma^2 \sum_{\boldsymbol{t},\boldsymbol{t}+\boldsymbol{h}\in[-N,N]^d} c_{\boldsymbol{t}} c_{\boldsymbol{t}+\boldsymbol{h}}$$

が成り立つ．したがって内積の連続性より

$$\mathrm{Cov}(Y(\boldsymbol{s}), Y(\boldsymbol{s}+\boldsymbol{h})) = \lim_{N\to\infty} \mathrm{Cov}(Y_N(\boldsymbol{s}), Y_N(\boldsymbol{s}+\boldsymbol{h}))$$

が成り立つので，$\{Y(\boldsymbol{s})\}$ は定常確率場であり，$C(\boldsymbol{h})$ がその自己共分散関数になる．

次に $c(\boldsymbol{\lambda})$ を

$$c(\boldsymbol{\lambda}) = \frac{\sigma}{(\sqrt{2\pi})^d} \sum_{\boldsymbol{t}\in\boldsymbol{Z}^d} c_{\boldsymbol{t}} \exp(-i(\boldsymbol{t},\boldsymbol{\lambda}))$$

によって定義する．ここで右辺は $L^2[-\pi,\pi]^d$ 収束の意味で定義する．このとき定義 9.52 と Parseval の等式（定理 9.38）より

$$\begin{aligned}
&\int_{[-\pi,\pi]^d} \exp(i(\boldsymbol{h},\boldsymbol{\lambda})) f(\boldsymbol{\lambda}) d\boldsymbol{\lambda} \\
&= (c(\boldsymbol{\lambda})\exp(i(\boldsymbol{h},\boldsymbol{\lambda})), c(\boldsymbol{\lambda}))_{L^2[-\pi,\pi]^d} \\
&= \sigma^2 \sum_{\boldsymbol{t}\in\boldsymbol{Z}^d} c_{\boldsymbol{t}} c_{\boldsymbol{t}+\boldsymbol{h}} \\
&= C(\boldsymbol{h})
\end{aligned}$$

が成り立つ．したがって $f(\boldsymbol{\lambda})$ が $\{Y(\boldsymbol{s})\}$ のスペクトル密度関数である．∎

次に定常過程 ($d=1$) に対する代表的なモデルである自己回帰移動平均モデル（Autoregressive Moving Average model, ARMA モデル）は $d \geq 2$ の場合にも拡張できる．

[定義 3.3（自己回帰移動平均モデル）] P および Q を d 次元複素ベクトル $z = (z_1,\ldots,z_d)'$ ($z_i \in \boldsymbol{C}$, $i=1,\ldots,d$) の有限次数多項式

$$P(z) = 1 - \sum_{\boldsymbol{t}\in R} a_{\boldsymbol{t}} z^{\boldsymbol{t}}, \quad Q(z) = 1 + \sum_{\boldsymbol{t}\in M} b_{\boldsymbol{t}} z^{\boldsymbol{t}}$$

とする．ここで R と M はゼロベクトルを含まない $\boldsymbol{Z}^d$ の有限部分集合，$\boldsymbol{t} = (t_1,t_2,\ldots,t_d)$, $z^{\boldsymbol{t}} = z_1^{t_1}\cdots z_d^{t_d}$ とする．ここで**後退作用素** (Backward Shift

Operator) B^t を $B^t Y(s) = Y(s-t)$ によって定義する．このとき

$$P(B)Y(s) = Q(B)U(s) \tag{3.2}$$

によって定義される確率場を**自己回帰移動平均モデル**（Autoregressive Moving Average model，ARMA モデル）という．

(3.2) は

$$Y(s) = \sum_{t \in R} a_t Y(s-t) + U(s) + \sum_{t \in M} b_t U(s-t)$$

とも表現できる．

$Q(z) \equiv 1$ のとき**自己回帰モデル**（Autoregressive model，AR モデル），$P(z) \equiv 1$ のとき**移動平均モデル**（Moving Average model，MA モデル）とよぶ．

自己回帰移動平均モデルが定常確率場になるための十分条件は以下の定理によって与えられる．

[**定理 3.4**] T を 1 次元トーラス $T = \{z \in C \mid |z| = 1\}$ とする．方程式 $P(z) = 0$ は d 次元トーラス $T^d = \{(z_1, \ldots, z_d) \mid |z_i| = 1, i = 1, \ldots, d\}$ 上に根をもたないとする．このとき (3.2) をみたす定常確率場 $\{Y(s)\}$ が存在し，$\{Y(s)\}$ は無限次数移動平均モデル

$$Y(s) = \sum_{t \in Z^d} c_t U(s-t)$$

によって表現される．ここで

$$P^{-1}(z)Q(z) = \sum_{t \in Z^d} c_t z^t \tag{3.3}$$

とする．またそのスペクトル密度関数は

$$f(\boldsymbol{\lambda}) = \frac{\sigma^2}{(2\pi)^d} \frac{|Q(e^{i\boldsymbol{\lambda}})|^2}{|P(e^{i\boldsymbol{\lambda}})|^2} \tag{3.4}$$

によって与えられる．ここで $e^{i\boldsymbol{\lambda}} = (e^{i\lambda_1}, \ldots, e^{i\lambda_d})$ とする．

証明 $P(z) = 0$ は d 次元トーラス T^d 上に根をもたないので，$P^{-1}(z)Q(z)$

は Laurent 級数展開により (3.3) の表現が可能であり，$\sum_{t \in \mathbf{Z}^d} c_t^2 < \infty$ が成立する．したがって $Y(\mathbf{s}) = \sum_{t \in \mathbf{Z}^d} c_t U(\mathbf{s} - \mathbf{t})$ によって定義すれば，定理 3.2 より $\{Y(\mathbf{s})\}$ は定常確率場であり，そのスペクトル密度関数は

$$f(\boldsymbol{\lambda}) = \frac{\sigma^2}{(2\pi)^d} \left| \sum_{\mathbf{t} \in \mathbf{Z}^d} c_{\mathbf{t}} \exp(-i(\mathbf{t}, \boldsymbol{\lambda})) \right|^2 = \frac{\sigma^2}{(2\pi)^d} \frac{|Q(e^{i\boldsymbol{\lambda}})|^2}{|P(e^{i\boldsymbol{\lambda}})|^2}$$

になる．また

$$P(B)Y(\mathbf{s}) = P(B)P^{-1}(B)Q(B)U(\mathbf{s}) = Q(B)U(\mathbf{s})$$

が成立する． ∎

多変数複素関数の Laurent 級数展開の詳細については Range [132] を参照されたい．ここでは例を挙げておく．$d = 2$, $P(z) = (1 - \alpha z_1)(1 - \beta z_2)$, $0 < |\alpha| < 1 < |\beta|$ とする．このとき $P(z)^{-1}$ は $\mathbf{T}^2$ を含む集合 $\{(z_1, z_2) \mid |z_1| < |\alpha|^{-1}, |\beta|^{-1} < |z_2|\}$ において Laurent 級数展開可能であり，

$$P(z)^{-1} = -\sum_{t_1, t_2 = 0}^{\infty} \alpha^{t_1} z_1^{t_1} \beta^{-t_2+1} z_2^{-t_2+1}$$

となる．したがって $c_{t_1, t_2} = -\alpha^{t_1} \beta^{t_2}$, $t_1 \geq 0, t_2 \leq -1$，その他の (t_1, t_2) に対しては $c_{t_1, t_2} = 0$ となるから $\sum_{t \in \mathbf{Z}^2} c_t^2 < \infty$ が成立する．

しかし $\alpha = 1$ の場合は $z_1 = 1$ とおけば，z_2 の値に関わらず $P(z) = 0$ となり，$\mathbf{T}^2$ 上に根をもつ．$P^{-1}(z)$ は形式的には

$$P^{-1}(z) = -\sum_{t_1, t_2 = 0}^{\infty} z_1^{t_1} \beta^{-t_2+1} z_2^{-t_2+1}$$

となる．したがって $c_{t_1, t_2} = -\beta^{t_2}$, $t_1 \geq 0, t_2 \leq -1$ であるから $\sum_{t \in \mathbf{Z}^2} c_t^2 < \infty$ は成立せず，$\mathbf{T}^2$ 上では Laurent 級数展開が不可能になる．

なお (3.4) より ARMA モデルのスペクトル密度関数は多変数三角多項式の比で表現できる有理関数であることがわかる．ただし ARMA モデルを $d \geq 2$ に一般化するときの 1 つの問題点は，時系列データ $(d = 1)$ のように時間の推移に基づく過去，現在，未来という自然な順序が存在しないことである．たと

えば「自己回帰」という言葉は，時系列データの現在の値を自分自身の過去の値に回帰することを意味するが，$d \geq 2$ の場合には，もはやこうした意味をもたなくなる．この問題を解決し，$d \geq 2$ のとき順序を導入するための数学的概念として，半空間がある．

以下の議論では簡単のため $d = 2$ とする．

[定義 3.5（半空間）] $\boldsymbol{Z}^2$ の部分集合を S とする．S が以下の 3 条件をみたすとき**半空間** (half space) という．

(a) $S \cup (-S) = \boldsymbol{Z}^2$.
(b) $S \cap (-S) = \{\boldsymbol{0}\}$.
(c) $\boldsymbol{s}, \boldsymbol{t} \in S$ ならば $\boldsymbol{s} + \boldsymbol{t} \in S$.

ここで $-S = \{\boldsymbol{s} \mid -\boldsymbol{s} \in S\}$ とする．

半空間 S を用いて任意の $\boldsymbol{s}, \boldsymbol{t} (\in \boldsymbol{Z}^2)$ の間に，$\boldsymbol{t} - \boldsymbol{s} \in S$ ならば $\boldsymbol{s} \leq \boldsymbol{t}$ という大小関係を定義する．また $\boldsymbol{t} = \boldsymbol{t} - \boldsymbol{0}$ であるから，$\boldsymbol{t} \in S$ と $\boldsymbol{0} \leq \boldsymbol{t}$ は同値である．この大小関係は反射法則，対称法則，推移法則をみたし，$\boldsymbol{Z}^2$ 上の全順序である．代表的なものとしては，辞書式順序 (lexicographic order) $S_{lex} = \{(m, n) \mid m > 0 \text{ or } m = 0, n \geq 0\}$ および α を無理数として $S_\alpha = \{(m, n) \mid m\alpha + n \geq 0\}$ がある．

このとき半空間によって導入された順序に基づき，線形過程に対して $d = 1$ の場合と同じく，$d = 2$ の場合にも因果性・反転可能性の概念が定義できる．S をある半空間として，S によって導入される順序を用いて，$\mathcal{H}_{Y,\boldsymbol{s}} = \overline{\mathrm{sp}}\{Y(\boldsymbol{t}), \boldsymbol{t} \leq \boldsymbol{s}\}$ とする．$\mathcal{H}_{U,\boldsymbol{s}}$ も同様に定義する．

[定義 3.6（因果性）] 任意の $\boldsymbol{s}$ に対して

$$\mathcal{H}_{Y,\boldsymbol{s}} \subset \mathcal{H}_{U,\boldsymbol{s}} \tag{3.5}$$

が成立するとき，線形過程は**因果性** (causality) をみたすという．

[定義 3.7（反転可能性）]

$$\mathcal{H}_{U,\boldsymbol{s}} \subset \mathcal{H}_{Y,\boldsymbol{s}} \tag{3.6}$$

が成立するとき，線形過程は**反転可能性** (invertibility) をみたすという．

ここで定義 3.6, 定義 3.7 についていくつか補足しておく．$\{U(\boldsymbol{t})/\sigma, \boldsymbol{t} \leq \boldsymbol{s}\}$ は $\mathcal{H}_{U,\boldsymbol{s}}$ の正規直交基底（定義 9.37）である．また S 上の大小関係の定義より，$\boldsymbol{s} - \boldsymbol{t} \leq \boldsymbol{s}$ と $\boldsymbol{t} \geq \boldsymbol{0}$ は同値である．したがって線形過程が因果性をみたすとき，(3.5) と定理 9.38 より $Y(\boldsymbol{s})$ は無限次数の移動平均モデル

$$Y(\boldsymbol{s}) = \sum_{\boldsymbol{t} \geq \boldsymbol{0}} b_{\boldsymbol{t}} U(\boldsymbol{s} - \boldsymbol{t}) \tag{3.7}$$

によって表現できる．$\{b_{\boldsymbol{t}}, \boldsymbol{t} \geq \boldsymbol{0}\}$ は $l^2(\boldsymbol{Z}^2)$ に属する定数列である．(3.1) との違いは $b_{\boldsymbol{t}} = 0\,(\boldsymbol{t} < \boldsymbol{0})$ となることである．たとえば S_{lex} の場合 $\boldsymbol{s} = (s_1, s_2)$，$\boldsymbol{t} = (t_1, t_2)$ とおけば

$$\begin{aligned}Y(s_1, s_2) &= \sum_{(t_1,t_2) \geq (0,0)} b_{t_1,t_2} U(s_1 - t_1, s_2 - t_2) \\ &= \sum_{t_2=0}^{\infty} b_{0,t_2} U(s_1, s_2 - t_2) + \sum_{t_1 \geq 1}^{\infty} \sum_{t_2=-\infty}^{\infty} b_{t_1,t_2} U(s_1 - t_1, s_2 - t_2)\end{aligned}$$

となる．

次に $\mathcal{H}_{Y,\boldsymbol{s}}^- = \bar{sp}\{Y(\boldsymbol{t}), \boldsymbol{t} < \boldsymbol{s}\}$ とし，$\hat{Y}(\boldsymbol{s})$ を $Y(\boldsymbol{s})$ の $\mathcal{H}_{\boldsymbol{s}}^-$ への射影とする．いま因果性と反転可能性が同時に成立すると仮定する．このときは (3.5) と (3.6) より

$$\mathcal{H}_{U,\boldsymbol{s}} = \mathcal{H}_{Y,\boldsymbol{s}}$$

が成立するので，(3.7) および定理 9.36 より

$$\hat{Y}(\boldsymbol{s}) = \sum_{\boldsymbol{t} > \boldsymbol{0}} b_{\boldsymbol{t}} U(\boldsymbol{s} - \boldsymbol{t}),$$

$$b_{\boldsymbol{0}} U(\boldsymbol{s}) = Y(\boldsymbol{s}) - \hat{Y}(\boldsymbol{s})$$

となる．したがって $U(\boldsymbol{s})$ は任意の $\boldsymbol{t}\,(<\boldsymbol{s})$ に対して，$H_{Y,\boldsymbol{t}}$ の直交補空間 $H_{Y,\boldsymbol{t}}^{\perp}$ に属し，地点 $\boldsymbol{s}$ において初めて得られる情報とみなせる．そこで $\{U(\boldsymbol{s})\}$ を $\{Y(\boldsymbol{s})\}$ の**イノベーション過程** (innovation process) ともいう．以下では $b_{\boldsymbol{t}}/b_{\boldsymbol{0}}, b_{\boldsymbol{0}} U(\boldsymbol{t})$ を新たに $b_{\boldsymbol{t}}, U(\boldsymbol{t})$ とみなし，$b_{\boldsymbol{0}} = 1$ と仮定する．

次に ARMA モデルが因果性・反転可能性をみたすための条件を導く．以下

では $P(z), Q(z)$ を,

$$P(z_1, z_2) = 1 - \sum_R a_{k,l} z_1^k z_2^l,$$
$$Q(z_1, z_2) = 1 + \sum_M b_{k,l} z_1^k z_2^l$$

と記す. $R \subset S \setminus \{(0,0)\}, M \subset S \setminus \{(0,0)\}$ のとき P, Q は**片側的** (unilateral) という. また $\boldsymbol{\lambda} = (\lambda_1, \lambda_2)'$ と表す.

まず AR モデルが因果性・反転可能性をみたすための必要十分条件を与える.

[**定理 3.8**] AR モデル $\{Y(\boldsymbol{s})\}$ が因果性・反転可能性をみたすための必要十分条件は以下の同値な (1) あるいは (2) のどちらか 1 つが成立することである.

(1) (1a) $P(z_1, z_2)$ は片側的である.

(1b) $P(z_1, z_2) \neq 0\,((z_1, z_2) \in \Delta)$. ここで

$$\Delta = \{(z_1, 0) \mid |z_1| \leq 1\} \cup \{(e^{i\lambda_1}, z_2) \mid -\infty < \lambda_1 < \infty,\ |z_2| \leq 1\}$$

とする.

(2) (2a) $P(z_1, z_2)$ は片側的である.

(2b) $\int_{[-\pi,\pi]^2} \log |P(e^{i\lambda_1}, e^{\lambda_2})| d\lambda_1 d\lambda_2 = 0$.

定理の証明のために 1 つ補題を用意する. 証明は Guyon [60] を参照されたい.

[**補題 3.9**] S を $\boldsymbol{Z}^2$ の任意の半空間とする. いまスペクトル分布関数を $([-\pi, \pi]^2, \overline{\mathcal{B}}([-\pi, \pi]^2))$ 上の Lebesgue 測度に対して絶対連続な部分と特異な部分に分解して

$$dF(\boldsymbol{\lambda}) = f(\boldsymbol{\lambda})d\boldsymbol{\lambda} + \mu_s(d\boldsymbol{\lambda})$$

と表す. $\mu_s(d\boldsymbol{\lambda})$ を特異な部分とする. このとき

$$E(Y(\boldsymbol{s}) - \hat{Y}(\boldsymbol{s}))^2 = \exp\left(\frac{1}{4\pi^2} \int_{[-\pi,\pi]^2} \log[(2\pi)^2 f(\boldsymbol{\lambda})] d\boldsymbol{\lambda}\right) \quad (3.8)$$

が成立する．

定理 3.8 の証明　以下の順序で証明する．(i) 因果性・反転可能性 $\Rightarrow$ (1), (ii) 因果性・反転可能性 $\Leftarrow$ (1), (iii) (1) $\Rightarrow$ (2), (iv) (2) $\Rightarrow$ 因果性・反転可能性.

(i) 因果性・反転可能性 $\Rightarrow$ (1) の証明．$U(\boldsymbol{s})$ は

$$U(\boldsymbol{s}) = V^- + V^+$$

と表現できる．ここで

$$V^- = Y(\boldsymbol{s}) - \sum_{\boldsymbol{t} > (0,0),\ \boldsymbol{t} \in R} a_{\boldsymbol{t}} Y(\boldsymbol{s} - \boldsymbol{t}),$$
$$V^+ = -\sum_{\boldsymbol{t} < (0,0),\ \boldsymbol{t} \in R} a_{\boldsymbol{t}} Y(\boldsymbol{s} - \boldsymbol{t}).$$

P が片側的でないとすれば $V^+ \neq 0$ となり反転可能性 (3.6) に矛盾する．したがって (1a) が成立する．

次に (1b) を示す．P は片側的であるから

$$P(z_1, z_2) = 1 - \sum_{(0,0) < (k,l)} a_{k,l} z_1^k z_2^l$$

と書ける．一方，因果性より

$$W(z_1, z_2) = \sum_{(0,0) \leq (k,l)} w_{k,l} z_1^k z_2^l$$

と表現できる $W(z_1, z_2)$ が存在して

$$Y(\boldsymbol{s}) = W(B) U(\boldsymbol{s})$$

が成立する．したがって

$$U(\boldsymbol{s}) = P(B) Y(\boldsymbol{s}) = P(B) W(B) U(\boldsymbol{s})$$

が成立し，

$$W(z_1, z_2) = P(z_1, z_2)^{-1}$$

を得る．いま $D = \{z \mid z \in \boldsymbol{C}, |z| \leq 1\}$, $D^2 = D \times D = \{(z_1, z_2) \mid z_i \in \boldsymbol{C}, |z_i| \leq 1, i = 1, 2\}$ とおく．ここで D^2 において定義された以下の関数族

$$\mathcal{A} = \left\{ f : D^2 \to \boldsymbol{C}, f(z_1, z_2) = \sum_{(k,l) \geq (0,0)} a_{k,l} z_1^k z_2^l \right\}$$

を考える．$\mathcal{A}$ に属する関数 $f(z_1, z_2)$ が逆元 $f(z_1, z_2)^{-1}$ をもつための必要十分条件は $f(z_1, z_2) \neq 0$, $(z_1, z_2) \in D^2$ である．この証明には Banach 代数の知識を要する．証明の詳細については Guyon [60] を，Banach 代数については Hewitt=Ross [67] を参照されたい．したがって $\Delta \subset D^2$ より，(1b) が成立する．

(ii) 因果性・反転可能性 $\Leftarrow$ (1) の証明．反転可能性は $P(z_1, z_2)$ が片側的であることより明らかである．因果性を示す．λ_1 を固定したとき，$P(e^{i\lambda_1}, z_2)$ は z_2 の関数として D 上で解析的であり，また $P(e^{i\lambda_1}, z_2) \neq 0$ であるから，$\log P(e^{i\lambda_1}, z_2) = \log |P(e^{i\lambda_1}, z_2)| + i \arg P(e^{i\lambda_1}, z_2)$ も D 上で解析的である．ここで D の内部に以下の閉曲線 $\mathcal{C}$ を考える．

$$\mathcal{C} = \begin{cases} |z| = 1, & \text{反時計回りに回転するとき，} \\ |z| = \epsilon, & \text{時計回りに回転するとき } (0 < \epsilon < 1), \\ z = [\epsilon, 1], & \text{左右両方向に変化するとき．} \end{cases}$$

このとき Cauchy の積分公式より任意の ϵ に対して

$$\int_{\mathcal{C}} \log P(e^{i\lambda_1}, z_2) dz_2 = 0.$$

したがって

$$\int_0^{2\pi} \log |P(e^{i\lambda_1}, e^{i\lambda_2})| d\lambda_2 = \int_0^{2\pi} \log |P(e^{i\lambda_1}, \epsilon e^{i\lambda_2})| d\lambda_2 \qquad (3.9)$$

が成立する．(3.9) において，$\epsilon \to 0$ とすれば，Lebesgue の有界収束定理により

$$\int_0^{2\pi} \log|P(e^{i\lambda_1}, e^{i\lambda_2})|d\lambda_2 = \int_0^{2\pi} \log|P(e^{i\lambda_1}, 0)|d\lambda_2 = 2\pi \log|P(e^{i\lambda_1}, 0)| \tag{3.10}$$

が成立する．D 上で $P(z_1, 0)$ は 0 にはならないので，同様に

$$\int_0^{2\pi} \log|P(e^{i\lambda_1}, 0)|d\lambda_1 = \int_0^{2\pi} \log|P(\epsilon e^{i\lambda_1}, 0)|d\lambda_1 \tag{3.11}$$

が成立し，$\epsilon \to 0$ とすれば，(3.11) 右辺の項は

$$\int_0^{2\pi} \log|P(0,0)|d\lambda_1 = 2\pi \log|P(0,0)| = 2\pi \log 1 = 0 \tag{3.12}$$

へ収束する．したがって (3.10), (3.12) より

$$\int_{[-\pi,\pi]^2} \log|P(e^{i\lambda_1}, e^{i\lambda_2})|d\lambda_1 d\lambda_2 = 0 \tag{3.13}$$

を得る．(3.4) と (3.13) から

$$\log \sigma^2 = \frac{1}{4\pi^2} \int_{[-\pi,\pi]^2} \log[(2\pi)^2 f(\lambda_1, \lambda_2)]d\lambda_1 d\lambda_2$$

が成立する．一方，補題 3.9 より

$$E(U(\boldsymbol{s}))^2 = E(Y(\boldsymbol{s}) - \hat{Y}(\boldsymbol{s}))^2 + E\left(\hat{Y}(\boldsymbol{s}) - \sum_{\boldsymbol{t}>(0,0)} a_{\boldsymbol{t}} Y(\boldsymbol{s}-\boldsymbol{t})\right)^2$$
$$\geq E(Y(\boldsymbol{s}) - \hat{Y}(\boldsymbol{s}))^2$$
$$= \sigma^2$$

が成立するので，

$$U(\boldsymbol{s}) = Y(\boldsymbol{s}) - \hat{Y}(\boldsymbol{s}) \tag{3.14}$$

が導ける．

次に $\boldsymbol{t}\,(\geq \boldsymbol{0})$ に対して

$$\psi_{\boldsymbol{t}} = E(Y(\boldsymbol{s})U(\boldsymbol{s}-\boldsymbol{t}))/\sigma^2$$

とおく．右辺は定常性より，$\boldsymbol{s}$ には依存しない．特に

$$\psi_0 = E[Y(\boldsymbol{s})(Y(\boldsymbol{s}) - \hat{Y}(\boldsymbol{s}))]/\sigma^2 = E(U(\boldsymbol{s}))^2/\sigma^2 = 1$$

である．このとき定理 9.38 より

$$P_{\mathcal{H}_{U,s}} Y(\boldsymbol{s}) = \sum_{\boldsymbol{t} \geq 0} \psi_{\boldsymbol{t}} U(\boldsymbol{s} - \boldsymbol{t}) \tag{3.15}$$

が成立する．ここで定常確率場 $\{V(\boldsymbol{s})\}$ を

$$V(\boldsymbol{s}) = Y(\boldsymbol{s}) - \sum_{\boldsymbol{t} \geq 0} \psi_{\boldsymbol{t}} U(\boldsymbol{s} - \boldsymbol{t})$$

によって定義する．このとき確率 1 で $V(\boldsymbol{s}) = 0$ となることを示せば，因果性が成立する．

(3.15) より

$$E(V(\boldsymbol{t})U(\boldsymbol{s})) = 0, \quad \boldsymbol{s} \leq \boldsymbol{t}$$

が成立する．一方 $\boldsymbol{s} > \boldsymbol{t}$ の場合は，(3.14) より $U(\boldsymbol{s}) \in \mathcal{H}_{Y,\boldsymbol{t}}^{\perp}$ となるので，やはり

$$E(V(\boldsymbol{t})U(\boldsymbol{s})) = 0, \quad \boldsymbol{s} > \boldsymbol{t}$$

が成立する．したがって $\{U(\boldsymbol{s})\}$ と $\{V(\boldsymbol{s})\}$ は互いに無相関な定常確率場である．いま両定常確率場のスペクトル表現を

$$U(\boldsymbol{s}) = \int_{[-\pi,\pi]^2} \exp(i(\boldsymbol{s}, \boldsymbol{\lambda})) dM_U(\boldsymbol{\lambda}),$$

$$V(\boldsymbol{s}) = \int_{[-\pi,\pi]^2} \exp(i(\boldsymbol{s}, \boldsymbol{\lambda})) dM_V(\boldsymbol{\lambda})$$

とする．ここで $\{M_U(\Delta) : \Delta \in \mathcal{B}([-\pi, \pi]^2)\}$, $\{M_V(\Delta) : \Delta \in \mathcal{B}([-\pi, \pi]^2)\}$ は各々直交確率測度とする．$\{U(\boldsymbol{s})\}$ と $\{V(\boldsymbol{s})\}$ は互いに無相関な定常確率場であるから，任意の $\Delta_i \in \mathcal{B}([-\pi, \pi]^2)$ $(i = 1, 2)$ に対して

$$E(M_U(\Delta_1)\overline{M_V(\Delta_2)}) = 0 \tag{3.16}$$

が成立する．またそのスペクトル分布関数を各々 $F_U(\boldsymbol{\lambda})$, $F_V(\boldsymbol{\lambda})$ とおく．実際には $F_U(\boldsymbol{\lambda})$ のスペクトル密度関数は $f_U(\boldsymbol{\lambda}) = \sigma^2/(2\pi)^2$ である．一方

$\{Y(\boldsymbol{s})\}$ の直交確率測度とスペクトル分布関数を,各々 $\{M_Y(\Delta)\}$, $F_Y(\boldsymbol{\lambda})$ とおく.

このとき $V(\boldsymbol{s})$ の定義より

$$
\begin{aligned}
Y(\boldsymbol{s}) &= \sum_{\boldsymbol{0}\le\boldsymbol{t}} \psi_{\boldsymbol{t}} U(\boldsymbol{s}-\boldsymbol{t}) + V(\boldsymbol{s}) \\
&= \int_{[-\pi,\pi]^2} \exp(i(\boldsymbol{s},\boldsymbol{\lambda})) \left(\sum_{\boldsymbol{t}\ge\boldsymbol{0}} \psi_{\boldsymbol{t}} \exp(-i(\boldsymbol{t},\boldsymbol{\lambda}))\right) dM_U(\boldsymbol{\lambda}) \\
&\quad + \int_{[-\pi,\pi]^2} \exp(i(\boldsymbol{s},\boldsymbol{\lambda})) dM_V(\boldsymbol{\lambda}) \\
&= \int_{[-\pi,\pi]^2} \exp(i(\boldsymbol{s},\boldsymbol{\lambda})) dM_Y(\boldsymbol{\lambda})
\end{aligned}
\tag{3.17}
$$

が成立する.(3.17) より

$$
\begin{aligned}
U(\boldsymbol{s}) &= P(B)Y(\boldsymbol{s}) \\
&= \int_{[-\pi,\pi]^2} \exp(i(\boldsymbol{s},\boldsymbol{\lambda})) P(\exp(-i\boldsymbol{\lambda})) dM_Y(\boldsymbol{\lambda}) \\
&= \int_{[-\pi,\pi]^2} \exp(i(\boldsymbol{s},\boldsymbol{\lambda})) P(\exp(-i\boldsymbol{\lambda})) \left(\sum_{\boldsymbol{0}\le\boldsymbol{t}} \psi_{\boldsymbol{t}} \exp(-i(\boldsymbol{t},\boldsymbol{\lambda}))\right) dM_U(\boldsymbol{\lambda}) \\
&\quad + \int_{[-\pi,\pi]^2} \exp(i(\boldsymbol{s},\boldsymbol{\lambda})) P(\exp(-i\boldsymbol{\lambda})) dM_V(\boldsymbol{\lambda}) \\
&= \int_{[-\pi,\pi]^2} \exp(i(\boldsymbol{s},\boldsymbol{\lambda})) dM_U(\boldsymbol{\lambda})
\end{aligned}
\tag{3.18}
$$

が成立する.したがって (3.16), (3.18) より,

$$
\begin{aligned}
0 &= \int_{[-\pi,\pi]^2} \left| P(\exp(-i\boldsymbol{\lambda})) \left(\sum_{\boldsymbol{0}\le\boldsymbol{t}} \psi_{\boldsymbol{t}} \exp(-i(\boldsymbol{t},\boldsymbol{\lambda}))\right) - 1 \right|^2 dF_U(\boldsymbol{\lambda}) \\
&\quad + \int_{[-\pi,\pi]^2} |P(\exp(-i\boldsymbol{\lambda}))|^2 dF_V(\boldsymbol{\lambda})
\end{aligned}
$$

を得る.この等式は $F_U(\boldsymbol{\lambda})$ に関しては,したがって Lebesgue 測度に関しては,ほとんどすべての $\boldsymbol{\lambda}$ に対して

$$P(\exp(-i\boldsymbol{\lambda})) \left(\sum_{\mathbf{0} \leq \boldsymbol{t}} \psi_{\boldsymbol{t}} \exp(-i(\boldsymbol{t}, \boldsymbol{\lambda})) \right) = 1$$

が成立することを意味する．一方 $F_V(\boldsymbol{\lambda})$ に関しては，ほとんどすべての $\boldsymbol{\lambda}$ に対して，

$$P(\exp(-i\boldsymbol{\lambda})) = 0$$

が成立することを意味する．この 2 つの等式が矛盾なく成立するのは，$F_V(\boldsymbol{\lambda})$ が Lebesgue 測度に対して特異な測度になるときである．

一方

$$F_Y(\boldsymbol{\lambda}) = \frac{\sigma^2}{(2\pi)^2} \int_{[-\pi, \lambda_1]} \int_{[-\pi, \lambda_2]} \left| \sum_{\mathbf{0} \leq \boldsymbol{t}} \psi_{\boldsymbol{t}} \exp(i(\boldsymbol{t}, \boldsymbol{\omega})) \right|^2 d\boldsymbol{\omega} + F_V(\boldsymbol{\lambda}) \quad (3.19)$$

が成立する．実際には $F_Y(\boldsymbol{\lambda})$ は Lebesgue 測度に対して絶対連続であり，そのスペクトル密度関数 $f_Y(d\boldsymbol{\lambda})$ は

$$f_Y(d\boldsymbol{\lambda}) = \frac{\sigma^2}{(2\pi)^2} \frac{1}{|P(e^{i\boldsymbol{\lambda}})|^2} d\boldsymbol{\lambda}$$

である．(3.19) より $F_V(\boldsymbol{\lambda})$ は $F_Y(\boldsymbol{\lambda})$ に対して絶対連続である．したがって $F_V(\boldsymbol{\lambda})$ は Lebesgue 測度に対して絶対連続であり，同時に特異であるから $F_V(\boldsymbol{\lambda}) \equiv 0$ すなわち確率 1 で $V(\boldsymbol{s}) = 0$ が成立しなくてはならない．

(iii) (1) $\Rightarrow$ (2) の証明．既に (ii) の証明中，(3.13) から (2b) が示されている．

(iv) (2) $\Rightarrow$ 因果性・反転可能性の証明．既に (ii) の証明中，(3.13) から因果性が示されている．反転可能性は $P(z_1, z_2)$ が片側的であることより明らかである． ■

[**注意 3.10**]　(1) $R \subset S \setminus \{(0,0)\}$ かつ

$$\sum_R |a_{k,l}| < 1$$

が成立すれば，定理 3.8 (1) の条件をみたす．したがって AR モデルは因果性・反転可能性をみたす．

(2) しかし多くの場合，AR モデルの係数 $a_{k,l}$ が与えられたとき，条件 (2b) の積分は数値的には Riemann 和で近似できるので，条件 (1b) よりチェックしやすい．

次に ARMA モデルに対する因果性・反転可能性については，以下の定理が導ける．

[定理 3.11] ARMA モデル $\{Y(\boldsymbol{s})\}$ が因果性・反転可能性をみたすための十分条件は，$P(z_1, z_2), Q(z_1, z_2)$ が定理 3.8 (1) あるいは (2) をみたすことである．

証明 $X(\boldsymbol{s}) = Q(B)U(\boldsymbol{s})$ とおけば，$U(\boldsymbol{s}) = Q(B)^{-1}X(\boldsymbol{s})$ となる．したがって定理 3.8 より $\mathcal{H}_{X,\boldsymbol{s}} = \mathcal{H}_{U,\boldsymbol{s}}$ が成立する．また $P(B)Y(\boldsymbol{s}) = X(\boldsymbol{s})$，$Y(\boldsymbol{s}) = P(B)^{-1}X(\boldsymbol{s})$ となり，$\mathcal{H}_{Y,\boldsymbol{s}} = \mathcal{H}_{X,\boldsymbol{s}}$ も成立し，因果性・反転可能性が示された． ■

[注意 3.12] ここで 2 つ注意を与えておく．

(1) 定理 3.11 は定理 3.8 と異なり，十分条件である．$Q(B)^{-1}$ が存在しなくても $\mathcal{H}_{U,\boldsymbol{s}} \subset \mathcal{H}_{X,\boldsymbol{s}}$ となる場合があるからである．($d = 1$ の場合については Brockwell=Davis [17] を参照されたい．)

(2) 因果性と反転可能性について，定常過程 ($d = 1$) の場合と定常確率場 ($d \geq 2$) の場合の相違を述べておく．定常過程の場合には，自然な半空間 S は非負整数の集合 $\mathrm{N} = \{0, 1, 2, \ldots\}$ である．このとき (3.2) は

$$Y(t) - a_1 Y(t-1) - \cdots - a_p Y(t-p)$$
$$= U(t) + b_1 U(t-1) + \cdots + b_q U(t-q)$$

と書ける．いま

$$P(z) = 1 - a_1 z - \cdots - a_p z^p,$$
$$Q(z) = 1 + b_1 z + \cdots + b_q z^q$$

とおく．定理 3.4 より $P(z) = 0$ の根がトーラス T 上に存在しなければ定常過程である．また定理 3.11 より $P(z) = 0$ および $Q(z) = 0$ の根がすべてトー

ラス T の外側に存在すれば，ARMA モデルは因果性と反転可能性をみたす．ただし，この条件をみたさない場合でも，因果性と反転可能性をみたす別の p 次，q 次の多項式 $P^*(z), Q^*(z)$ および白色雑音 $U^*(t)$ が必ず存在して

$$P^*(B)Y(t) = Q^*(B)U^*(t)$$

をみたす．すなわち $P^*(z) = 0$ および $Q^*(z) = 0$ の根はすべてトーラス T の外側に存在する（詳しくは Brockwell=Davis [17] を参照されたい）．しかし後述するように定常確率場ではこの性質は必ずしも成立しない．

以上の議論から，半空間に基づく順序により，定常確率場にも定常過程と同様に理論的に正当化できる ARMA モデルを導入し，その因果性・反転可能性を議論することも可能になる．しかし，数学的に正当化されたモデルであることと，実際のデータに対するモデルとして適合度が高いことは別問題である．

そこで我々がよりイメージしやすいモデルとして，時系列データに対するマルコフモデルを時空間データに一般化した条件付き自己回帰モデルを次に紹介する．

いま S を $\boldsymbol{Z}^d$ 上の半空間，L をゼロベクトルを含まない $\boldsymbol{Z}^d$ の有限部分集合で対称，すなわち $\boldsymbol{s} \in L$ ならば $-\boldsymbol{s} \in L$ をみたすとする．さらに $L^+ = L \cap S$ とおく．

[定義 3.13（条件付き自己回帰モデル）] 定常確率場 $\{Y(\boldsymbol{s})\}$ が任意の $\boldsymbol{s} \in \boldsymbol{Z}^d$ に対して

$$Y(\boldsymbol{s}) = \sum_{\boldsymbol{t} \in L} c_{\boldsymbol{t}} Y(\boldsymbol{s} - \boldsymbol{t}) + e(\boldsymbol{s}),$$

$$c_{\boldsymbol{t}} = c_{-\boldsymbol{t}}, \quad \boldsymbol{t} \in L^+,$$

$$\mathrm{Cov}(Y(\boldsymbol{t}), e(\boldsymbol{s})) = 0, \quad \boldsymbol{t} \neq \boldsymbol{s}, \; E(e(\boldsymbol{s})) = 0$$

をみたすとき，**条件付き自己回帰モデル**（Conditional Autoregressive model, CAR モデル）にしたがうという．CAR(L) と書く．

CAR モデルの含意は以下の通りである．$\{Y(\boldsymbol{s})\}$ が正規確率場の場合，$e(\boldsymbol{s})$

は $Y(t)\,(t \neq s)$ と独立になるので，$Y(t)\,(t \neq s)$ が与えられたときの $Y(s)$ の条件付き期待値と分散は

$$E[Y(s)|Y(t), t \neq s] = E[Y(s)|Y(t), t \in L],$$
$$\mathrm{Var}[Y(s)|Y(t), t \neq s] = \mathrm{Var}(e(s))$$

をみたす．したがって $Y(t)\,(t \neq s)$ が与えられたときの $Y(s)$ の条件付き分布は，実際には $Y(t), t \in L$ のみが与えられたときのそれに等しい．

ここで CAR(L) の存在定理を与える．

[定理 3.14] 定常確率場 $\{Y(s)\}$ が CAR(L) モデルにしたがうための必要十分条件は

$$P^*(e^{i\boldsymbol{\lambda}}) = 1 - \sum_{t \in L} c_t \exp(i(t, \boldsymbol{\lambda}))$$
$$= 1 - 2 \sum_{t \in L^+} c_t \cos((t, \boldsymbol{\lambda}))$$

が任意の $\boldsymbol{\lambda}$ に対して非負で，かつ $P^*(e^{i\boldsymbol{\lambda}})^{-1} \in L^1[-\pi, \pi]^d$ であり，$\{Y(s)\}$ のスペクトル密度関数が

$$f(\boldsymbol{\lambda}) = \frac{\sigma_e^2}{(2\pi)^d P^*(e^{i\boldsymbol{\lambda}})} \tag{3.20}$$

になることである．ここで $\sigma_e^2 = \mathrm{Var}(e(s))$ とする．

証明 まず必要性を示す．定義より

$$E(Y(s)e((\mathbf{0}))) = \begin{cases} \sigma_e^2, & s = \mathbf{0}, \\ 0, & s \neq \mathbf{0}, \end{cases}$$

が成立する．$e(\mathbf{0}) = Y(\mathbf{0}) - \sum_{t \in L} c_t Y(-t)$ であるから，上式の条件はスペクトル密度関数で表現すると

$$\int_{[-\pi, \pi]^d} \left[1 - \sum_{t \in L} c_t \exp(-i(t, \boldsymbol{\lambda})) \right] f(\boldsymbol{\lambda}) d\boldsymbol{\lambda} = \sigma_e^2,$$

$$\int_{[-\pi,\pi]^d} \exp(i(\bm{s},\bm{\lambda})) \left[1 - \sum_{\bm{t} \in L} c_{\bm{t}} \exp(-i(\bm{t},\bm{\lambda}))\right] f(\bm{\lambda}) d\bm{\lambda} = 0, \quad \bm{s} \neq \bm{0}$$

になる．したがって $[1 - \sum_{\bm{t} \in L} c_{\bm{t}} e^{-i\bm{t}'\bm{\lambda}}] f(\bm{\lambda})$ は $\bm{\lambda}$ に依存しない定数であり，

$$(2\pi)^d \left[1 - \sum_{\bm{t} \in L} c_{\bm{t}} \exp(-i(\bm{t},\bm{\lambda}))\right] f(\bm{\lambda}) = \sigma_e^2$$

をみたす．したがってスペクトル密度関数は (3.20) によって与えられ，$P^*(e^{i\bm{\lambda}})$ は非負，かつ $P^*(e^{i\bm{\lambda}})^{-1} \in L^1[-\pi,\pi]^d$ である．

逆に $\{Y(\bm{s})\}$ のスペクトル密度関数が (3.20) によって与えられたとき，$e(\bm{s})$ を $e(\bm{s}) = Y(\bm{s}) - \sum_{\bm{t} \in L} c_{\bm{t}} Y(\bm{s}-\bm{t})$ によって定義すれば，$\{e(\bm{s})\}$ は $\mathrm{Cov}(Y(\bm{s}), e(\bm{t})) = 0$, $\bm{t} \neq \bm{s}$, $E(e(\bm{s})) = 0$ をみたす． ∎

定理 3.14 の証明から $\{e(\bm{s})\}$ も定常確率場であり，そのスペクトル密度関数は

$$f_e(\bm{\lambda}) = \left|1 - \sum_{\bm{t} \in L} c_{\bm{t}} \exp(-i(\bm{t},\bm{\lambda}))\right|^2 f(\bm{\lambda}) = \frac{\sigma_e^2}{(2\pi)^d}\left(1 - \sum_{\bm{t} \in L} c_{\bm{t}} \exp(i(\bm{t},\bm{\lambda}))\right)$$

になる．したがって

$$\mathrm{Cov}(e(\bm{s}), e(\bm{s}+\bm{t})) = \begin{cases} \sigma_e^2, & \bm{t} = \bm{0}, \\ -\sigma_e^2 c_{\bm{t}}, & \bm{t} \neq \bm{0},\ \bm{t} \in L, \\ 0, & \bm{t} \notin L \end{cases}$$

が成立するので，$\{e(\bm{s})\}$ は白色雑音ではない．

ここで AR モデルと CAR モデルの関係について述べておく．まず以下の補題を用意する．

[補題 3.15（Fejér の定理）] $d = 1$ とする．$P^*(e^{i\lambda}) = 1 - \sum_{t=1}^p 2c_t \cos(t\lambda)$ が非負の関数で $c_p \neq 0$ とする．このとき p 次の三角多項式 $P(e^{i\lambda})$ が存在して $P^*(e^{i\lambda}) = |P(e^{i\lambda})|^2$ と書ける．

証明 $z = e^{i\lambda}$, $\cos(t\lambda) = \frac{1}{2}(z^t + z^{-t})$ とおき，これらを $P^*(e^{i\lambda})$ に代入すれば，$P^*(z) = z^{-p}G(z)$ と表現できる．ここで $G(z)$ は $2p$ 次の z の多項式で

$$G(z) = \sum_{t=0}^{2p} b_t z^t$$

と表現できる．ただし $b_t = b_{2p-t} = -c_{p-t}$ ($t = 0, 1, \ldots, p-1$), $b_p = 1$ とする．$G(z) = 0$ の根の中で，トーラス T の内側にある根を α_μ ($0 < |\alpha_\mu| < 1$, $\mu = 1, \ldots, n$) とおけば，係数の対称性より $G(\alpha_\mu^{-1}) = \alpha_\mu^{-2p} G(\alpha_\mu) = 0$ も成立する．次に $z = 1$ が $G(z) = 0$ の根であるとき，重複度は偶数である．以下にその理由を説明する．$G(1) = \sum_{t=0}^{2p} b_t = -2\sum_{t=1}^{p} c_t + 1 = 0$ が成立するので，導関数 $G'(z)$ も

$$G'(1) = \sum_{t=0}^{2p} t b_t = p\left(-2\sum_{t=1}^{p} c_t + 1\right) = 0$$

をみたす．したがって $z = 1$ は少なくとも 2 重根になるので $G(z)$ は

$$G(z) = (z^2 - 2z + 1)(d_0 + d_1 z + \cdots + d_{2p-2} z^{2p-2})$$

と表現できる．このとき $d_t = d_{2p-2-t}$ ($t = 0, 1, \ldots, p-2$) が成立するので，$d_0 + d_1 z + \cdots + d_{2p-2} z^{2p-2} = 0$ が $z = 1$ を根にもつならば，やはり少なくとも 2 重根になる．同様の操作を繰り返していけば $z = 1$ の重複度は偶数になる．$z = -1$ が根の場合も同じく重複度は偶数になる．各々の重複度を $2m_1, 2m_2$ とおく．

トーラス上の複素数が根になる場合はその共役複素数も根になる．トーラス上の複素根を $e^{\pm i\omega_l}$ ($\omega_l \neq 0, \pi$)，その重複度を k_l ($l = 1, \ldots, q$) とおく．このとき因数分解により $G(z)$ は

と表現できる. したがって $P^*(e^{i\lambda}) = e^{-i\lambda p}G(e^{i\lambda})$ であるから

$$P^*(e^{i\lambda}) = b_{2p}\prod_{\mu=1}^{n}(-\alpha_\mu)^{-1}(e^{i\lambda}-\alpha_\mu)(e^{-i\lambda}-\alpha_\mu)$$

$$\times(-1)^{m_1}(e^{i\lambda}-1)^{m_1}(e^{-i\lambda}-1)^{m_1}$$

$$\times(e^{i\lambda}+1)^{m_2}(e^{-i\lambda}+1)^{m_2}$$

$$\times\prod_{l=1}^{q}(2\cos(\lambda)-2\cos(\omega_l))^{k_l}$$

と表現できる. ここで $n+m_1+m_2+\sum_{l=1}^{q}k_l = p$ が成立する. もし k_l が奇数だと $2\cos(\lambda)-2\cos(\omega_l)$ は $\lambda = \omega_l$ の近傍で定符号にならない. したがって k_l も偶数になるので, あらためて $k_l = 2k_l'$ とおく. α_μ が複素数ならば, 共役複素数 $\bar{\alpha}_\mu$ も根になることに注意すれば, 最終的に

$$P^*(e^{i\lambda}) = B\left|\prod_{\mu=1}^{n}(e^{i\lambda}-\alpha_\mu)(e^{i\lambda}-1)^{m_1}(e^{i\lambda}+1)^{m_2}\right.$$

$$\left.\times\prod_{l=1}^{q}(e^{i\lambda}-e^{i\omega_l})^{k_l'}(e^{i\lambda}-e^{-i\omega_l})^{k_l'}\right|^2$$

と表現できる. 仮定より B は正定数である. ∎

[**定理 3.16**]　(1) AR モデルは CAR モデルである.

(2) $d=1$ のときは, CAR モデルは AR モデルである.

証明　(1) (3.4) の $|P(e^{i\boldsymbol{\lambda}})|^2$ を展開すれば,

$$f(\boldsymbol{\lambda}) = \frac{\sigma^2}{(2\pi)^d \beta_{\boldsymbol{0}}(1-2\sum_{\boldsymbol{t}\in L^+}c_{\boldsymbol{t}}\cos((\boldsymbol{t},\boldsymbol{\lambda})))}$$

となる．ここで $L = \{\boldsymbol{t} - \boldsymbol{t}' \mid \boldsymbol{t}, \boldsymbol{t}' \in R\} \setminus \{\boldsymbol{0}\}$, $c_{\boldsymbol{t}} = -\beta_{\boldsymbol{t}}/\beta_{\boldsymbol{0}}$, $\beta_{\boldsymbol{t}} = \sum_{\boldsymbol{t}=\boldsymbol{s}-\boldsymbol{s}'} a_{\boldsymbol{s}} a_{\boldsymbol{s}'}$ である．ただし $a_{\boldsymbol{0}} = -1$ とする．したがって $\sigma_e^2 = \sigma^2/\beta_{\boldsymbol{0}}$, $P^*(e^{i\boldsymbol{\lambda}}) = 1 - 2\sum_{\boldsymbol{t} \in L^+} c_{\boldsymbol{t}} \cos((\boldsymbol{t}, \boldsymbol{\lambda}))$ とおけば，(3.20) より AR モデルは常に CAR モデルであることがわかる．

(2) 補題 3.15 より $P^*(e^{i\boldsymbol{\lambda}}) = |P(e^{i\boldsymbol{\lambda}})|^2$ と書ける．$P(e^{i\boldsymbol{\lambda}})$ の定数項を P_0 とする．$\sigma^2 = \sigma_e^2/P_0^2$, $P(e^{i\boldsymbol{\lambda}})/P_0$ を新たに $P(e^{i\boldsymbol{\lambda}})$ とすれば，$f(\boldsymbol{\lambda})$ は (3.4) のように表現できる．したがって CAR モデルは AR モデルである． ∎

定理 3.16 (1), (2) より $d = 1$ のときは AR モデルと CAR モデルは同値である．しかし $d \geq 2$ のときは CAR モデルは必ずしも AR モデルではない．$d = 2$ の場合について反例を挙げておく．

[**定理 3.17**] $d = 2$, $\boldsymbol{s} = (s_1, s_2)'$ とする．CAR モデル $\{Y(s_1, s_2)\}$ を

$$Y(s_1, s_2) = \alpha(Y(s_1 - 1, s_2) + Y(s_1 + 1, s_2) + Y(s_1, s_2 - 1) + Y(s_1, s_2 + 1))$$
$$+ e(s_1, s_2)$$

によって定義する．ここで $0 < |\alpha| < 1/4$ とする．このとき $\{Y(s_1, s_2)\}$ は AR モデルではない．

証明 定理 3.14 より $\{Y(s_1, s_2)\}$ のスペクトル密度関数は

$$f(\lambda_1, \lambda_2) = \frac{\sigma_e^2}{(2\pi)^2 P^*(e^{i\lambda_1}, e^{i\lambda_2})}$$

となる．ここで $P^*(e^{i\lambda_1}, e^{i\lambda_2}) = 1 - \alpha(e^{i\lambda_1} + e^{-i\lambda_1} + e^{i\lambda_2} + e^{-i\lambda_2})$ である．$|\alpha| < 1/4$ なので $[-\pi, \pi]^2$ においては $P^*(e^{i\lambda_1}, e^{i\lambda_2}) > 0$ である．
いま $e^{i\lambda_j}$ $(j = 1, 2)$ の多項式

$$P(e^{i\lambda_1}, e^{i\lambda_2}) = \sum_{m,n=-\infty}^{\infty} a_{mn} e^{im\lambda_1} e^{in\lambda_2}$$

に対して，$E_P = \{(m, n) \mid a_{mn} \neq 0\}$ と定義する．
このとき $E_{P^*} = \{(0,0), (1,0), (-1,0), (0,1), (0,-1)\}$ となる．いま $P_j(e^{i\lambda_1}, e^{i\lambda_2})$ $(j = 1, 2)$ を $e^{i\lambda_j}$ $(j = 1, 2)$ の有限次数多項式とする．$P^* = P_1 P_2$ が成立

したとき，P_1 あるいは P_2 が定数になることが示せれば定理を得る．$\mathbf{Z}^2$ を 2 次元座標平面の格子点の全体とみなす．$a_j(b_j)\,(j=1,2)$ を E_{P_j} に属し，かつ一番右に位置する要素の中で一番高い（低い）点とする．このとき $a_1+a_2 \in E_{P^*}$ かつ $a_1+a_2=(1,0),\ b_1+b_2 \in E_{P^*}$ かつ $b_1+b_2=(1,0)$ が成立する．したがって $a_1=b_1,\ a_2=b_2$ となり，$E_{P_j}\,(j=1,2)$ の一番右に位置する点は 1 つしかない．同様に一番左，上，下，それぞれに位置する点も 1 つしかない．$\rho^*, \rho_j\,(j=1,2)$ をそれぞれ E_{P^*}, E_{P_j} の横幅とする．このとき $\rho^* = \rho_1 + \rho_2 = 2$ となる．したがって $\rho_1 = 2$ のときは $\rho_2 = 0$ となる．すなわち E_{P_2} は一点集合である．したがって $P_2(e^{i\lambda_1}, e^{i\lambda_2}) = a_{mn}e^{im\lambda_1}e^{in\lambda_2}$ と表現できるが，新たに $a_{mn}e^{im\lambda_1}e^{in\lambda_2}P_1$ を P_1，$P_2 \equiv 1$ としても各々有限次数の多項式であり，積 P_1P_2 は変化しない．$\rho_1 = 0, \rho_2 = 2$ の場合も同様である．

次に $\rho_1 = \rho_2 = 1$ の場合を考える．前述のことから $E_j\,(j=1,2)$ は 2 点集合である．$E_{P_1} + E_{P_2} = \{(m+m', n+n') \mid (m,n) \in E_{P_1}, (m',n') \in E_{P_2}\}$ とすれば $E_{P^*} \subset E_{P_1} + E_{P_2}$ である．しかし E_{P^*} は 5 点集合であり，一方 $E_{P_1} + E_{P_2}$ は高々 4 点集合である．したがって矛盾をきたす．よって結論を得る． ∎

3.2　自己共分散関数・スペクトル密度関数に対するモデル (1) 等方型・分離型モデル

本節と次節では自己共分散関数あるいはスペクトル密度関数に対するモデルについて説明する．本節ではまず基本となり，従来実際のデータ解析に頻繁に応用されてきた等方型モデルと分離型モデルについて説明する．次節では等方型や分離型のモデルが適合しないデータを解析するために，21 世紀に入ってから提案された様々な非等方型モデル (anisotropic model) あるいは非分離型モデル (nonseparable model) について説明する．以下では $T = \mathbf{R}$ とする．

[定義 3.18（等方型モデル）]　定常確率場 $\{Y(\boldsymbol{s})\}$ の自己共分散関数 $C(\boldsymbol{h})$ が，$\boldsymbol{h}$ のノルム $\|\boldsymbol{h}\|$ のみに依存し，その方向には依存しないとき，$\{Y(\boldsymbol{s})\}$ は**等方型モデル** (isotropic model) にしたがうという．

以下の定理が示すように，等方型モデルの自己共分散関数はある一変数非負

定値関数 $C_0(r) : [0, \infty) \to \boldsymbol{R}$ を用いて $C(\boldsymbol{h}) = C_0(\|\boldsymbol{h}\|)$ と表現できる．また $C(\boldsymbol{h})$ が可積分関数の場合には，スペクトル密度関数 $f(\boldsymbol{\lambda})$ も同じくある一変数非負関数 $f_0(u) : [0, \infty) \to [0, \infty)$ を用いて $f(\boldsymbol{\lambda}) = f_0(\|\boldsymbol{\lambda}\|)$ と表現できる．

[**定理 3.19**] $d \geq 2$ とする．(1) $\{Y(\boldsymbol{s})\}$ は等方型モデルにしたがうとする．いま $C_0(r)$ を

$$C_0(r) = 2^{(d-2)/2}\Gamma(d/2)\int_0^\infty (ru)^{-(d-2)/2} J_{(d-2)/2}(ru) dG(u) \quad (3.21)$$

とおく．ここで $G(u) = \int_{\|\boldsymbol{\lambda}\|<u} dF(\boldsymbol{\lambda})$，$F(\boldsymbol{\lambda})$ はスペクトル分布関数，J_ν は Bessel 関数 (Abramowitz=Stegun [1]) で

$$J_\nu(z) = \frac{(z/2)^\nu}{\pi^{1/2}\Gamma(\nu+1/2)}\int_0^\pi \cos(z\cos\theta)\sin^{2\nu}\theta\, d\theta$$

によって定義される．このとき自己共分散関数 $C(\boldsymbol{h})$ は

$$C(\boldsymbol{h}) = C_0(\|\boldsymbol{h}\|) \quad (3.22)$$

によって表現される．

逆に $[0, \infty)$ で有界な単調非減少かつ $G(0) = 0$ をみたす関数 $G(u)$ によって $C_0(u)$ を (3.21) と同様に定義する．$C(\boldsymbol{h})$ が (3.22) で与えられるならば，これを自己共分散関数とする等方型モデルが存在する．

(2) (3.21) の $C_0(r)$ が $\int_0^\infty r^{d-1}|C_0(r)|dr < \infty$ をみたすとき，関数 $f_0(u)$ を

$$f_0(u) = \frac{1}{(2\pi)^{d/2}}\int_0^\infty (ur)^{-(d-2)/2} J_{(d-2)/2}(ur) r^{d-1} C_0(r) dr$$

によって定義すれば，このときスペクトル密度関数は

$$f(\boldsymbol{\lambda}) = f_0(\|\boldsymbol{\lambda}\|) \quad (3.23)$$

になる．また反転公式

$$C_0(r) = (2\pi)^{d/2}\int_0^\infty (ru)^{-(d-2)/2} J_{(d-2)/2}(ru) u^{d-1} f_0(u) du \quad (3.24)$$

が成立する．

証明 (1)
$$C(\boldsymbol{h}) = \int_{\boldsymbol{R}^d} \exp(i(\boldsymbol{h},\boldsymbol{\lambda}))dF(\boldsymbol{\lambda})$$

である.$r = \|\boldsymbol{h}\|$ とおけば,$C(\boldsymbol{h})$ は等方型なので

$$C(\boldsymbol{h}) = \int_{\partial b_d} C(r\boldsymbol{x})dU(\boldsymbol{x})$$

が成立する.ここで ∂b_d は d 次元単位球面,U はその上の一様分布とする.このとき

$$\begin{aligned}C(\boldsymbol{h}) &= \int_{\partial b_d} \left\{ \int_{\boldsymbol{R}^d} \exp(ir(\boldsymbol{x},\boldsymbol{\lambda}))dF(\boldsymbol{\lambda}) \right\} dU(\boldsymbol{x}) \\ &= \int_{\boldsymbol{R}^d} \left\{ \int_{\partial b_d} \exp(ir(\boldsymbol{x},\boldsymbol{\lambda}))dU(\boldsymbol{x}) \right\} dF(\boldsymbol{\lambda}) \\ &= \int_{\boldsymbol{R}^d} \left\{ \int_{\partial b_d} \cos(r(\boldsymbol{x},\boldsymbol{\lambda}))dU(\boldsymbol{x}) \right\} dF(\boldsymbol{\lambda}) \end{aligned} \quad (3.25)$$

となる.2番目の等式は Fubini の定理により,また最後の等式は $F(\boldsymbol{\lambda})$ が $\boldsymbol{\lambda}$ の偶関数であり,虚部が消えることによる.

ここで (3.25) の内側の積分を評価する.$\boldsymbol{x}$ は ∂b_d をくまなく動くので,この積分はベクトル $\boldsymbol{\lambda}$ を固定したとき,ノルム $\|\boldsymbol{\lambda}\|$ のみに依存し,方向には依存しない.したがって $\boldsymbol{\lambda}$ を d 次元 Euclid 空間の第1座標にとる.そしてベクトル $\boldsymbol{x} = (x_1, \ldots, x_d)'$, $\sum_{i=1}^d x_i^2 = 1$ に対して,$\boldsymbol{x}$ とこの第1座標がなす角度を θ_1 とする.残りの $d-1$ 個の直交座標は任意にとり,$\boldsymbol{x}$ を極座標変換し,

$$\boldsymbol{x} = \begin{pmatrix} \cos\theta_1 \\ \sin\theta_1 \cos\theta_2 \\ \vdots \\ \sin\theta_1 \cdots \sin\theta_{d-2} \cos\theta_{d-1} \\ \sin\theta_1 \cdots \sin\theta_{d-2} \sin\theta_{d-1} \end{pmatrix}$$

とおく.ここで $0 \leq \theta_i \leq \pi\, (i=1,\ldots,d-2)$, $0 \leq \theta_{d-1} \leq 2\pi$ とする.d 次元単位球の表面積は $A_d = 2\pi^{d/2}/\Gamma(d/2)$ であること(杉浦 [151])に注意して

$$\int_{\partial b_d} \cos(r(\boldsymbol{x},\boldsymbol{\lambda}))dU(\boldsymbol{x})$$
$$= \frac{1}{A_d}\int_0^\pi \cos(r\|\boldsymbol{\lambda}\|\cos\theta_1)(\sin\theta_1)^{d-2}d\theta_1$$
$$\times \int_0^\pi (\sin\theta_2)^{d-3}d\theta_2 \cdots \int_0^\pi \sin\theta_{d-2}d\theta_{d-2}\int_0^{2\pi}d\theta_{d-1}$$
$$= \frac{A_{d-1}}{A_d}\int_0^\pi \cos(r\|\boldsymbol{\lambda}\|\cos\theta_1)(\sin\theta_1)^{d-2}d\theta_1$$
$$= \Gamma(d/2)\left(\frac{2}{r\|\boldsymbol{\lambda}\|}\right)^{(d-2)/2}J_{(d-2)/2}(r\|\boldsymbol{\lambda}\|) \qquad (3.26)$$

となる.ここで2番目の等式は θ_i $(i=2,\ldots,d-1)$ に関する積分が $d-1$ 次元単位球の表面積に等しいことによる(杉浦 [151]).したがって (3.26) において $\|\boldsymbol{\lambda}\|=u$ とおけば,$G(u)$ の定義より (3.22) を得る.

逆に $[0,\infty)$ で有界な単調非減少関数かつ $G(0)=0$ をみたす $G(u)$ が与えられ,(3.21) によって $C_0(u)$ が定義されたとする.このとき $G(u)=\int_{\|\boldsymbol{\lambda}\|<u}F(d\boldsymbol{\lambda})$ をみたし,かつ回転に対して対称な,すなわち任意の集合 $\delta(\subset \boldsymbol{R}^d)$ および任意の回転を表す $d\times d$ 直交行列 O に対して $F(\delta)=F(O\delta)$ をみたす d 次元非負測度 $F(\boldsymbol{\lambda})$ を構成できる.このとき上述の議論を逆に辿ることにより,$C(\boldsymbol{h})$ は (2.5) による表現が可能になる.したがって $C(\boldsymbol{h})$ を自己共分散関数とする等方型モデルが存在する.

(2) 極座標変換

$$\boldsymbol{h} = \begin{pmatrix} r\cos\theta_1 \\ r\sin\theta_1\cos\theta_2 \\ \vdots \\ r\sin\theta_1\cdots\sin\theta_{d-2}\cos\theta_{d-1} \\ r\sin\theta_1\cdots\sin\theta_{d-2}\sin\theta_{d-1} \end{pmatrix}$$

により

$$\int_{\boldsymbol{R}^d}|C(\boldsymbol{h})|d\boldsymbol{h} = A_d\int_0^\infty r^{d-1}|C_0(r)|dr < \infty$$

となる(杉浦 (1985) [151]).したがって $C(\boldsymbol{h})$ は $\boldsymbol{h}$ の可積分関数である.こ

こで $u = \|\boldsymbol{\lambda}\|$ とおき,定理 9.49 と極座標変換を用いて (1) と同様の計算を行うと

$$
\begin{aligned}
f(\boldsymbol{\lambda}) &= \int_{\partial b_d} f(u\boldsymbol{x}) dU(\boldsymbol{x}) \\
&= \int_{\partial b_d} \left(\int_{\boldsymbol{R}^d} \frac{1}{(2\pi)^d} \exp(-iu(\boldsymbol{x}, \boldsymbol{h})) C(\boldsymbol{h}) d\boldsymbol{h} \right) dU(\boldsymbol{x}) \\
&= \frac{1}{(2\pi)^d} \int_{\boldsymbol{R}^d} \left(\int_{\partial b_d} \exp(-iu(\boldsymbol{x}, \boldsymbol{h})) dU(\boldsymbol{x}) \right) C(\boldsymbol{h}) d\boldsymbol{h} \\
&= \frac{\Gamma(d/2) A_d 2^{(d-2)/2}}{(2\pi)^d} \int_0^\infty (ur)^{-(d-2)/2} J_{(d-2)/2}(ur) r^{d-1} C_0(r) dr \\
&= f_0(u)
\end{aligned}
$$

が成立する.同様に (3.26) を (3.25) に代入すれば (3.24) を得る. ∎

ここで 1 つ注意をしておく.すべての一変数非負定値関数 $C_0(r)$ が (3.21) の形に表現できるわけではない.したがって $C(\boldsymbol{h}) = C_0(\|\boldsymbol{h}\|)$ が $d \geq 2$ のときには非負定値関数にならない場合がある.たとえば

$$
C_0(r) = \begin{cases} (1 - |r|/a), & 0 \leq |r| \leq a, \\ 0, & |r| > a, \end{cases}
$$

とする.このとき

$$
C_0(r) = \frac{2}{\pi a} \int_{-\infty}^\infty \frac{\sin^2(at/2)}{t^2} \exp(itr) dt
$$

が成立するので(河田 [85], 10.5 節),定理 2.16 より $C_0(x)$ は非負定値関数である.ここで $d = 2$ とし,2 次元平面上に辺の長さを $a/\sqrt{2}$ とする 8×8 の正方格子を考え,これを $\{(s_i, s_j) \mid i, j = 1, 2, \ldots, 8\}$ とおく.a_{ij} を交互に 1 と -1 とすれば 2 次形式は

$$\sum_{i,j=1}^{8}\sum_{i',j'=1}^{8} a_{ij}a_{i'j'}C((s_i,s_j)-(s_{i'},s_{j'}))$$
$$= 64 - \left(1 - \frac{1}{\sqrt{2}}\right)(36\times 4 + 24\times 3 + 4\times 2)$$
$$= -160 + 224/\sqrt{2} < 0$$

となり非負定値ではない．

そこでここまでは d を固定していたが，次に任意の d 次元に対して，関数 $C(\boldsymbol{h}) = C_0(\|\boldsymbol{h}\|)$ が非負定値関数になるためには，$C_0(r)$ がどのような表現をもたなければならないかについて考えよう．

まず関数の集合 D_d を

$$D_d = \{C_0(r) \mid C_0(\|\boldsymbol{h}\|)\,(\boldsymbol{h}\in\boldsymbol{R}^d)\text{ が } d \text{ 次元非負定値関数}\}$$

によって定義する．いま $C_0(r) \in D_d$ を仮定し，$\{Y(\boldsymbol{s}) : \boldsymbol{s} \in \boldsymbol{R}^d\}$ は $C_0(\|\boldsymbol{h}\|)$ を自己共分散関数にもつ d 次元等方型定常確率場とする．また $m < d$ に対して，m 次元確率場 $\{\tilde{Y}(\tilde{\boldsymbol{s}}) : \tilde{\boldsymbol{s}} \in \boldsymbol{R}^m\}$ を

$$\tilde{Y}(\tilde{s}_1, \tilde{s}_2, \ldots, \tilde{s}_m) = Y(\tilde{s}_1, \tilde{s}_2, \ldots, \tilde{s}_m, 0, \ldots, 0)$$

によって定義する．このとき $\tilde{Y}(\tilde{\boldsymbol{s}}_i)$ と $\tilde{Y}(\tilde{\boldsymbol{s}}_j)$ の共分散は，$\tilde{\boldsymbol{h}}_{ij} = \tilde{\boldsymbol{s}}_i - \tilde{\boldsymbol{s}}_j\,(\in \boldsymbol{R}^m)$ とおけば，$C_0(\|\tilde{\boldsymbol{h}}_{ij}\|)$ に等しい．したがって $\{\tilde{Y}(\tilde{\boldsymbol{s}})\}$ は自己共分散関数を $C_0(\|\tilde{\boldsymbol{h}}\|)\,(\tilde{\boldsymbol{h}}\in\boldsymbol{R}^m)$ とする m 次元定常確率場である．

以上のことから $D_d \subset D_m$ となり，$\{D_d, d=1,2,\ldots\}$ は d に関して単調非増加な集合列である．そこで D_∞ を

$$D_\infty = \bigcap_{d=1}^{\infty} D_d$$

によって定義する．このとき D_∞ に含まれる $C_0(r)$ の具体的表現について以下の定理を得る．

[定理 3.20]　$C_0(r) \in D_\infty$ でかつ連続関数となるための必要十分条件は以下

の同値な (1) あるいは (2) のいずれかが成立することである.

(1) $C_0(r) = \int_0^\infty e^{-r^2 u^2} dG(u)$ が成立する．ここで $G(u)$ は $[0, \infty)$ 上の有界単調非減少関数である．

(2) $g(r) = C_0(r^{1/2})$ によって $g(r)$ を定義したとき，$g(r)$ は $r \geq 0$ において完全単調関数である．$g(r)$ が $r \geq 0$ において完全単調関数とは，$g(r) \geq 0$，かつ $g(0+) = g(0)$ をみたし，さらに $n (= 0, 1, 2, \ldots)$ 階の導関数が $0 < r < \infty$ に対して $(-1)^n d^n g(r)/dr^n \geq 0$ をみたすことである．

証明 (1) と (2) の同値性については，Chung [24] あるいは Feller [42] を参照されたい．ここでは (1) の必要十分性を示す．まず十分性を示す．d 次元多変量正規分布とその特性関数の関係から

$$\exp(-u^2 \|\boldsymbol{h}\|^2) = \frac{1}{(4\pi u^2)^{d/2}} \int_{\boldsymbol{R}^d} \exp(i(\boldsymbol{h}, \boldsymbol{\lambda})) \exp\left(-\sum_{i=1}^d \lambda_i^2/4u^2\right) d\boldsymbol{\lambda}$$

が成立する．したがって定理 2.16 より，任意の d に対して，$u (\geq 0)$ を固定したとき $e^{-u^2 x^2}$ は x の関数として D_d に属する．すなわち任意の $k, z_i \in \boldsymbol{C}$, $\boldsymbol{s}_i (\in \boldsymbol{R}^d) \, (i = 1, \ldots, k)$ に対して

$$\sum_{i=1}^k \sum_{j=1}^k z_i \exp(-u^2 \|\boldsymbol{s}_i - \boldsymbol{s}_j\|^2) \overline{z}_j \geq 0$$

が成立するので，

$$\sum_{i=1}^k \sum_{j=1}^k z_i C_0(\|\boldsymbol{s}_i - \boldsymbol{s}_j\|) \overline{z}_j = \int_0^\infty \left(\sum_{i=1}^k \sum_{j=1}^k z_i \exp(-u^2 \|\boldsymbol{s}_i - \boldsymbol{s}_j\|^2) \overline{z}_j\right) dG(u)$$
$$\geq 0$$

となる．また任意の $u (\geq 0)$ に対して $e^{-r^2 u^2} \leq 1$ であるから，有界収束定理により，$r \to s$ のとき $C_0(r) \to C_0(s)$ が成り立ち，$C_0(r)$ は連続関数である．したがって十分性が示せた．

次に必要性を示す．$C_0(r) \in D_\infty$ であるから，(3.21) より任意の d に対して，有界単調非減少関数 $G_d(u)$ が存在して，

3.2 自己共分散関数・スペクトル密度関数に対するモデル (1) 等方型・分離型モデル

$$C_0(r) = 2^{(d-2)/2}\Gamma(d/2)\int_0^\infty (ru)^{-(d-2)/2}J_{(d-2)/2}(ru)dG_d(u)$$

と表現できる．ここで一般性を失うことなく，$G_d(0) = 0$ と仮定できる．$\Lambda_d(t)$ を

$$\Lambda_d(t) = 2^{(d-2)/2}\Gamma(d/2)t^{-(d-2)/2}J_{(d-2)/2}(t)$$
$$= \Gamma(d/2)\sum_{j=0}^\infty \frac{(-t^2/4)^j}{j!\Gamma(d/2+j)}$$

によって定義する．2番目の等式については，Abramowitz=Stegun [1] を参照されたい．さらに

$$\tilde{G}_d(u) = G_d((2d)^{1/2}u)$$

とおけば，

$$C_0(x) = \int_0^\infty \Lambda_d((2d)^{1/2}xu)d\tilde{G}_d(u)$$

と書ける．$d \to \infty$ のとき，$\Lambda_d((2d)^{1/2}t)$ は t に関して一様に $e^{-t^2} = \sum_{j=0}^\infty (-t^2)^j/(j!)$ へ収束する（Schoenberg [142] を参照されたい）．一方 $C_0(0) = \tilde{G}_d(\infty)$ に注意して，$\tilde{G}_d(u)/C_0(0)$ に Helly の選出定理（定理 9.15 (1)）を適用すれば，$\{\tilde{G}_d(u)\}$ $(d = 1, 2, \ldots)$ の部分列 $\{\tilde{G}_{d_j}(u)\}$ と $G(0) = 0$ となる有界単調非減少関数 $G(u)$ が存在して，$\{\tilde{G}_{d_j}(u)\}$ は $G(u)$ に漠収束する．このとき

$$\left|C_0(x) - \int_0^\infty \exp(-x^2u^2)dG(u)\right|$$
$$\leq \left|\int_0^\infty \Lambda_{d_j}((2d_j)^{1/2}xu)d\tilde{G}_{d_j}(u) - \int_0^\infty \exp(-x^2u^2)d\tilde{G}_{d_j}(u)\right|$$
$$+ \left|\int_0^\infty \exp(-x^2u^2)d\tilde{G}_{d_j}(u) - \int_0^\infty \exp(-x^2u^2)dG(u)\right|$$

が成立する．右辺第1項は $\Lambda_d((2d)^{1/2}t)$ の一様収束性と $\{\tilde{G}_{d_j}\}$ の一様有界性より $j \to \infty$ のとき 0 へ収束する．また任意の $x(> 0)$ に対して，$u \to \infty$ のとき $e^{-x^2u^2} \to 0$ だから，定理 9.14 (3) より第2項も 0 へ収束する．一方左辺の2つの項は j に依存しないので差は 0 となる．また両項は x の連続関数なので $x = 0$ においても等しく，必要性も成立する． ∎

[例 3.21] ここで完全単調関数の例をいくつか挙げておく (Gneiting [52], [53]).

(1) $g(x) = \exp(-\alpha x^\gamma)$, $\alpha > 0$, $0 < \gamma \leq 1$.
(2) $g(x) = (1 + \alpha x^\gamma)^{-\nu}$, $\alpha > 0$, $0 < \gamma \leq 1$, $\nu > 0$.
(3) $g(x) = 2^\nu (\exp(\alpha x^{1/2}) + \exp(-\alpha x^{1/2}))^{-\nu}$, $\alpha > 0$, $\nu > 0$.

[例 3.22 (Matérn 族)] 次に Matérn [108], [109], [110] によって提案され,応用上もこれまで様々なデータの解析に用いられてきた等方型モデルを紹介する. Guttorp 他 [58] にその歴史が説明されている. $C_0(r)$ は

$$C_0(r) = \frac{\sigma^2}{2^{\nu-1}\Gamma(\nu)}(\alpha|r|)^\nu \mathcal{K}_\nu(\alpha|r|), \ \sigma^2 > 0, \ \alpha > 0, \ \nu > 0$$

によって定義される. ここで $\mathcal{K}_\nu(r)$ は変形された Bessel 関数 (modified Bessel function) である (Abramowitz=Stegun [1], pp. 374-379). この関数は D_∞ に属する. 以下に理由を述べる. 関数 $f_0(u)$ を

$$\begin{aligned}f_0(u) &= \frac{1}{(2\pi)^{d/2}} \int_0^\infty (ur)^{-(d-2)/2} J_{(d-2)/2}(ur) r^{d-1} C_0(r) dr \\ &= \frac{\sigma^2 \alpha^\nu}{(2\pi)^{d/2} u^{(d-2)/2} 2^{\nu-1} \Gamma(\nu)} \int_0^\infty r^{\nu+d/2} K_\nu(\alpha r) J_{(d-2)/2}(ur) dr \\ &= \frac{\sigma^2 \alpha^{2\nu} \Gamma(\nu + d/2)}{\pi^{d/2} \Gamma(\nu)(\alpha^2 + u^2)^{\nu+d/2}}\end{aligned}$$

によって定義する. 積分の評価は Gradshteyn=Ryzhik [55](p. 694, (6.576.7)) より導かれる. 次に $f(\boldsymbol{\lambda})$ を

$$f(\boldsymbol{\lambda}) = f_0(\|\boldsymbol{\lambda}\|) = \frac{\sigma^2 \alpha^{2\nu} \Gamma(\nu + d/2)}{\pi^{d/2} \Gamma(\nu)(\alpha^2 + \|\boldsymbol{\lambda}\|^2)^{\nu+d/2}} \quad (3.27)$$

によって定義する. ここで $C(\boldsymbol{h}) = C_0(\|\boldsymbol{h}\|)$ とおけば定理 3.19 (2) の証明と同様に $C(\boldsymbol{h})$ は $f(\boldsymbol{\lambda})$ をスペクトル密度関数にもつ自己共分散関数であることが示せる (Stein [148], 2.10 節も参照されたい).

$x \to 0$ のとき, $\mathcal{K}_\nu(x) x^\nu \to 2^{\nu-1} \Gamma(\nu)$ が成立するので (Abramowitz=Stegun

(1970) [1], p. 375, (9.6.9)). 分散は $\sigma^2 (= C(\boldsymbol{0}) = C_0(0))$ である. 次に m を非負整数とし $\nu = m + 1/2$ とおいたとき

$$\mathcal{K}_{m+1/2}(x) = \sqrt{\frac{\pi}{2x}} \exp(-x) \sum_{k=0}^{m} \frac{(m+k)!}{k!(m-k)!(2x)^k}$$

となる (Gradshteyn=Ryzhik [55], p. 967, (8.468)). したがって $C_0(x)$ は $e^{-\alpha|x|}$ に次数 m の $\alpha|x|$ の多項式をかけた関数になる. たとえば $\nu = 1/2$ のときは $C_0(x) = \sigma^2 \exp(-\alpha|x|)$, $\nu = 3/2$ のときは $C_0(x) = \sigma^2 \exp(-\alpha|x|)(1 + \alpha|x|)$ になる. また α は自己共分散関数の 0 への収束の速さを決めるパラメータで, α が大きいほど速く 0 へ収束する.

ν は確率場の滑らかさを規定するパラメータである. たとえば $d = 1$, 定常過程の場合を考えよう. 時点 t において $[Y(t+h) - Y(t)]/h$ が $h \to 0$ のとき, ある確率変数に平均 2 乗収束するならば, 定常過程 $\{Y(t)\}$ は t において平均 2 乗の意味において微分可能であるという. 定常過程の場合, 任意の時点 t において微分可能であるための必要十分条件はスペクトル密度関数 $f(\lambda)$ が $\int_{-\infty}^{\infty} \lambda^2 f(\lambda) d\lambda < \infty$ をみたすことである. また収束先を $Y'(t)$ とおき, 確率過程 $\{Y'(s)\}$ を考えると, この確率過程も定常過程になりそのスペクトル密度関数は $\lambda^2 f(\lambda)$ になる (Doob [36]). 帰納法により $\{Y(s)\}$ が $m (= 0, 1, 2, \ldots)$ 回平均 2 乗の意味で微分可能になるための必要十分条件は $\int_{-\infty}^{\infty} \lambda^{2m} f(\lambda) d\lambda < \infty$ である. $d = 1$ のとき, (3.27) より $m < \nu$ であることが m 回微分可能であるための必要十分条件である.

次に分離型モデルについて考える.

[**定義 3.23（分離型モデル）**] $\boldsymbol{h}$ の成分を 2 つのグループに分け $\boldsymbol{h} = (\boldsymbol{h}_1', \boldsymbol{h}_2')'$ とおく. ここで $\boldsymbol{h}_1 = (h_1, \ldots, h_m)'$, $\boldsymbol{h}_2 = (h_{m+1}, \ldots, h_d)'$ とする. いま自己共分散関数 $C(\boldsymbol{h})$ が, $C_i(\boldsymbol{h}_i)$ $(i = 1, 2)$ を非負定値関数として

$$C(\boldsymbol{h}) = C_1(\boldsymbol{h}_1) C_2(\boldsymbol{h}_2) \tag{3.28}$$

によって表現できるとき, $\{Y(\boldsymbol{s})\}$ は**分離型モデル** (separable model) にしたがうという. このとき $f_i(\boldsymbol{\lambda}_i)$ $(i = 1, 2)$ を $C_i(\boldsymbol{h}_i)$ $(i = 1, 2)$ のスペクトル密度

関数とすれば

$$f(\boldsymbol{\lambda}) = f_1(\boldsymbol{\lambda}_1)f_2(\boldsymbol{\lambda}_2)$$

が成立する．ここで $\boldsymbol{\lambda}_1 = (\lambda_1, \ldots, \lambda_m)'$, $\boldsymbol{\lambda}_2 = (\lambda_{m+1}, \ldots, \lambda_d)'$ とする．

自己共分散関数を3つ以上の非負定値関数の積として表現する分離型モデルも同様に定義できる．

ここで1つ注意しておくと，$C_i(\boldsymbol{h}_i)\,(i=1,2)$ が非負定値関数であれば (3.28) によって定義される $C(\boldsymbol{h})$ も常に非負定値関数になる．いま $\{Y_i(\boldsymbol{s}_i)\}$ $(i=1,2)$ を互いに独立で，期待値 0，$C_i(\boldsymbol{h}_i)\,(i=1,2)$ を自己共分散関数にもつ m 次元，$d-m$ 次元の正規定常確率場とする．このとき新たに d 次元確率場 $\{Y(\boldsymbol{s})\}$ を $Y(\boldsymbol{s}) = Y_1(\boldsymbol{s}_1)Y_2(\boldsymbol{s}_2)$ によって定義すれば，$\{Y(\boldsymbol{s})\}$ も定常確率場になりその自己共分散関数は $C(\boldsymbol{h})$ である．したがって $C(\boldsymbol{h})$ も非負定値関数である．

3.3 自己共分散関数・スペクトル密度関数に対するモデル (2) 非等方型・非分離型モデル

3.3.1 はじめに

地価などのように都心からの距離だけでなく方向にも依存するデータ，あるいは天候のように時間遅れを伴う空間相関をもつデータに対しては，等方型モデルや分離型モデルの当てはまりは良くない．本節では 21 世紀に入り提案されてきた非等方型・非分離型モデルを紹介する．

Ma(2008) [102] は非等方型・非分離型モデルの開発アプローチを以下の 5 つに分類している．

- 自己共分散関数に対するモデル
- 確率場に対する確率偏微分方程式からの導出
- スペクトル密度関数に対するモデル
- 混合法

- 自己共分散関数の線形結合による構成

以下この分類に沿ってモデルを説明する．

3.3.2 自己共分散関数

本節において紹介する最初のモデルは，Gneiting [53] によって提案されたものである．自己共分散関数は

$$C(\boldsymbol{h}, u) = \frac{\sigma^2}{\psi(u^2)^{d/2}} \phi\left(\frac{\|\boldsymbol{h}\|^2}{\psi(u^2)}\right) \qquad (3.29)$$

によって与えられる．ここで $\phi(x)\,(x \geq 0)$ は完全単調関数とし，$\psi(x)\,(x \geq 0)$ は正値をとり，導関数が完全単調関数とする．$\boldsymbol{h}$ は空間ベクトルの差，u は時間差である．したがって空間相関に関しては等方性が成立する．関数 ϕ の引数にある $\psi(u^2)$ が時間遅れの空間相関を表している．この項が ϕ の引数の中になければ空間相関と時間相関の積に表現される分離型モデルになる．

[例 3.24] 完全単調関数 $\phi(u)$ の例は既に挙げたが，$\psi(u)$ の例としては

(1) $\psi(u) = (au^\alpha + 1)^\beta$, $a > 0$, $0 < \alpha \leq 1$, $0 \leq \beta \leq 1$,

(2) $\psi(u) = \log(au^\alpha + b)/\log b$, $a > 0$, $b > 1$, $0 < \alpha \leq 1$,

(3) $\psi(u) = (au^\alpha + b)/(b(au^\alpha + 1))$, $a > 0$, $0 < b \leq 1$, $0 < \alpha \leq 1$

などがある．

具体的に Gneiting [53] は $\phi(u) = e^{-cu^\gamma}$, $\psi(u) = (au^\alpha + 1)^\beta$ とおいた以下のモデル

$$C(\boldsymbol{h}, u) = \frac{\sigma^2}{(a|u|^{2\alpha} + 1)^{\beta d/2}} \exp\left(\frac{-c\|\boldsymbol{h}\|^{2\gamma}}{(a|u|^{2\alpha} + 1)^{\beta\gamma}}\right)$$

をアイルランドの各都市における風力データの解析に応用している（図 3.1）．

(3.29) で定義された $C(\boldsymbol{h}, u)$ は非負定値性をみたす．証明は Gneiting [53] のオリジナルな方法よりも，Ma [101] の別証明の方が簡潔でわかりやすい．ただし Ma [101] の方法はバリオグラム (Variogram) という概念が必要となる．バリオグラムは第 8 章の非定常モデルのところで導入するので，そこで $C(\boldsymbol{h}, u)$ の非負定値性を証明する．

60 第3章 定常確率場に対するモデル

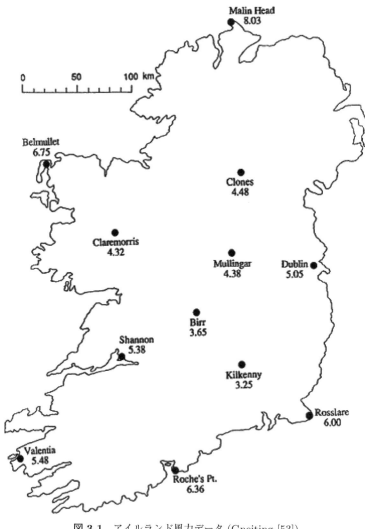

図 3.1 アイルランド風力データ (Gneiting [53])

3.3 自己共分散関数・スペクトル密度関数に対するモデル (2) 非等方型・非分離型モデル 61

次に紹介するのは Stein [149] によって提案されたモデルである.$C(\boldsymbol{h},u)$ は

$$C(\boldsymbol{h},u) = K(\|\boldsymbol{h} - \epsilon u \boldsymbol{z}\|, u) \tag{3.30}$$

によって定義される.ここで $K(\|\boldsymbol{h}\|,u)$ は非負定値関数,$\boldsymbol{z}$ は d 次元の単位ベクトルとする.$\epsilon u \boldsymbol{z}$ が時間遅れの空間相関を表し,この項がなければ空間相関に関しては等方型モデルになる.

この関数が非負定値関数になることは,以下の Ma [99] が示した定理から導ける.

[定理 3.25] Θ, Θ_0 を d 次元ベクトル,$C_0(\boldsymbol{h},u)$ を $\boldsymbol{R}^d \times \boldsymbol{R}$ 上の非負定値関数とする.このとき $C(\boldsymbol{h},u)$ を

$$C(\boldsymbol{h},u) = C_0(\boldsymbol{h} + \Theta u, u + \Theta_0' \boldsymbol{h})$$

によって定義すれば,$C(\boldsymbol{h},u)$ も非負定値関数である.

証明 任意の $n, \boldsymbol{s}_i, u_i, a_i\,(i=1,\ldots,n)$ に対する 2 次形式は

$$\sum_{i=1}^n \sum_{j=1}^n a_i C(\boldsymbol{s}_i - \boldsymbol{s}_j, u_i - u_j) a_j$$
$$= \sum_{i=1}^n \sum_{j=1}^n a_i C_0((\boldsymbol{s}_i + \Theta u_i) - (\boldsymbol{s}_j + \Theta u_j), (u_i + \Theta_0' \boldsymbol{s}_i) - (u_j + \Theta_0' \boldsymbol{s}_j)) a_j$$
$$\geq 0$$

をみたす.最後の不等式は $\boldsymbol{s}_i + \Theta u_i$ を新たなベクトル,$u_i + \Theta_0' \boldsymbol{s}_i\,(i=1,\ldots,n)$ を新たなスカラーとする $C_0(\boldsymbol{h},u)$ に対する 2 次形式であることより導かれる.

したがって定理 3.25 において,$C_0(\boldsymbol{h},u) = K(\|\boldsymbol{h}\|,u)$,$\Theta = -\epsilon \boldsymbol{z}$,$\Theta_0 = \boldsymbol{0}$ (ゼロベクトル)とおけば,(3.30) が非負定値関数であることが導かれる.∎

Stein [149] と関連したより具体的なモデルとして Inoue 他 [73] は以下のモデルを提案している.

$$C(\boldsymbol{h}, u) = \sigma^2 \exp[-((\boldsymbol{h} - u\boldsymbol{v})' R(\phi)' \Sigma R(\phi)(\boldsymbol{h} - u\boldsymbol{v}))^{1/2} - cu], \quad (3.31)$$

ここで c は正定数, $\boldsymbol{h}$ は 2 次元ベクトル, $R(\phi), \Sigma, \boldsymbol{v}$ は

$$R(\phi) = \begin{pmatrix} \cos\phi & -\sin\phi \\ \sin\phi & \cos\phi \end{pmatrix},$$

$$\Sigma = \mathrm{diag}(a^2, b^2), \ \boldsymbol{v} = (v_x, v_y)$$

とする. $\mathrm{diag}(a^2, b^2)$ は a^2, b^2 を対角成分とする対角行列である. 最初に (3.31) が非負定値関数であることを示し, 次に自己共分散関数としての含意について説明する. まず

$$\tilde{C}_1(\boldsymbol{h}) = \exp(-\|\boldsymbol{h}\|)$$

とおく. このとき $\tilde{C}_1(\boldsymbol{h})$ は前述のように Matérn 族に属するので非負定値関数である. 次に

$$C_1(\boldsymbol{h}) = \exp(-(\boldsymbol{h}' R(\phi)' \Sigma R(\phi) \boldsymbol{h})^{1/2})$$

が非負定値関数であることを示す. いま $\{\tilde{Z}(\boldsymbol{s})\}$ は, $\tilde{C}_1(\boldsymbol{h})$ を自己共分散関数にもつ 2 次元定常確率場とする. 次に $\tilde{Z}(\boldsymbol{s})$ を用いて,

$$Z(\boldsymbol{s}) = \tilde{Z}(\Sigma^{1/2} R(\phi) \boldsymbol{s})$$

とおく. このとき $\{Z(\boldsymbol{s})\}$ も定常確率場となり, その自己共分散関数は

$$\mathrm{Cov}(Z(\boldsymbol{s}), Z(\boldsymbol{s} + \boldsymbol{h}))$$
$$= \mathrm{Cov}(\tilde{Z}(\Sigma^{1/2} R(\phi) \boldsymbol{s}), Z(\Sigma^{1/2} R(\phi)(\boldsymbol{s} + \boldsymbol{h})))$$
$$= \tilde{C}_1(\Sigma^{1/2} R(\phi) \boldsymbol{h})$$
$$= \exp(-(\boldsymbol{h}' R(\phi)' \Sigma R(\phi) \boldsymbol{h})^{1/2})$$

となる. したがって $C_1(\boldsymbol{h})$ は非負定値関数である.

次に $C_2(u) = \sigma^2 \exp(-cu)$ もやはり Matérn 族に属するので非負定値関数となる. さらに $C^*(\boldsymbol{h}, u) = C_1(\boldsymbol{h}) C_2(u)$ とおけば $C^*(\boldsymbol{h}, u)$ は分離型自己共

分散関数なので非負定値関数である．最後に $C(\boldsymbol{h}, u) = C^*(\boldsymbol{h} - u\boldsymbol{v}, u)$ と表現できる．したがって $\Theta = -\boldsymbol{v}$, $\Theta_0 = \boldsymbol{0}$（ゼロベクトル）とおけば，定理 3.25 より $C(\boldsymbol{h}, u)$ は非負定値関数である．

次に $C(\boldsymbol{h}, u)$ の含意を考えよう．たとえばこの関数を太陽の各地点における日射量の自己共分散関数とみなそう．$C_1(\boldsymbol{h})$ は等方型モデルの自己共分散関数 $\tilde{C}_1(\boldsymbol{h})$ の座標軸をまず直交行列 $R(\phi)$ により ϕ だけ回転させている．次に横軸，縦軸を各々 a, b 倍することにより非等方性を表現している．$a = b$ のとき，等方型モデルになる．次に $\boldsymbol{v}$ を雲が移動する際の速度ベクトルとする．雲が速度一定で移動するとすれば u 時間後の位置は現在の位置から $u\boldsymbol{v}$ だけ変化する．

$$(\boldsymbol{h} - u\boldsymbol{v})' R(\phi) \Sigma R(\phi) (\boldsymbol{h} - u\boldsymbol{v})$$

は正定値行列の2次形式であるから，$\boldsymbol{h} = u\boldsymbol{v}$ のとき最小値 0 をとり，したがって $C(\boldsymbol{h}, u)$ は最大値をとる．すなわち時点 0 におけるある地点の日射量と，u 時間後に日射量の共分散が最大となる地点はベクトル差が $u\boldsymbol{v}$ に等しい地点である．e^{-cu} の項は，地点に依存しない時間方向の共分散の減衰の速度を表す．この時間差を伴う空間相関のモデルに基づいて，たとえば将来時点の各地点の日射量の予測などに応用する．

3.3.3 確率偏微分方程式

ここでは Jones=Zhang [77] が，確率偏微分方程式を用いて発見的な方法により導出したモデルを紹介する．このモデルは，$d = 2$ の場合に Whittle [168] が提案したモデルに基づいている．まず Whittle [168] のモデルを説明する．

最初に定理 3.17 で述べた $\boldsymbol{Z}^2$ 上の CAR モデル

$$Y(s_1, s_2) = \phi(Y(s_1 + 1, s_2) + Y(s_1 - 1, s_2) \\ + Y(s_1, s_2 + 1) + Y(s_1, s_2 - 1)) + \epsilon(s_1, s_2)$$

を考える．ここで $0 < \phi < 1/4$ とする．いま中心差分作用素 (central difference operator)

$$\Delta_{s_1} = B^{(-1,0)} - 2I + B^{(1,0)},$$
$$\Delta_{s_2} = B^{(0,-1)} - 2I + B^{(0,1)}$$

を導入する．ここで I は恒等作用素とする．このとき上の CAR モデルは

$$\left[\Delta_{s_1} + \Delta_{s_2} + \left(4 - \frac{1}{\phi}\right)\right] Y(s_1, s_2) = -\frac{1}{\phi}\epsilon(s_1, s_2)$$

と書ける．さらに $\alpha^2 = 1/\phi - 4\,(>0)$，また $-\epsilon(s_1,s_2)/\phi$ を新たに $\epsilon(s_1,s_2)$ とし，差分方程式を偏微分方程式

$$\left(\frac{\partial^2}{\partial s_1^2} + \frac{\partial^2}{\partial s_2^2} - \alpha^2\right) Y(s_1, s_2) = \epsilon(s_1, s_2)$$

に置き換える．

これ以降 $\{Y(s_1,s_2)\}, \{\epsilon(s_1,s_2)\}$ は $(s_1,s_2) \in \mathbf{R}^2$ すなわち連続パラメータの定常確率場とする．また $Y(s_1,s_2)$ のスペクトル密度関数を形式的に導くが，その導出方法の理論的正当性を示すことは今後の課題である．定理 2.20 より

$$Y(s_1, s_2) = \int_{\mathbf{R}^2} e^{i(s_1\lambda_1 + s_2\lambda_2)} dM(\lambda_1, \lambda_2)$$

となる．$s_i\,(i=1,2)$ に関して偏微分すると

$$\left(\frac{\partial^2}{\partial s_1^2} + \frac{\partial^2}{\partial s_2^2} - \alpha^2\right) Y(s_1, s_2) = -\int_{\mathbf{R}^2} (\lambda_1^2 + \lambda_2^2 + \alpha^2) e^{i(s_1\lambda_1 + s_2\lambda_2)} dM(\lambda_1, \lambda_2)$$

となる．一方 $\{\epsilon(s_1,s_2)\}$ は白色雑音で，そのスペクトル密度関数は定数 $\alpha^2\sigma^2/\pi$ とする．$\{Y(s_1,s_2)\}$ のスペクトル密度関数を $f(\lambda_1,\lambda_2)$ とすれば，上の偏微分方程式より

$$(\lambda_1^2 + \lambda_2^2 + \alpha^2)^2 f(\lambda_1, \lambda_2) = \frac{\alpha^2\sigma^2}{\pi}$$

が成立する．したがって $\{Y(s_1,s_2)\}$ は自己共分散関数，スペクトル密度関数が，

$$C(h_1, h_2) = \sigma^2 \alpha \|\boldsymbol{h}\| \mathcal{K}_1(\alpha\|\boldsymbol{h}\|),$$

3.3 自己共分散関数・スペクトル密度関数に対するモデル (2) 非等方型・非分離型モデル 65

$$f(\lambda_1, \lambda_2) = \frac{\sigma^2 \alpha^2}{\pi(\lambda_1^2 + \lambda_2^2 + \alpha^2)^2}$$

となる等方型定常確率場である．この確率場は $\nu = 1$ とした Matérn 族である．

Jones=Zhang [77] は，この偏微分方程式を任意の d に一般化して

$$\left[\left(\sum_{i=1}^{d} \frac{\partial^2}{\partial s_i^2} - \alpha^2\right)^p - c\frac{\partial}{\partial t}\right] Y(\boldsymbol{s}, t) = \epsilon(\boldsymbol{s}, t)$$

を提案した．このとき Whittle のモデルと同様の方法で $\{Y(\boldsymbol{s}, t)\}$ のスペクトル密度関数を導出できる．いま

$$Y(s_1, \ldots, s_d, t) = \int_{\boldsymbol{R}^{d+1}} e^{i(\sum_{j=1}^{d} s_j \lambda_j + t\tau)} dM(\lambda_1, \ldots, \lambda_d, \tau)$$

とおく．このとき

$$\left[\left(\sum_{i=1}^{d} \frac{\partial^2}{\partial s_i^2} - \alpha^2\right)^p - c\frac{\partial}{\partial t}\right] Y(\boldsymbol{s}, t)$$
$$= \int_{\boldsymbol{R}^{d+1}} \left\{(-1)^p \left(\sum_{j=1}^{d} \lambda_j^2 + \alpha^2\right)^p - ic\tau\right\} e^{i(\sum_{j=1}^{d} s_j \lambda_j + t\tau)} dM(\lambda_1, \ldots, \lambda_d, \tau)$$

が成立する．ここでは $\{\epsilon(s_1, s_2)\}$ のスペクトル密度関数を定数 σ^2 とすれば，$Y(\boldsymbol{s}, t)$ のスペクトル密度関数は

$$f(\boldsymbol{\lambda}, \tau) = \frac{\sigma^2}{(\|\boldsymbol{\lambda}\|^2 + \alpha^2)^{2p} + c^2\tau^2}$$

になる．したがって $r = \|\boldsymbol{h}\|$ とおけば，自己共分散関数は定理 3.19 (3.24) の導出と同様の計算により

$$C(\boldsymbol{h}, u) = \int_{\boldsymbol{R}^{d+1}} \exp(i(\boldsymbol{\lambda}, \boldsymbol{h})) \exp(i\tau u) f(\boldsymbol{\lambda}, \tau) d\boldsymbol{\lambda} d\tau$$
$$= \Gamma(d/2) \int_{\boldsymbol{R}^{d+1}} \left(\frac{2}{r\|\boldsymbol{\lambda}\|}\right)^{(d-2)/2} J_{(d-2)}(r\|\boldsymbol{\lambda}\|)$$
$$\times \exp(i\tau u) \frac{\sigma^2}{(\|\boldsymbol{\lambda}\|^2 + \alpha^2)^{2p} + c^2\tau^2} d\boldsymbol{\lambda} d\tau$$

$$= \sigma^2 (2\pi)^{d/2} r^{-(d-2)/2}$$
$$\times \int_0^\infty \int_{-\infty}^\infty \exp(i\tau u) \frac{k^{d/2}}{(k^2+\alpha^2)^{2p} + c^2\tau^2} J_{(d-2)/2}(rk) dk d\tau$$
$$= \frac{\pi^{(d+2)/2} 2^{d/2} \sigma^2}{c r^{(d-2)/2}} \int_0^\infty \frac{k^{d/2} e^{-(k^2+\alpha^2)^p u/c}}{(k^2+\alpha^2)^p} J_{(d-2)/2}(kr) dk$$

となる．最後の等式の導出には $\int_{-\infty}^\infty \frac{e^{ixy}}{x^2+a^2} dx = \pi e^{-a|y|}/a$ を用いた．

ここで1つ注意をしておく．Whittle [168] および Jones=Zhang [77] が提案した自己共分散関数は正定値関数であり理論的正当性をもつ．しかし前述のように確率偏微分方程式を用いた導出の過程が理論的に正当化できるか否かは自明ではない．たとえば例 2.8 で説明したように白色雑音は $s \in \mathbb{Z}^d$ 上でしか定義できない．これらの問題に関しては Ruiz-Medina 他 [140], Kelbert 他 [86] が論じている．

3.3.4 スペクトル密度関数

ここではスペクトル密度関数を用いて導入された2つのモデルを紹介する．Stein [149] はスペクトル密度関数が

$$f(\boldsymbol{\lambda}, \tau) = \{c_1(a_1^2 + \|\boldsymbol{\lambda}\|^2)^{\alpha_1} + c_2(a_2^2 + \tau^2)^{\alpha_2}\}^{-\beta}$$

によって表現されるモデルを提案した．ここで $c_i > 0$ $(i=1,2)$, α_i $(i=1,2)$ は正整数，$a_1^2 + a_2^2 > 0$, $d/(\alpha_1 \beta) + 1/(\alpha_2 \beta) < 2$ を仮定する．これらの条件は $f(\boldsymbol{\lambda}, \tau)$ が可積分性をみたすために必要になる．いま $c_1 = 1, c_2 = c^2, a_1 = \alpha, a_2 = 0, \alpha_1 = 2p, \alpha_2 = 1, \beta = 1$ とおけば，上述の Jones=Zhang [77] が提案したモデルに一致する．

一方 Fuentes 他 [44] はスペクトル密度関数が

$$f(\boldsymbol{\lambda}, \tau) = \gamma(\alpha^2 \beta^2 + \beta^2 \|\boldsymbol{\lambda}\|^2 + \alpha^2 \tau^2 + \epsilon \|\boldsymbol{\lambda}\|^2 \tau^2)^{-\nu}$$

によって表現されるモデルを提案した．ϵ が非分離性あるいは非等方性の強度を示すパラメータで，たとえば $\epsilon = 1$ の場合は，$f(\boldsymbol{\lambda}, \tau)$ が

$$f(\boldsymbol{\lambda}, \tau) = \gamma(\alpha^2 + \|\boldsymbol{\lambda}\|^2)^{-\nu}(\beta^2 + \tau^2)^{-\nu}$$

となり，分離型モデルである．一方 $\epsilon = 0$ の場合は，$f(\boldsymbol{\lambda}, \tau)$ が

$$f(\boldsymbol{\lambda}, \tau) = \gamma(\alpha^2\beta^2 + \beta^2\|\boldsymbol{\lambda}\|^2 + \alpha^2\tau^2)^{-\nu}$$

となり，Matérn 族に属するモデル (3.27) を一般化したモデルになっている．

3.3.5 混　合　法

混合法とは観測される定常確率場の背後に潜在的な定常確率場を想定し，潜在的な定常確率場の自己共分散関数から観測される定常確率場の自己共分散関数を導く方法である (Ma [98])．例としてまず分離型自己共分散関数から始める．いま $\{Y(\boldsymbol{s}, t) : (\boldsymbol{s}, t) \in \boldsymbol{R}^d \times \boldsymbol{R}\}$ が互いに独立な空間定常確率場 $\{Y_1(\boldsymbol{s})\}$ と定常過程 $\{Y_2(t)\}$ の積

$$Y(\boldsymbol{s}, t) = Y_1(\boldsymbol{s})Y_2(t) \tag{3.32}$$

によって定義されているとする．$C(\boldsymbol{h}), C(t)$ を各々 $\{Y_1(\boldsymbol{s})\}, \{Y_2(t)\}$ の自己共分散関数とすれば，$\{Y(\boldsymbol{s}, t)\}$ の自己共分散関数は

$$C(\boldsymbol{h}, t) = C(\boldsymbol{h})C(t)$$

となり，分離型になっている．

(3.32) を一般化して，今度は

$$Y(\boldsymbol{s}, t) = Y_1(\boldsymbol{s}V_1)Y_2(tV_2) \tag{3.33}$$

とおく．ここで (V_1, V_2) は $\{Y_1(\boldsymbol{s})\}, \{Y_2(t)\}$ とは独立な 2 次元確率ベクトルで，その同時分布関数を $F(v_1, v_2)$ とおく．このとき (3.33) で定義される確率場も定常で，その自己共分散関数は

$$C(\boldsymbol{h}, u) = \int_{\boldsymbol{R}^2} C(\boldsymbol{h}v_1)C(uv_2)dF(v_1, v_2)$$

となる．特に V_1 と V_2 が独立であれば，分離型になる．

今度は $\boldsymbol{\omega} \in \boldsymbol{R}^d$ を空間上のランダムな周波数とし，その分布関数を $F(\boldsymbol{\omega})$ とおく．振幅もランダムな $A_1 \cos(\boldsymbol{s}, \boldsymbol{\omega}) + A_2 \sin(\boldsymbol{s}, \boldsymbol{\omega})$ という波を考える．ここで A_1 と A_2 は互いに無相関で期待値 0，分散 1 の確率変数とする．さらに

$\boldsymbol{\omega}$ の実現値が与えられたとき,期待値 0,自己共分散関数 $C(u,\boldsymbol{\omega})$ の定常過程 $\{Y_{\boldsymbol{\omega}}(t)\}$ が対応しているとする.以上のもとで確率場 $\{Y(\boldsymbol{s},t)\}$ を

$$Y(\boldsymbol{s},t) = [A_1 \cos((\boldsymbol{s},\boldsymbol{\omega})) + A_2 \sin((\boldsymbol{s},\boldsymbol{\omega}))]Y_{\boldsymbol{\omega}}(t) \tag{3.34}$$

によって定義する.このとき $\{Y(\boldsymbol{s},t)\}$ は定常確率場になり,その自己共分散関数は

$$C(\boldsymbol{h},u) = \int_{\boldsymbol{R}^d} \cos((\boldsymbol{h},\boldsymbol{\omega}))C(u,\boldsymbol{\omega})dF(\boldsymbol{\omega}) \tag{3.35}$$

となる.したがって定常過程の自己共分散関数の多変数 Fourier 変換により,様々な時空間上の自己共分散関数が構成できることがわかる.

3.3.6 自己共分散関数の線形結合

次に 2 つ以上の自己共分散関数の線形結合により,新たな自己共分散関数を構成することを考えよう.定理 3.20 の D_∞ に属する $C_0(x)$ から定義される自己共分散関数は単調非増加かつ常に正の値をとる関数である.しかし現実のデータにおいては自己共分散関数が振動するあるいは負の値をとる関数の方がより適合する場合がある (Ma [100]).このような性質をもつ自己共分散関数を既存の自己共分散関数の線形結合から構成できる場合がある.簡単のため,いま 2 つの自己共分散関数 $C_i(\boldsymbol{h})$ $(i=1,2)$ の線形結合

$$C(\boldsymbol{h}) = \theta C_1(\boldsymbol{h}) + (1-\theta)C_2(\boldsymbol{h}) \tag{3.36}$$

を考える.凸結合 $(0 \leq \theta \leq 1)$ のときは,明らかに $C(\boldsymbol{h})$ も自己共分散関数となるが,$C_i(\boldsymbol{h})$ $(i=1,2)$ が単調非増加かつ常に正の値をとるときは,$C(\boldsymbol{h})$ も同じ性質をもち,上述の目的を達成できない.したがって $\theta < 0$ あるいは $\theta > 1$ でも $C(\boldsymbol{h})$ が自己共分散関数すなわち非負定値関数となるような $C_i(\boldsymbol{h})$ $(i=1,2)$ が存在するか否かを考えていく.

まず $l(x)$ を

$$l(x) = \int_0^\infty \exp(-xu)dF(u) \tag{3.37}$$

によって定義する.ここで $F(u)$ は $[0,\infty)$ 上で有界単調非減少関数である.

$G(u) = F(u^2)$ とおけば,

$$l(x) = \int_0^\infty \exp(-xu^2) dG(u)$$

と表現できるので,定理 3.20 より $l(x)$ は完全単調関数である.ここで

$$C_i(\boldsymbol{h}) = l(\alpha_i \|\boldsymbol{h}\|) \, (i=1,2), \quad 0 < \alpha_1 < \alpha_2 \tag{3.38}$$

とおけば,(3.36) によって定義された $C(\boldsymbol{h})$ に対して以下の結果を得る (Ma [100]).

[**定理 3.26**]　(1) θ が

$$\left\{ 1 - \left(\frac{\alpha_2}{\alpha_1}\right)^d \right\}^{-1} \le \theta \le \left(1 - \frac{\alpha_1}{\alpha_2}\right)^{-1} \tag{3.39}$$

をみたせば,(3.36), (3.37) および (3.38) によって定義される $C(\boldsymbol{h})$ は $\boldsymbol{R}^d$ 上の非負定値関数である.

(2) さらに (3.37) の $F(u)$ が $\int u^{-d} dF(u) < \infty$ かつ $\int u dF(u) < \infty$ をみたせば,(3.39) は $C(\boldsymbol{h})$ が非負定値関数になるための必要条件でもある.

証明　(1) まず

$$C(\boldsymbol{h}) = \int_0^\infty \{ \theta \exp(-\alpha_1 \|\boldsymbol{h}\| u) + (1-\theta) \exp(-\alpha_2 \|\boldsymbol{h}\| u) \} dF(u)$$

となる.したがって

$$C_u(\boldsymbol{h}) = \theta \exp(-\alpha_1 \|\boldsymbol{h}\| u) + (1-\theta) \exp(-\alpha_2 \|\boldsymbol{h}\| u)$$

とおき,任意の u に対して,$C_u(\boldsymbol{h})$ が非負定値関数であることを示せばよい.
いま $f_u(\boldsymbol{\lambda})$ を

$$\begin{aligned} f_u(\boldsymbol{\lambda}) = c_0 u \Big\{ &\theta \alpha_1 (\|\boldsymbol{\lambda}\|^2 + \alpha_1^2 u^2)^{-(d+1)/2} \\ &+ (1-\theta)\alpha_2 (\|\boldsymbol{\lambda}\|^2 + \alpha_2^2 u^2)^{-(d+1)/2} \Big\} \end{aligned} \tag{3.40}$$

によって定義する.ここで $c_0 = \Gamma((d+1)/2)/\pi^{(d+1)/2}$ とする.このとき (3.27) において $\nu = 1/2$ とすれば

$$C_u(\boldsymbol{h}) = \int_{\boldsymbol{R}^d} \exp(i(\boldsymbol{h}, \boldsymbol{\lambda})) f_u(\boldsymbol{\lambda}) d\boldsymbol{\lambda}$$

が成立する．したがって定理 2.16 より，$C_u(\boldsymbol{h})$ が非負定値関数になるための必要十分条件は，任意の $\boldsymbol{\lambda}$ に対して，$f_u(\boldsymbol{\lambda}) \geq 0$ となることである．$0 \leq \theta \leq (1 - \alpha_1/\alpha_2)^{-1}$ のときは，$(1-\theta)\alpha_2 \geq -\theta\alpha_1$ となり

$$\begin{aligned} f_u(\boldsymbol{\lambda})/(c_0 u) &\geq \theta\alpha_1(\|\boldsymbol{\lambda}\|^2 + \alpha_1^2 u^2)^{-(d+1)/2} - \theta\alpha_1(\|\boldsymbol{\lambda}\|^2 + \alpha_2^2 u^2)^{-(d+1)/2} \\ &\geq 0 \end{aligned}$$

が成立する．一方 $\{1 - (\alpha_2/\alpha_1)^d\}^{-1} \leq \theta \leq 0$ の場合は

$$\begin{aligned} f_u(\boldsymbol{\lambda})/(c_0 u \alpha_1^{d+1}) &= (\|\boldsymbol{\lambda}\|^2 + \alpha_1^2 u^2)^{-(d+1)/2} \\ &\quad \times \left\{ \theta\alpha_1^{-d} + (1-\theta)\alpha_2\alpha_1^{-(d+1)} \left(\frac{\|\boldsymbol{\lambda}\|^2 + \alpha_1^2 u^2}{\|\boldsymbol{\lambda}\|^2 + \alpha_2^2 u^2} \right)^{(d+1)/2} \right\} \\ &\geq (\|\boldsymbol{\lambda}\|^2 + \alpha_1^2 u^2)^{-(d+1)/2} \{\theta\alpha_1^{-d} + (1-\theta)\alpha_2^{-d}\} \\ &\geq 0 \end{aligned}$$

となり，結論を得る．最初の不等式は

$$\frac{\|\boldsymbol{\lambda}\|^2 + \alpha_1^2 u^2}{\|\boldsymbol{\lambda}\|^2 + \alpha_2^2 u^2} \geq \frac{\alpha_1^2}{\alpha_2^2}$$

から導かれる．

(2) $C(\boldsymbol{h})$ の Fourier 変換は，Fubini の定理を用いて u と $\boldsymbol{h}$ の積分の順序を交換すれば，(3.40) より

$$\begin{aligned} f(\boldsymbol{\lambda}) &= \theta \int_{\boldsymbol{R}^d} \exp(-i(\boldsymbol{h}, \boldsymbol{\lambda})) l(\alpha_1 \|\boldsymbol{h}\|) d\boldsymbol{h}/(2\pi)^d \\ &\quad + (1-\theta) \int_{\boldsymbol{R}^d} \exp(-i(\boldsymbol{h}, \boldsymbol{\lambda})) l(\alpha_2 \|\boldsymbol{h}\|) d\boldsymbol{h}/(2\pi)^d \\ &= c_0 \int_0^\infty \left\{ \theta\alpha_1(\|\boldsymbol{\lambda}\|^2 + \alpha_1^2 u^2)^{-(d+1)/2} \right. \\ &\quad \left. + (1-\theta)\alpha_2(\|\boldsymbol{\lambda}\|^2 + \alpha_2^2 u^2)^{-(d+1)/2} \right\} u dF(u) \end{aligned}$$

となる．したがって $C(\boldsymbol{h})$ が自己共分散関数になるためには，任意の $\boldsymbol{\lambda}$ に対して，$f(\boldsymbol{\lambda})$ が非負の値をとらなければならない．まず $f(\boldsymbol{0}) \geq 0$ より，$\theta\alpha_1^{-d}$

$+(1-\theta)\alpha_2^{-d} \geq 0$ すなわち $\theta \geq (1-(\alpha_2/\alpha_1)^d)^{-1}$ となる．一方 $\int u dF(u) < \infty$ より，有界収束定理を用いて

$$0 \leq \lim_{\|\boldsymbol{\lambda}\| \to \infty} c_0^{-1} \|\boldsymbol{\lambda}\|^{d+1} f(\boldsymbol{\lambda})$$
$$= (\theta\alpha_1 + (1-\theta)\alpha_2) \int_0^\infty u dF(u)$$

となり，$\theta \leq (1-\alpha_1/\alpha_2)^{-1}$ が導ける． ∎

(3.39) より，$\theta < 0$ あるいは $\theta > 1$ であっても，2 つの自己共分散関数の線形結合が再び自己共分散関数になりうる．ただし θ の下限は d に依存し，$d \to \infty$ のとき，0 へ収束する．ここで例として $F(u)$ を 1 点 $u = 1$ のみで 1 だけジャンプしあとは一定となる場合すなわち $F(u) = 0, u < 1, F(u) = 1, u \geq 1$ を考えよう．このとき $l(x) = e^{-x}$ となる．$d = 1$，θ をその下限と上限の値 $\theta = \alpha_1/(\alpha_1 - \alpha_2), \alpha_2/(\alpha_2 - \alpha_1)$ にとれば

$$C(h) = \frac{\alpha_2}{\alpha_2 - \alpha_1} \exp(-\alpha_1|h|) - \frac{\alpha_1}{\alpha_2 - \alpha_1} \exp(-\alpha_2|h|), \tag{3.41}$$

$$C(h) = \frac{\alpha_1}{\alpha_1 - \alpha_2} \exp(-\alpha_1|h|) - \frac{\alpha_2}{\alpha_1 - \alpha_2} \exp(-\alpha_2|h|) \tag{3.42}$$

となる．(3.41) は常に正の値をとる減少関数であるが，(3.42) は単調な関数ではなく，また負の値をとる場合もある．

[**注意 3.27**] ここで (3.38) における $\|\boldsymbol{h}\|$ を $\|\boldsymbol{h}\|^2$ で置き換えた

$$C(\boldsymbol{h}) = \theta l(\alpha_1 \|\boldsymbol{h}\|^2) + (1-\theta) l(\alpha_2 \|\boldsymbol{h}\|^2)$$

を考えよう．このとき $C(\boldsymbol{h})$ が非負定値関数になるための十分条件は (3.39) から

$$\left\{1 - \left(\frac{\alpha_2}{\alpha_1}\right)^{d/2}\right\}^{-1} \leq \theta \leq 1$$

に変化する．一方 $\int u^{-d/2} dF(u) < \infty$ を仮定すれば，必要条件は

$$\left\{1-\left(\frac{\alpha_2}{\alpha_1}\right)^{d/2}\right\}^{-1}\leq\theta$$

になる．証明は定理 3.26 と同様である．詳細は Ma [100] を参照されたい．

次に定理 3.26 を，時点を明示的に表現した自己共分散関数の構成に応用する．

[**定理 3.28**] (1) $C(\boldsymbol{h},u)\,((\boldsymbol{h},u)\in\boldsymbol{R}^d\times\boldsymbol{R})$ を

$$C(\boldsymbol{h},u)=\theta(1+\alpha_1|u|)^{-d/2}l\left(\frac{\|\boldsymbol{h}\|^2}{1+\alpha_1|u|}\right)$$
$$+(1-\theta)(1+\alpha_2|u|)^{-d/2}l\left(\frac{\|\boldsymbol{h}\|^2}{1+\alpha_2|u|}\right),\quad 0<\alpha_1<\alpha_2 \quad (3.43)$$

によって定義する．l は (3.37) において定義された関数である．このとき $C(\boldsymbol{h},t)$ が非負定値関数になるための十分条件は

$$\left(1-\frac{\alpha_2}{\alpha_1}\right)^{-1}\leq\theta\leq\left(1-\frac{\alpha_1}{\alpha_2}\right)^{-1} \quad (3.44)$$

である．一方 $d\geq 3$ のとき，(3.44) は必要条件でもある．

(2) $C(\boldsymbol{h},u)\,((\boldsymbol{h},u)\in\boldsymbol{R}^d\times\boldsymbol{R})$ を

$$C(\boldsymbol{h},u)=\theta(1+\alpha_1 u^2)^{-d/2}l\left(\frac{\|\boldsymbol{h}\|^2}{1+\alpha_1 u^2}\right)$$
$$+(1-\theta)(1+\alpha_2 u^2)^{-d/2}l\left(\frac{\|\boldsymbol{h}\|^2}{1+\alpha_2 u^2}\right),\quad 0<\alpha_1<\alpha_2 \quad (3.45)$$

によって定義する．このとき $C(\boldsymbol{h},u)$ が非負定値関数になるための必要十分条件は

$$\left\{1-\left(\frac{\alpha_2}{\alpha_1}\right)^{1/2}\right\}^{-1}\leq\theta\leq 1 \quad (3.46)$$

である．

証明 (1) まず $d\geq 3$ のとき，(3.44) が必要条件であることを示す．$l(0)=1$

3.3 自己共分散関数・スペクトル密度関数に対するモデル (2) 非等方型・非分離型モデル 73

とおいても一般性を失わない．ここで $\boldsymbol{h} = 0$ とおくと，

$$C(\boldsymbol{0}, u) = \theta(1 + \alpha_1|u|)^{-d/2} + (1-\theta)(1 + \alpha_2|u|)^{-d/2}$$

となる．ここで $\tilde{l}(x)$ を

$$\tilde{l}(x) = (1+x)^{-d/2}$$
$$= \int_0^\infty \exp(-xu) \frac{u^{d/2-1}}{\Gamma(d/2)} \exp(-u) du, \quad x > 0$$

によって定義する．いま

$$G(u) = \int_0^u \frac{v^{d/2-1}}{\Gamma(d/2)} \exp(-v) dv$$

とおけば，$d \geq 3$ に対して $\int u^{-1} dG(u) < \infty$ が，一方任意の d に対して $\int_0^\infty u \, dG(u) < \infty$ が成立する．紛らわしいが，ここでは 1 次元の自己共分散関数 $C(\boldsymbol{0}, u)$ を考えている．したがって定理 3.26 (2) において $d = 1$ とおくと，$\boldsymbol{h}$ がここでは u に相当し，$l(x), F(u)$ に $\tilde{l}(x), G(u)$ を代入すれば必要条件を得る．

次に十分性を示す．

$$C_t(\boldsymbol{h}, u) = \theta(1 + \alpha_1|u|)^{-d/2} \exp\left(-\frac{\|\boldsymbol{h}\|^2 t}{1 + \alpha_1|u|}\right)$$
$$+ (1-\theta)(1 + \alpha_2|u|)^{-d/2} \exp\left(-\frac{\|\boldsymbol{h}\|^2 t}{1 + \alpha_2|u|}\right)$$

とおけば，

$$C(\boldsymbol{h}, u) = \int_0^\infty C_t(\boldsymbol{h}, u) dF(t)$$

と表現できる．したがって任意の t に対して，$C_t(\boldsymbol{h}, u)$ が非負定値関数であることを示せばよい．$C_t(\boldsymbol{h}, u)$ は

$$C_t(\boldsymbol{h}, u) = (4\pi)^{-d/2} \int_{\boldsymbol{R}^d} \cos(\sqrt{t}(\boldsymbol{\lambda}, \boldsymbol{h})) \{\theta \exp(-\alpha_1|u|\|\boldsymbol{\lambda}\|^2/4)$$
$$+ (1-\theta)\exp(-\alpha_2|u|\|\boldsymbol{\lambda}\|^2/4)\} \exp(-\|\boldsymbol{\lambda}\|^2/4) d\boldsymbol{\lambda}$$

と表現できる.ここで記号が紛らわしくなるが,定理 3.26 (1) の証明中,$C_u(\boldsymbol{h})$ の定義において $d=1$ とおき,$\alpha_i u$ を $\alpha_i \|\boldsymbol{\lambda}\|^2/4$ $(i=1,2)$,$\|h\|$ を $|u|$ とみなせば,任意の $\boldsymbol{\lambda}$ に対して

$$\theta \exp(-\alpha_1|u|\|\boldsymbol{\lambda}\|^2/4) + (1-\theta)\exp(-\alpha_2|u|\|\boldsymbol{\lambda}\|^2/4)$$

が,u を引数とする 1 次元の自己共分散関数になることがわかる.したがって (3.35) より $C_t(\boldsymbol{h},u)$ は非負定値関数である.

(2) (1) と同じ方法により導ける.詳細は Ma [100] を参照されたい. ∎

この章を終わるにあたり 1 つ注意をしておく.以上,様々なモデルが提案されているが,ちなみに Stein [149] はこれらを "a laundry list of potential models" とよんでいる.それぞれのモデルがもつ含意,モデル・フィッティングとモデル比較の方法,モデル適合度の評価方法などについて今後明らかにすべきことが残されている.

第4章

定常確率場の推測理論

本章では定常確率場を規定する自己共分散関数およびパラメトリックモデルに対する推測理論について説明する．定常確率場における推定量および検定統計量に対して有限標本に基づく理論を展開することは難しい．ここではサンプル数が増大し無限大に発散する漸近理論を考える．ただし観測値のサンプリング方法に依存して，推定量および検定統計量の漸近的性質も異なる．4.1節ではまずサンプリング方法について定式化する．その定式化に基づいて，4.2節では推定量の漸近分布を導出する際に必要となる確率場の混合条件を説明する．4.3節では自己共分散関数に対する推定量，4.4節ではパラメトリックモデルに対する推定量，4.5節では検定統計量の漸近的性質について順次考えていく．最後に4.6節では，定理の証明に必要となる補題をまとめておく．

4.1 サンプリング方法の定式化

最初に記号を定義する．d次元Euclid空間 $\boldsymbol{R}^d\,(d=1,2,\ldots)$ の部分集合を A とする．$|A|$ を A の要素数（絶対値ではない），$\mathrm{Vol}(A)$ を A の体積（Lebesgue測度）とする．したがって $|A|$ が高々可算の場合は，$\mathrm{Vol}(A)=0$ である．いま $n\,(=1,2,\ldots)$ をインデックスとし，$\boldsymbol{R}^d$ の部分集合 D_n を観測可能領域とする．さらにその有限個の要素からなる部分集合 $\mathcal{S}_n\,(\subset D_n,\ |\mathcal{S}_n|<\infty)$ に属する地点 $\boldsymbol{s}\,(\in \mathcal{S}_n)$ において $Y(\boldsymbol{s})$ が観測されるとする．し

たがってサンプル数を N_n とおけば，$N_n = |\mathcal{S}_n|$ である．以下では $|\mathcal{S}_n| \to \infty \, (n \to \infty)$ をみたすとする．

一方，観測可能領域 D_n に関しては，いくつかのバリエーションが考えられる．まず D_n を $\boldsymbol{R}^p, \boldsymbol{R}^q$ 各々の部分集合 $\mathcal{F}, \mathcal{I}_n$ の直積

$$D_n = \mathcal{F} \times \mathcal{I}_n$$

によって定義する．ここで $0 \leq p, q \leq d$, $p + q = d$, $\mathrm{Vol}(\mathcal{F}) < \infty$, $\mathrm{Vol}(\mathcal{I}_n) < \infty$ とする．$\mathcal{F}$ は n に依存せず固定されている．また $\{\mathcal{I}_n\}$ は単調な集合列 $\mathcal{I}_1 \subset \mathcal{I}_2 \subset \cdots \subset \mathcal{I}_n \subset \cdots$ であり，かつ $\mathrm{Vol}(\mathcal{I}_n) \to \infty \, (n \to \infty)$ をみたすとする．

この定式化において特に $p = d$, $q = 0$ のとき，すなわち $D_n = \mathcal{F}$ のとき，**充塡漸近論** (infill asymptotics) という．観測可能領域 D_n は固定され，観測地点の集合 $\mathcal{S}_n$ が n とともにだんだん密になって観測値の個数が増えていく．

逆に $p = 0$, $q = d$ の場合，すなわち $D_n = \mathcal{I}_n$ の場合は 2 つに分かれる．1 つは観測可能領域 D_n に含まれる任意の有界な集合においては，観測値の個数も n に関して有界な場合である．これを**増加領域漸近論** (increasing domain asymptotics) という．たとえば $d = 2$ とし，D_n は長方形 $D_n = [0, n_1] \times [0, n_2]$ とする．ここで $n_i \, (i = 1, 2)$ は正整数で少なくとも 1 つの i に対して $n_i \to \infty \, (n \to \infty)$ が成り立つ．観測地点の集合は格子点 $\mathcal{S}_n = \{(i, j) \mid i = 0, 1, \ldots, n_1, \, j = 0, 1, \ldots, n_2\}$ とする．これを格子点サンプリング (lattice sampling) という．ピクセルとよばれる画像データのような例がある．一方，任意の有界な集合においても，それに含まれる $\mathcal{S}_n$ の要素数が無限大に発散する場合，充塡漸近論と同様な設定であるので**混合漸近理論** (mixed asymptotics) とよばれている．

その他にも色々なサンプリング方法が考えられる．たとえば $d = 3$, $p = 2$, $q = 1$ とおく．$\boldsymbol{s}$ の最初の 2 つの座標は観測地点の緯度と経度とし，これらは n に依存せず固定されているとする．一方 $\mathcal{I}_n$ は $\mathcal{I}_n = [0, n_3]$ とおき，第 3 の座標を観測時点とみなす．観測時点は，等間隔の場合と不等間隔の場合がある．なお観測地点・時点が固定されず確率変数になる場合も考えられる．

4.2 混合条件

ここでは次節以降で推定量・検定統計量の極限分布を導出する際に必要となる混合条件について説明する.簡単にいえば**混合条件** (mixing condition) とは,確率場において時空間的に隔たった確率変数間の従属関係の強度を距離の関数として表現したものである.距離の増加とともに従属関係が小さくなれば,互いに独立な確率変数列と同じように中心極限定理が成り立つ.Rosenblatt [135] が創始して以来,様々な種類の混合条件が確率過程や確率場に対して提案され,そのもとで中心極限定理が証明されている.詳しくは Doukhan [37], Ibragimov=Linnik [70], Yoshihara [176] などを参照されたい.本節ではその中で,Rosenblatt [135] が提案し,次節以降で用いる強混合条件を紹介する.

$\{Y(\boldsymbol{s}), \boldsymbol{s} \in \boldsymbol{K}^d\}$ を一般の確率場とする.定常確率場でなくてもよい.このとき E_i は $|E_i| \leq b_i\,(i=1,2)$ をみたす $\boldsymbol{K}^d$ の任意の部分集合とすれば,**強混合係数** (strong mixing coefficient) $\alpha(b_1, b_2; r)$ は

$$\alpha(b_1, b_2; r) = \sup_{E_1, E_2} \sup_{A_1, A_2} \{|P(A_1 \cap A_2) - P(A_1)P(A_2)| :$$
$$A_i \in \mathcal{F}(Y(\boldsymbol{s}), \boldsymbol{s} \in E_i), |E_i| \leq b_i\,(i=1,2),\ d(E_1, E_2) \geq r\}$$

によって定義される.ここで

$$d(E_1, E_2) = \inf_{\boldsymbol{s}_1 \in E_1, \boldsymbol{s}_2 \in E_2} \{\max_{j=1,\ldots,d} |s_{1j} - s_{2j}|\}$$

とし,$\mathcal{F}(Y(\boldsymbol{s}), \boldsymbol{s} \in E_i)$ は $\{Y(\boldsymbol{s}) : \boldsymbol{s} \in E_i\}$ が可測となる最小の σ-代数とする.$b_1 = b_2 = b$ のときは,$\alpha(b; r)$ と書く.$\alpha(\infty; r)$ が Rosenblatt [135] によって与えられた強混合係数であり,$r \to \infty$ のとき $\alpha(\infty; r) \to 0$ をみたすならば,確率場 $\{Y(\boldsymbol{s})\}$ は,**強混合条件** (strong mixing condition) をみたすという.任意の $b_i\,(i=1,2)$ に対して $\alpha(b_1, b_2; r) \leq \alpha(\infty; r)$ であるから,強混合条件が成り立つならば,$\alpha(b_1, b_2; r) \to 0$ もいえる.

強混合係数を用いて,$\mathcal{F}(Y(\boldsymbol{s}), \boldsymbol{s} \in E_i)$-可測 $(i=1,2)$ な確率変数に対して共分散の上限を評価することができる.ここではより一般の部分 σ-代数に対

して可測な確率変数について示しておく.

[定理 4.1] $\mathcal{U}, \mathcal{V}$ を確率空間 $(\Omega, \mathcal{F}, P)$ の部分 σ-代数とする. そしてこの 2 つの部分 σ-代数の従属関係の強度を

$$\alpha(\mathcal{U}, \mathcal{V}) = \sup_{U,V}\{|P(U \cap V) - P(U)P(V)| : U \in \mathcal{U}, V \in \mathcal{V}\}$$

で測るとする. いま ξ は $\mathcal{U}$-可測な確率変数, η は $\mathcal{V}$-可測な確率変数とし, 各々はある定数 C_i $(i = 1, 2)$ に対して $|\xi| \leq C_1$, $|\eta| \leq C_2$ をみたすとする. このとき

$$|\mathrm{Cov}(\xi, \eta)| \leq 4C_1 C_2 \alpha(\mathcal{U}, \mathcal{V})$$

が成り立つ.

証明 いま $\xi_1 = \mathrm{sgn}\{E(\eta|\mathcal{U}) - E(\eta)\}$ とすれば, ξ_1 が $\mathcal{U}$-可測なことから

$$\begin{aligned}
|\mathrm{Cov}(\xi, \eta)| &= |E(\xi\eta) - E(\xi)E(\eta)| \\
&= |E\{\xi[E(\eta|\mathcal{U}) - E(\eta)]\}| \\
&\leq C_1 E|E(\eta|\mathcal{U}) - E(\eta)| \\
&= C_1 E\{\xi_1[E(\eta|\mathcal{U}) - E(\eta)]\} \\
&= C_1 \mathrm{Cov}(\xi_1, \eta) \\
&= C_1 |\mathrm{Cov}(\xi_1, \eta)|
\end{aligned} \tag{4.1}$$

が成り立つ. ここで $\eta_1 = \mathrm{sgn}\{E(\xi_1|\mathcal{V}) - E(\xi_1)\}$ とおいて, (4.1) を同様に評価すれば

$$|\mathrm{Cov}(\xi, \eta)| \leq C_1 C_2 |\mathrm{Cov}(\xi_1, \eta_1)| \tag{4.2}$$

となる. 最後に (4.2) の右辺の項を評価する. いま

$$A = \{\xi_1 = 1\}, \quad B = \{\eta_1 = 1\}$$

とおけば, $A \in \mathcal{U}, B \in \mathcal{V}$ に注意して

$$|E(\xi_1\eta_1) - E(\xi_1)E(\eta_1)| = |P(A \cap B) + P(A^c \cap B^c) - P(A^c \cap B)$$
$$-P(A \cap B^c) - (P(A) - P(A^c))(P(B) - P(B^c))|$$
$$\leq 4\alpha(\mathcal{U}, \mathcal{V})$$

が成り立つ．したがって定理を得る． ∎

[系 4.2] ξ は $\mathcal{U}$-可測な複素値確率変数，η は $\mathcal{V}$-可測な複素数値確率変数とし，

$$\xi = \xi_R + i\xi_I,$$
$$\eta = \eta_R + i\eta_I$$

とおく．ここで $\xi_R, \xi_I, \eta_R, \eta_I$ は実数値確率変数とし，各々 $|\xi_R| \leq C_1$, $|\xi_I| \leq C_1$, $|\eta_R| \leq C_2$, $|\eta_I| \leq C_2$ をみたすとする．このとき

$$|\mathrm{Cov}(\xi, \eta)| \leq 16 C_1 C_2 \alpha(\mathcal{U}, \mathcal{V})$$

が成り立つ．

証明 複素数値確率変数の共分散は

$$\mathrm{Cov}(\xi, \eta) = E(\xi\overline{\eta}) - E(\xi)E(\overline{\eta})$$
$$= \mathrm{Cov}(\xi_R, \eta_R) + \mathrm{Cov}(\xi_I, \eta_I) + i\{\mathrm{Cov}(\xi_I, \eta_R) - \mathrm{Cov}(\xi_R, \eta_I)\}$$

となる．したがって定理 4.1 を右辺の 4 つの共分散に応用すれば，結論を得る． ∎

4.3 自己共分散関数の推定

4.3.1 等間隔・増加領域漸近論

以下本章では $\{Y(\boldsymbol{s}) : \boldsymbol{s} \in \boldsymbol{R}^d\}$ は期待値 0，2 次モーメントが有限な強定常確率場とする．また本節では観測値が等間隔かつ増加領域で得られる場合 ($p = 0, q = d$) の標本自己共分散関数の漸近的性質について考える．

簡単のため観測可能領域は $D_n = \mathcal{I}_n = [1,n]^d$, 観測地点は格子点からなる $\mathcal{I}_n$ 内の有限集合, すなわち $\mathcal{S}_n = \mathcal{I}_n \cap \mathbf{Z}^d$ とする. したがって $|\mathcal{S}_n| = n^d$ となる.

最初は $Y(\boldsymbol{s})$ の期待値が既知とする. したがって一般性を失うことなく 0 と仮定できる. 期待値が未知の場合については後に言及する. このとき自己共分散関数 $C(\boldsymbol{h}) = \mathrm{Cov}(Y(\boldsymbol{s}), Y(\boldsymbol{s}+\boldsymbol{h}))$ の推定量は

$$\hat{C}_n(\boldsymbol{h}) = \frac{\sum_{\boldsymbol{s} \in \mathcal{S}_n(\boldsymbol{h})} Y(\boldsymbol{s}) Y(\boldsymbol{s}+\boldsymbol{h})}{|\mathcal{S}_n(\boldsymbol{h})|}$$

によって与えられる. これを**標本自己共分散関数** (sample autocovariance function) という. ここで

$$\mathcal{S}_n(\boldsymbol{h}) = \{\boldsymbol{s} : \boldsymbol{s} \in \mathcal{S}_n, \boldsymbol{s}+\boldsymbol{h} \in \mathcal{S}_n\}$$

とする. したがって $|\mathcal{S}_n(\boldsymbol{h})| = \prod_{i=1}^{d}(n-|h_i|)$ である.

以下では $\hat{C}_n(\boldsymbol{h}, u)$ の漸近的性質を導く. まず 2 つの条件を仮定する.

[**条件 4.3**] 強混合係数は $b_1 = b_2 = b$ のとき, ある $\epsilon (> q)$ に対して

$$\sup_b \frac{\alpha(b;r)}{b} = O(r^{-\epsilon})$$

をみたす.

[**条件 4.4**] ある $\delta (> 0), C_\delta (< \infty)$ が存在して

$$\sup_n E\left[\left|\sqrt{|\mathcal{S}_n|}(\hat{C}_n(\boldsymbol{h}) - C(\boldsymbol{h}))\right|^{2+\delta}\right] \leq C_\delta$$

をみたす.

条件 4.3, 条件 4.4 に関してコメントを付け加えておく. 条件 4.3 における b は, 後述の定理 4.5 の証明 Step 2 において統計量の構成に必要となる確率変数の個数である. たとえば $\{Y(\boldsymbol{s})\}$ が正規定常確率場であるとする. このときある $A(>d)$ が存在して $C(\boldsymbol{h}) = O(\|\boldsymbol{h}\|^{-A})$ かつ $\inf_{\boldsymbol{\lambda}} f(\boldsymbol{\lambda}) > 0$ であれば, $\alpha(\infty; r) = O(r^{d-A})$ が成り立つ (Doukhan [37]). $\alpha(b;r) \leq \alpha(\infty; r)$ であるから $A - d > q$ であれば条件 4.3 は成り立つ. 特に $C(\boldsymbol{h})$ がコンパクトなサポー

トをもつ場合には明らかに成り立つ.

次に条件 4.4 に関しては $\delta = 2$, すなわち 4 次モーメントを考えればよい. 計算は煩雑になるが標本自己共分散関数の 4 次モーメントは真の自己共分散関数の積和で表現できる. 後に述べる定理で仮定するような自己共分散関数の絶対総和可能性などの仮定をおけば条件 4.4 は成り立つ.

ここで時空間の遅れの集合を Λ, また $|\Lambda| = m$ とおく. Λ に対応する自己共分散関数の集合を $\boldsymbol{G} = \{C(\boldsymbol{h}) \mid \boldsymbol{h} \in \Lambda\}$, 対応する標本自己共分散関数 $\hat{C}_n(\boldsymbol{h})$ の集合を $\hat{\boldsymbol{G}}_n$ とおく. このとき次の結果を得る.

[定理 4.5]　任意の $\boldsymbol{h}, \boldsymbol{h}'$ に対して
$$\sum_{\boldsymbol{s} \in \boldsymbol{Z}^d} |\mathrm{Cov}\{Y(\boldsymbol{0})Y(\boldsymbol{h}), Y(\boldsymbol{s})Y(\boldsymbol{s}+\boldsymbol{h}')\}| < \infty$$
を仮定する. このとき
$$\Sigma = \lim_{n \to \infty} |\mathcal{S}_n| \mathrm{Cov}(\hat{\boldsymbol{G}}_n, \hat{\boldsymbol{G}}_n)$$
が存在する. ここで $\boldsymbol{h}_i \in \Lambda\, (i = 1, 2, \ldots, m)$ とおけば, Σ は $m \times m$ 行列でその (i, j) 成分は
$$\sum_{\boldsymbol{s} \in \boldsymbol{Z}^d} \mathrm{Cov}\{Y(\boldsymbol{0})Y(\boldsymbol{h}_i), Y(\boldsymbol{s})Y(\boldsymbol{s}+\boldsymbol{h}_j)\}$$
となる.

さらに Σ が正定値行列であれば, 条件 4.3, 条件 4.4 のもとで $\sqrt{|\mathcal{S}_n|}(\hat{\boldsymbol{G}}_n - \boldsymbol{G})$ は $n \to \infty$ のとき $N_m(\boldsymbol{0}, \Sigma)$ へ分布収束する.

証明　簡単のため $m = 1$, $\boldsymbol{h}_1 = \boldsymbol{h}$ とする. 一般の m の場合, 極限分布の導出には Cramer-Wold 法（定理 9.17）を適用すればよい. 表記の簡略化のため $\pi = C(\boldsymbol{h})$, $\hat{\pi}_n = \hat{C}_n(\boldsymbol{h})$, $A_n = \sqrt{|\mathcal{S}_n|}(\hat{\pi}_n - \pi)$ とおく. まず仮定より,
$$\sigma^2 = \sum_{\boldsymbol{s} \in \boldsymbol{Z}^d} \mathrm{Cov}\{Y(\boldsymbol{0})Y(\boldsymbol{h}), Y(\boldsymbol{s})Y(\boldsymbol{s}+\boldsymbol{h})\}$$
とおけば,
$$\sigma^2 = \lim_{n \to \infty} \mathrm{Var}(A_n) \tag{4.3}$$

が成り立つ. なぜならば

$$\mathrm{Var}(A_n) = \frac{|\mathcal{S}_n|}{|\mathcal{S}_n(\boldsymbol{h})|^2} \sum_{\boldsymbol{s}\in\mathcal{S}_n(\boldsymbol{h})} \sum_{\boldsymbol{s}'\in\mathcal{S}_n(\boldsymbol{h})} \mathrm{Cov}\{Y(\boldsymbol{s})Y(\boldsymbol{s}+\boldsymbol{h}), Y(\boldsymbol{s}')Y(\boldsymbol{s}'+\boldsymbol{h})\}$$
$$= \frac{|\mathcal{S}_n|}{|\mathcal{S}_n(\boldsymbol{h})|} \sum_{\boldsymbol{l}\in\mathcal{S}_n(\boldsymbol{h})-\mathcal{S}_n(\boldsymbol{h})} \frac{|\mathcal{S}_n(\boldsymbol{h},\boldsymbol{l})|}{|\mathcal{S}_n(\boldsymbol{h})|} \mathrm{Cov}\{Y(\boldsymbol{0})Y(\boldsymbol{h}), Y(\boldsymbol{l})Y(\boldsymbol{l}+\boldsymbol{h})\}$$

が成り立つ. ここで $S_n(\boldsymbol{h}) - S_n(\boldsymbol{h}) = \{\boldsymbol{l} \mid \boldsymbol{l} = \boldsymbol{s} - \boldsymbol{s}',\ \boldsymbol{s},\boldsymbol{s}' \in S_n(\boldsymbol{h})\}$, $S_n(\boldsymbol{h},\boldsymbol{l}) = \{\boldsymbol{s} \mid \boldsymbol{s} \in S_n(\boldsymbol{h}), \boldsymbol{s}+\boldsymbol{l} \in S_n(\boldsymbol{h})\}$ とする. $|S_n(\boldsymbol{h},\boldsymbol{l})| = \prod_{i=1}^{d}(n-|h_i|-|l_i|)$ であるから, $\boldsymbol{h},\boldsymbol{l}$ を固定したとき, $|\mathcal{S}_n|/|\mathcal{S}_n(\boldsymbol{h})| \to 1$, $|\mathcal{S}_n(\boldsymbol{h},\boldsymbol{l})|/|\mathcal{S}_n(\boldsymbol{h})| \to 1$ $(n \to \infty)$ が成立し, 有界収束定理により (4.3) を得る.

次にブロッキング法 (Ibragimov=Linnik [70]) と混合条件のもとでの漸近正規性の証明を結合して極限分布を導く. まず $\mathcal{S}_n$ を以下のようなブロックに分割する. $2d/(d+\epsilon) < \eta < \alpha < 1$ をみたす α, η に対して $l(n) = n^\alpha$, $m(n) = n^\alpha - n^\eta$ とおく. ϵ は条件 4.3 で与えたものである. ここでは $q = d$ であるから $d < \epsilon$ すなわち $2d/(d+\epsilon) < 1$ となることに注意しよう.

証明を簡潔にするため, また本質的な部分を明確にするために n^α は整数で, n の約数と仮定する. この仮定が成立しない場合には, n^α をそれを超えない最大の整数で置き換え, 以下で述べる方法を応用すればよい.

$[0,n]^d$ を各辺の長さが $l(n)$ の立方体で分割し, 各立方体を適当な順序に並べて $\mathcal{S}_{l(n)}^i (i = 1,\ldots,k_n)$ とする. 立方体の総数は $k_n = (n/n^\alpha)^d$ となる. 次に $\mathcal{S}_{l(n)}^i$ と中心が同じで, 各辺の長さが $m(n)$ の立方体を $\mathcal{S}_{m(n)}^i$ とおく. したがって $|\mathcal{S}_{m(n)}^i| = m(n)^d$ である. また $i \neq i'$ のとき $d(S_{m(n)}^i, S_{m(n)}^{i'}) \geq n^\eta$ をみたす.

次に

$$\hat{\pi}_{m(n)}^i = \frac{\sum_{\boldsymbol{s}\in\mathcal{S}_{m(n)}^i} Y(\boldsymbol{s})Y(\boldsymbol{s}+\boldsymbol{h})}{|\mathcal{S}_{m(n)}^i|}$$

とおき, $a_n = \sum_{i=1}^{k_n} a_n^i / \sqrt{k_n}$, $a_n^i = \sqrt{m(n)^d}\{\hat{\pi}_{m(n)}^i - \pi\}$ とする. 一方 $(a_n^i)'$ は仮想的な確率変数で a_n^i と同じ周辺分布をもち, $\{(a_n^i)'\}$ は互いに独立な確率変数列とする. そして $a_n' = \sum_{i=1}^{k_n} (a_n^i)'/\sqrt{k_n}$ とおく. さらに a_n, a_n' の特性

関数を各々 $\phi_n(t), \phi'_n(t)$ とおく．このとき証明は以下の3段階からなる．

Step 1. $A_n - a_n \xrightarrow{P} 0$
Step 2. 任意の t に対して，$\lim_{n\to\infty}(\phi_n(t) - \phi'_n(t)) = 0$
Step 3. $a'_n \Longrightarrow N(0, \sigma^2)$

Step 1 と定理 9.16 (1) から A_n と a_n の極限分布が等しいことがわかる．次に Step 2, 3 および定理 9.14 (1) (ii) より a_n と a'_n の極限分布が等しいこと，またその分布が $N(0, \sigma^2)$ であることがわかる．Step 3 の証明において Lyapounov の定理（定理 9.18）を用いる．順番に証明していく．

Step 1 の証明 $E(A_n - a_n) = 0$ より，$\mathrm{Var}(A_n - a_n) \to 0\,(n \to \infty)$ を示せば Chebyshev の不等式から導かれる．まず

$$\mathrm{Var}(A_n - a_n) = \mathrm{Var}(A_n) - 2\mathrm{Cov}(A_n, a_n) + \mathrm{Var}(a_n)$$

となるから，$\sigma^2 = \lim_{n\to\infty} \mathrm{Cov}(A_n, a_n) = \lim_{n\to\infty} \mathrm{Var}(a_n)$ を示せばよい．$\mathrm{Var}(a_n)$ から評価する．$\mathcal{S}^{m(n)} = \bigcup_i \mathcal{S}^i_{m(n)}$，$\overline{\mathcal{S}^{m(n)}} = \mathcal{S}_n \setminus \mathcal{S}^{m(n)}$ とおく．$|\mathcal{S}^{m(n)}| = \kappa_n m(n)^d$ に注意すれば，

$$\begin{aligned}
a_n &= \frac{1}{|\mathcal{S}^{m(n)}|^{1/2}} \sum_{\boldsymbol{s} \in \mathcal{S}^{m(n)}} [Y(\boldsymbol{s})Y(\boldsymbol{s}+\boldsymbol{h}) - \pi] \\
&= \frac{1}{|\mathcal{S}^{m(n)}|^{1/2}} \left(\sum_{\boldsymbol{s} \in \mathcal{S}_n} - \sum_{\boldsymbol{s} \in \overline{\mathcal{S}^{m(n)}}} \right) [Y(\boldsymbol{s})Y(\boldsymbol{s}+\boldsymbol{h}) - \pi]
\end{aligned}$$

であるから，

$$\begin{aligned}
&\mathrm{Var}(a_n) \\
&= \frac{1}{|\mathcal{S}^{m(n)}|} \left(\sum_{\boldsymbol{s}_1, \boldsymbol{s}_2 \in \mathcal{S}_n} - \sum_{\boldsymbol{s}_1 \in \mathcal{S}_n, \boldsymbol{s}_2 \in \overline{\mathcal{S}^{m(n)}}} - \sum_{\boldsymbol{s}_1 \in \overline{\mathcal{S}^{m(n)}}, \boldsymbol{s}_2 \in \mathcal{S}_n} + \sum_{\boldsymbol{s}_1 \in \overline{\mathcal{S}^{m(n)}}, \boldsymbol{s}_2 \in \overline{\mathcal{S}^{m(n)}}} \right) \\
&\quad \times \mathrm{Cov}(Y(\boldsymbol{s}_1)Y(\boldsymbol{s}_1+\boldsymbol{h}), Y(\boldsymbol{s}_2)Y(\boldsymbol{s}_2+\boldsymbol{h})) \quad\quad\quad\quad (4.4)
\end{aligned}$$

となる．$|\mathcal{S}_n|/|\mathcal{S}^{m(n)}| \to 1\,(n \to \infty)$ が成り立つので，(4.4) 右辺第 1 項の和は

σ^2 に収束する．第 2 項の絶対値は $|\overline{\mathcal{S}^{m(n)}}|/|\mathcal{S}^{m(n)}|\sum_{\boldsymbol{s}\in\boldsymbol{Z}^d}|\mathrm{Cov}\{Y(\boldsymbol{0})Y(\boldsymbol{h}),$ $Y(\boldsymbol{s})Y(\boldsymbol{s}+\boldsymbol{h})\}|$ により上から押さえられる．したがって 0 へ収束する．第 3, 4 項も同様に 0 へ収束し，$\sigma^2=\lim_{n\to\infty}\mathrm{Var}(a_n)$ を得る．

次に $\mathrm{Cov}(A_n,a_n)$ を考える．

$$\mathrm{Cov}(A_n,a_n) = \frac{|\mathcal{S}_n|^{1/2}}{|\mathcal{S}_n(\boldsymbol{h})||\mathcal{S}^{m(n)}|^{1/2}}$$
$$\times \sum_{\boldsymbol{s}_1\in\mathcal{S}_n(\boldsymbol{h}),\ \boldsymbol{s}_2\in\mathcal{S}^{m(n)}} \mathrm{Cov}(Y(\boldsymbol{s}_1)Y(\boldsymbol{s}_1+\boldsymbol{h}),Y(\boldsymbol{s}_2)Y(\boldsymbol{s}_2+\boldsymbol{h}))$$
$$= \frac{|\mathcal{S}_n|^{1/2}}{|\mathcal{S}_n(\boldsymbol{h})||\mathcal{S}^{m(n)}|^{1/2}}\left(\sum_{\boldsymbol{s}_1\in\mathcal{S}_n(\boldsymbol{h}),\ \boldsymbol{s}_2\in\mathcal{S}_n}-\sum_{\boldsymbol{s}_1\in\mathcal{S}_n(\boldsymbol{h}),\ \boldsymbol{s}_2\in\overline{\mathcal{S}^{m(n)}}}\right)$$
$$\times\mathrm{Cov}(Y(\boldsymbol{s}_1)Y(\boldsymbol{s}_1+\boldsymbol{h}),Y(\boldsymbol{s}_2)Y(\boldsymbol{s}_2+\boldsymbol{h}))$$

となるから，$\mathrm{Var}(a_n)$ と同様に σ^2 に収束することが示せる．

Step 2 の証明　$U_j(t)=\exp(ita_n^j/\sqrt{k_n})\,(j=1,\ldots,k_n)$, $X_l(t)=\prod_{j=1}^l U_j(t)$, $W_l(t)=U_{l+1}(t)\,(l=1,\ldots,k_n-1)$ とおく．このとき条件 4.3 において $b=lm(n)^d$, $r=n^\eta$ とおけば，系 4.2 より

$$|\mathrm{Cov}(X_l(t),\overline{W_l(t)})| \leq 16lm(n)^d n^{-\epsilon\eta} = 16l(n^\alpha-n^\eta)^d n^{-\epsilon\eta}$$
$$\leq 16ln^{d\alpha-\epsilon\eta}$$

が成り立つ．したがって

$$|\phi_n(t)-\phi_n'(t)|$$
$$=\left|E\left(\prod_{j=1}^{\kappa_n}U_j(t)\right)-\prod_{j=1}^{\kappa_n}E(U_j(t))\right|$$
$$=\left|\sum_{l=1}^{k_n-1}\left[E\left\{\prod_{j=1}^{l+1}U_j(t)\right\}\prod_{j=l+2}^{k_n}E\{U_j(t)\}-E\left\{\prod_{j=1}^{l}U_j(t)\right\}\prod_{j=l+1}^{k_n}E\{U_j(t)\}\right]\right|$$
$$\leq \sum_{l=1}^{k_n-1}\left|E\left\{\prod_{j=1}^{l+1}U_j(t)\right\}-E\left\{\prod_{j=1}^{l}U_j(t)\right\}E\{U_{l+1}(t)\}\right|$$

$$= \sum_{l=1}^{k_n-1} |\mathrm{Cov}(X_l(t), \overline{W_l(t)})| \leq \sum_{l=1}^{k_n-1} 16 l n^{d\alpha - \epsilon \eta}$$

$$= O(n^{2d - d\alpha - \epsilon \eta})$$

となる．$2d/(d+\epsilon) < \eta < \alpha < 1$ であるから，$2d - d\alpha - \epsilon\eta < 2d - d\eta - \epsilon\eta < 0$ となり結論を得る．

Step 3 の証明 $(a_n^i)'$ は a_n^i と同じ周辺分布をもつので，条件 4.4 よりある定数 C_δ が存在して，$E(|(a_n^i)'|^{2+\delta}) < C_\delta$ が成り立つ．$\{(a_n^i)'\}$ は独立同一分布にしたがう確率変数であり，このとき $\sigma_n^2 = \mathrm{Var}\{(a_n^i)'\}$ とおけば，Step 1 の証明と同様に $\sigma_n^2 \to \sigma^2$ が成り立つ．したがって

$$\lim_{n \to \infty} \frac{\sum_{i=1}^{k_n} E(|(a_n^i)'|^{2+\delta})}{[\mathrm{Var}\{\sum_{i=1}^{k_n} (a_n^i)'\}]^{(2+\delta)/2}} \leq C_\delta \lim_{n \to \infty} \frac{k_n}{(k_n \sigma_n^2)^{(2+\delta)/2}} = 0$$

となり，定理 9.18 から結論を得る． ∎

次に期待値 $\mu = E(Y(\boldsymbol{s}))$ が未知の場合について考える．μ の推定量としては通常の標本平均

$$\hat{\mu}_n = \frac{1}{|\mathcal{S}_n|} \sum_{\boldsymbol{s} \in \mathcal{S}_n} Y(\boldsymbol{s})$$

を用い，自己共分散関数の推定量を

$$\hat{C}_n^*(\boldsymbol{h}) = \frac{1}{|\mathcal{S}_n(\boldsymbol{h})|} \sum_{\boldsymbol{s} \in \mathcal{S}_n(\boldsymbol{h})} (Y(\boldsymbol{s}) - \hat{\mu}_n)(Y(\boldsymbol{s}+\boldsymbol{h}) - \hat{\mu}_n)$$

によって定義する．また $\hat{\boldsymbol{G}}_n^*$ は $\hat{\boldsymbol{G}}_n$ の各成分 $\hat{C}_n(\boldsymbol{h}_i)$ $(i = 1, \ldots, m)$ を $\hat{C}_n^*(\boldsymbol{h}_i)$ $(i = 1, \ldots, m)$ に置き換えて定義する．このとき以下の定理を得る．

［定理 4.6］ いま

$$\sum_{\boldsymbol{h} \in \boldsymbol{Z}^d} |C(\boldsymbol{h})| < \infty \tag{4.5}$$

を仮定する．このとき定理 4.5 と同じ条件のもとで，$n \to \infty$ のとき $\sqrt{|\mathcal{S}_n|}$

$(\hat{\boldsymbol{G}}_n^* - \boldsymbol{G})$ の極限分布も $N_m(\boldsymbol{0}, \Sigma)$ になる.

証明 $\mu = 0$ とおいて,一般性を失わない.任意の $\boldsymbol{h}$ に対して,$\sqrt{|\mathcal{S}_n|}(\hat{C}_n(\boldsymbol{h}) - \hat{C}_n^*(\boldsymbol{h})) = o_p(1)$ を示せば,定理 9.16 (1) より結論を得る.

$$\sqrt{|\mathcal{S}_n|}(\hat{C}_n(\boldsymbol{h}) - \hat{C}_n^*(\boldsymbol{h}))$$
$$= \frac{\sqrt{|\mathcal{S}_n|}}{|\mathcal{S}_n(\boldsymbol{h})|} \hat{\mu}_n \sum_{\boldsymbol{s} \in \mathcal{S}_n(\boldsymbol{h})} (Y(\boldsymbol{s}) + Y(\boldsymbol{s} + \boldsymbol{h})) - \sqrt{|\mathcal{S}_n|} \hat{\mu}^2 \qquad (4.6)$$

となるが,(4.5) より $\text{Var}(\hat{\mu}_n) = O(1/|\mathcal{S}_n|)$, $\text{Var}(\sum_{\boldsymbol{s} \in \mathcal{S}_n(\boldsymbol{h})} (Y(\boldsymbol{s}) + Y(\boldsymbol{s} + \boldsymbol{h}))) = O(|\mathcal{S}_n|)$ となるので,Chebyshev の不等式より $\hat{\mu}_n = O_p(1/\sqrt{\mathcal{S}_n})$, $\sum_{\boldsymbol{s} \in \mathcal{S}_n(\boldsymbol{h})} (Y(\boldsymbol{s}) + Y(\boldsymbol{s} + \boldsymbol{h})) = O_p(\sqrt{\mathcal{S}_n})$ である.したがって (4.6) の右辺の 2 項はともに $O_p(1/\sqrt{\mathcal{S}_n}) = o_p(1)$ となり結論を得る. ∎

[注意 4.7] (1) 定理 4.5 では観測時点・地点が格子状に整然と並んでいる場合を考えた.4.1 節の最後で述べたような場合,すなわち $d = 3$, $p = 2$, $q = 1$ とし,観測時点は $\mathcal{I}_n = [0, n_3]$ 上で等間隔に並んでいる場合は,観測地点の位置と個数は固定されているので多変量定常過程の自己共分散関数の推定に帰着する (Brockwell=Davis [17], Li 他 [96]).

(2) $d = 1$ の場合,(4.5) をみたす定常過程を**短期記憶過程** (short-memory process),逆に発散する定常過程を**長期記憶過程** (long-memory process) という.長期記憶過程の場合には,標本平均の分散は $1/|\mathcal{S}_n|$ のオーダーより大きくなり,一般に定理 4.6 は成立しない (Beran [10], Doukhan [38], 刈屋他 [80]).$d \geq 2$ の場合も同様である.

4.3.2 不等間隔・増加領域漸近論

本節では,増加領域ではあるが観測地点がランダムで斉次 Poisson 過程にしたがい不等間隔に配置されている場合を考える.Poisson 過程については,第 6 章で詳述するが,本節で必要となる事項について簡単に説明しておく.

[定義 4.8] $\tilde{\mu}$ を可測空間 $(\boldsymbol{R}^d, \mathcal{B}(\boldsymbol{R}^d))$ 上の拡散的ラドン測度(定義 9.8)とする.任意のボレル集合 $B(\in \mathcal{B}(\boldsymbol{R}^d))$ に対して確率変数 $N(B)$ が定義され,

確率過程 $\{N(B) : B \in \mathcal{B}(\boldsymbol{R}^d)\}$ が以下の2つの条件をみたすとき，**Poisson 過程** (Poisson process) という．なお $B, B_1, \ldots, B_k$ は有界なボレル集合とする．

(1) $N(B)$ はある事象が領域 B に属する地点で生起した個数とみなし，確率1で非負整数を値にとる．すなわち $P(N(B) \in \{0, 1, \ldots\}) = 1$ が成り立つ．また $B_1, B_2, \ldots, B_k$ を互いに排反なボレル集合としたとき，$N(B_1)$, $N(B_2), \ldots, N(B_k)$ は互いに独立な確率変数である．

(2) $N(B)$ はパラメータ $\tilde{\mu}(B)$ の Poisson 分布にしたがう．すなわち
$$P(N(B) = k) = \frac{(\tilde{\mu}(B))^k \exp^{-\tilde{\mu}(B)}}{k!}$$
をみたす．

なお $\tilde{\mu}$ が密度関数 $\mu(\boldsymbol{x})$ をもち，$\tilde{\mu}(B) = \int_B \mu(\boldsymbol{x}) d\boldsymbol{x}$ をみたす場合，$\mu(\boldsymbol{x})$ を**強度関数** (intensity function) という．特にある定数 ν が存在し，$\mu(\boldsymbol{x}) \equiv \nu$，すなわち $\tilde{\mu}(B) = \nu \mathrm{Vol}(B)$ が成り立つとき，$\{N(B)\}$ を**斉次 Poisson 過程** (homogeneous Poisson process) という．

以下では $p = 0$, $q = d$, 観測可能領域は $D_n = \mathcal{I}_n$ とする．ただし $\mathcal{I}_n - \mathcal{I}_n = \{\boldsymbol{t} \mid \boldsymbol{t} = \boldsymbol{s} - \boldsymbol{s}', \boldsymbol{s}, \boldsymbol{s}' \in \mathcal{I}_n\}$ とおいたとき $\mathcal{I}_n - \mathcal{I}_n \to \boldsymbol{R}^d \, (n \to \infty)$ を仮定する．$\{N(B)\}$ は斉次 Poisson 過程にしたがうとし，時空間のある領域 B の中で選び出された地点の総数とみなす．また $N(\mathcal{I}_n) = k$ のとき，選び出された地点を $\boldsymbol{s}_i \, (\in \mathcal{I}_n) \, (i = 1, \ldots, k)$ とし，その全体を観測地点の集合 $\mathcal{S}_n = \{\boldsymbol{s}_i \mid i = 1, \ldots, k\}$ とする．したがって観測値は $Y(\boldsymbol{s}_i) \, (i = 1, \ldots, k)$ となる．ただし $\{Y(\boldsymbol{s})\}$ と $\{N(B)\}$ は互いに独立とする．ここで観測地点の総数は n ではなく k であり，さらに k および $\boldsymbol{s}_i \, (i = 1, \ldots, k)$ は $N(\mathcal{I}_n)$ の実現値ごとに変化する確率変数，確率ベクトルであることに注意しよう．

具体的な推定量を定義する前に，サンプリング方法に Poisson 過程を仮定することを正当化する理由を 2, 3 述べておく (Karr [81])．まず Poisson 過程の確率法則は $\tilde{\mu}$ によって完全に規定できることにある．また $N(\mathcal{I}_n) = k$ のとき，k 個の地点の位置は互いに独立で，任意の $B \, (\subset \mathcal{I}_n)$ に入る確率は $\tilde{\mu}(B)/\tilde{\mu}(\mathcal{I}_n)$ となる．特に斉次 Poisson 過程の場合には，密度関数を

1/Vol($\mathcal{I}_n$) とする $\mathcal{I}_n$ 上の一様分布にしたがう．したがって実際上も乱数を用いて，簡単に観測地点を選び出すことができる．さらに等間隔サンプリングではその倍数を遅れとする自己共分散関数しか推定できないが，後に示すように Poisson サンプリングでは任意の遅れに対する自己共分散関数を推定できる．

ここで具体的な推定量の定義に移ろう．まず準備として，$N(\mathcal{I}_n)$ を計数測度（定義 9.9）とみなし，この測度に基づく Lebesgue 積分およびその性質について説明する．いま $N(\mathcal{I}_n) = k$ とし，選び出された地点を $\boldsymbol{s}_i\,(i=1,\ldots,k)$ とする．したがって観測値は $Y(\boldsymbol{s}_i)\,(i=1,\ldots,k)$ である．このとき同じ N を用いて，$\mathcal{I}_n$ の可測部分集合 $B \subset \mathcal{I}_n$ 上に計数測度

$$N(B) = \sum_{i=1}^{k} \epsilon_{\boldsymbol{s}_i}(B)$$

を定義する．ここで

$$\epsilon_{\boldsymbol{s}_i}(B) = \begin{cases} 1, & \boldsymbol{s}_i \in B, \\ 0, & \boldsymbol{s}_i \notin B, \end{cases}$$

とする．このとき $(\boldsymbol{R}^d, \mathcal{B}(\boldsymbol{R}^d))$ 上の任意の可測関数 $f(\boldsymbol{s})$ に対して Lebesgue 積分（実際には $N(\mathcal{I}_n)$ が計数測度なので和になる），

$$\int_{\mathcal{I}_n} f(\boldsymbol{s}) N(d\boldsymbol{s}) = \sum_{i=1}^{k} f(\boldsymbol{s}_i) \tag{4.7}$$

も定義できる．次に $B_i\,(i=1,2)$ を $\mathcal{I}_n$ の任意の可測部分集合とし，$\mathcal{I}_n \times \mathcal{I}_n$ の部分集合 $B_1 \times B_2 = \{(\boldsymbol{s},\boldsymbol{s}') \mid \boldsymbol{s} \in B_1, \boldsymbol{s}' \in B_2\}$ に対して $N^{(2)}(B_1 \times B_2)$ を

$$N^{(2)}(B_1 \times B_2) = \sum_{i=1}^{k}\sum_{j=1}^{k} \epsilon_{(\boldsymbol{s}_i,\boldsymbol{s}_j)}(B_1 \times B_2) - \sum_{i=1}^{k} \epsilon_{(\boldsymbol{s}_i,\boldsymbol{s}_i)}(B_1 \times B_2)$$

によって定義する．ここで

$$\epsilon_{(\boldsymbol{s}_i,\boldsymbol{s}_j)}(B_1 \times B_2) = \begin{cases} 1, & (\boldsymbol{s}_i,\boldsymbol{s}_j) \in B_1 \times B_2, \\ 0, & (\boldsymbol{s}_i,\boldsymbol{s}_j) \notin B_1 \times B_2, \end{cases}$$

とする．$N^{(2)}$ は通常の測度論の議論によって，$\mathcal{I}_n \times \mathcal{I}_n$ における $B_1 \times B_2$ が生成する σ-代数上の測度になる．したがって (4.7) と同様に，$(\boldsymbol{R}^{2d}, \mathcal{B}(\boldsymbol{R}^{2d}))$ 上の任意の可測関数 $f(\boldsymbol{s}, \boldsymbol{s}')$ ($\boldsymbol{s}, \boldsymbol{s}' \in \boldsymbol{R}^d$) に対して Lebesgue 積分

$$\int_{\mathcal{I}_n} \int_{\mathcal{I}_n} f(\boldsymbol{s}, \boldsymbol{s}') dN^{(2)}(d\boldsymbol{s}, d\boldsymbol{s}') = \sum_{i,j=1, i \neq j}^{k} f(\boldsymbol{s}_i, \boldsymbol{s}_j) \tag{4.8}$$

が定義できる．(4.7) および (4.8) の積分は確率変数であり，その期待値と2次モーメントは以下の式で与えられる．

[**定理 4.9**]　$\{N(B)\}$ は斉次 Poisson 過程とする．
(1) $(\boldsymbol{R}^d, \mathcal{B}(\boldsymbol{R}^d))$ 上の任意の可測関数 $f(\boldsymbol{s})$ に対して，

$$E\left\{\int_{\mathcal{I}_n} f(\boldsymbol{s}) N(d\boldsymbol{s})\right\} = \nu \int_{\mathcal{I}_n} f(\boldsymbol{s}) d\boldsymbol{s}$$

が成り立つ．
(2) $(\boldsymbol{R}^{2d}, \mathcal{B}(\boldsymbol{R}^{2d}))$ 上の任意の可測関数 $f(\boldsymbol{s}, \boldsymbol{s}')$ に対して

$$E\left\{\int_{\mathcal{I}_n} \int_{\mathcal{I}_n} f(\boldsymbol{s}, \boldsymbol{s}') N^{(2)}(d\boldsymbol{s}, d\boldsymbol{s}')\right\} = \nu^2 \int_{\mathcal{I}_n} \int_{\mathcal{I}_n} f(\boldsymbol{s}, \boldsymbol{s}') d\boldsymbol{s} d\boldsymbol{s}'$$

が成り立つ．
(3) $(\boldsymbol{R}^{2d}, \mathcal{B}(\boldsymbol{R}^{2d}))$ 上の任意の可測関数 $f(\boldsymbol{s}, \boldsymbol{s}')$, $g(\boldsymbol{s}, \boldsymbol{s}')$ に対して

$$E\left\{\int_{\mathcal{I}_n} f(\boldsymbol{s},\boldsymbol{s}')N^{(2)}(d\boldsymbol{s},d\boldsymbol{s}')\int_{\mathcal{I}_n} g(\boldsymbol{t},\boldsymbol{t}')N^{(2)}(d\boldsymbol{t},d\boldsymbol{t}')\right\}$$
$$=\nu^4\int_{\mathcal{I}_n}\int_{\mathcal{I}_n}\int_{\mathcal{I}_n}\int_{\mathcal{I}_n} f(\boldsymbol{s},\boldsymbol{s}')g(\boldsymbol{t},\boldsymbol{t}')d\boldsymbol{s}d\boldsymbol{s}'d\boldsymbol{t}d\boldsymbol{t}'$$
$$+\nu^3\int_{\mathcal{I}_n}\int_{\mathcal{I}_n}\int_{\mathcal{I}_n} f(\boldsymbol{s},\boldsymbol{s}')g(\boldsymbol{s},\boldsymbol{t}')d\boldsymbol{s}d\boldsymbol{s}'d\boldsymbol{t}'$$
$$+\nu^3\int_{\mathcal{I}_n}\int_{\mathcal{I}_n}\int_{\mathcal{I}_n} f(\boldsymbol{s},\boldsymbol{s}')g(\boldsymbol{t},\boldsymbol{s})d\boldsymbol{s}d\boldsymbol{s}'d\boldsymbol{t}$$
$$+\nu^3\int_{\mathcal{I}_n}\int_{\mathcal{I}_n}\int_{\mathcal{I}_n} f(\boldsymbol{s},\boldsymbol{s}')g(\boldsymbol{s}',\boldsymbol{t}')d\boldsymbol{s}d\boldsymbol{s}'d\boldsymbol{t}'$$
$$+\nu^3\int_{\mathcal{I}_n}\int_{\mathcal{I}_n}\int_{\mathcal{I}_n} f(\boldsymbol{s},\boldsymbol{s}')g(\boldsymbol{t},\boldsymbol{s}')d\boldsymbol{s}d\boldsymbol{s}'d\boldsymbol{t}$$
$$+\nu^2\int_{\mathcal{I}_n}\int_{\mathcal{I}_n} f(\boldsymbol{s},\boldsymbol{s}')g(\boldsymbol{s},\boldsymbol{s}')d\boldsymbol{s}d\boldsymbol{s}' + \nu^2\int_{\mathcal{I}_n}\int_{\mathcal{I}_n} f(\boldsymbol{s},\boldsymbol{s}')g(\boldsymbol{s}',\boldsymbol{s})d\boldsymbol{s}d\boldsymbol{s}'$$

が成り立つ.

証明 概略を示す. 詳細については Cressie [27], 間瀬 [104] を参照されたい.

(1) の証明 まず B を可測集合とし, $f(\boldsymbol{s})$ は B の指示関数 $f(\boldsymbol{s}) = \chi_B(\boldsymbol{s})$ とおく. このとき

$$E\left\{\int_{\mathcal{I}_n} f(\boldsymbol{s})N(d\boldsymbol{s})\right\} = E(N(B)) = \nu\mathrm{Vol}(B) = \nu\int_{\mathcal{I}_n} f(\boldsymbol{s})d\boldsymbol{s}$$

が成り立つ. 2番目の等式は任意の集合 B に対して, Poisson 分布の期待値が $E(N(B)) = \nu\mathrm{Vol}(B)$ をみたすことによる. 一般の可測関数 $f(\boldsymbol{s})$ の場合は, この関数を指示関数の線形和で近似することにより示せる.

(2) の証明 まず $E(N^{(2)}(B_1 \times B_2)) = E(N(B_1)N(B_2) - N(B_1 \cap B_2))$ が成り立つ. $C = B_1 \cap B_2$ とおけば, $B_i \setminus C\, (i=1,2), C$ は互いに排反な集合になるので, 斉次 Poisson 過程の定義から

$$E(N(B_1)N(B_2) - N(B_1 \cap B_2))$$
$$= E(N(B_1 \setminus C)N(B_2 \setminus C)) + E(N(B_1 \setminus C)N(C)) + E(N(B_2 \setminus C)N(C))$$
$$+ E(N(C)^2) - E(N(C))$$

$$= \nu^2\{\mathrm{Vol}(B_1 \setminus C)\mathrm{Vol}(B_2 \setminus C) + \mathrm{Vol}(B_1 \setminus C)\mathrm{Vol}(C) + \mathrm{Vol}(B_2 \setminus C)\mathrm{Vol}(C)\}$$
$$+ \nu^2 \mathrm{Vol}(C)^2 + \nu \mathrm{Vol}(C) - \nu \mathrm{Vol}(C)$$
$$= \nu^2 \mathrm{Vol}(B_1)\mathrm{Vol}(B_2)$$

となる．2番目の等式は任意の集合 A に対して，Poisson 分布の2次モーメントが $E(N(A)^2) = \nu \mathrm{Vol}(A) + \nu^2 \mathrm{Vol}(A)^2$ をみたすことによる．

したがって $f(\bm{s}, \bm{s}') = \chi_{B_1 \times B_2}(\bm{s}, \bm{s}')$ とおけば，(1) と同様に

$$E\left\{\int_{\mathcal{I}_n}\int_{\mathcal{I}_n} f(\bm{s}, \bm{s}')N^{(2)}(d\bm{s}, d\bm{s}')\right\} = E(N^{(2)}(B_1 \times B_2))$$
$$= \nu^2 \mathrm{Vol}(B_1)\mathrm{Vol}(B_2)$$
$$= \nu^2 \int_{\mathcal{I}_n}\int_{\mathcal{I}_n} 1_{B_1 \times B_2}(\bm{s}, \bm{s}')d\bm{s}d\bm{s}'$$
$$= \nu^2 \int_{\mathcal{I}_n}\int_{\mathcal{I}_n} f(\bm{s}, \bm{s}')d\bm{s}d\bm{s}'$$

が成り立つ．一般の可測関数 $f(\bm{s}, \bm{s}')$ に対しても，(1) と同様に証明できる．

なおこの結果は，$N^{(2)}$ を以下のように解釈することからも導ける（詳しくは第6章を参照されたい）．$d\bm{s}$ を $\bm{s}$ を中心とする $\bm{R}^d$ 上の無限小球とする．このとき $N(d\bm{s})$ が2以上の値をとる確率は微少になるので，$N(d\bm{s})^2 - N(d\bm{s}) = 0$ と仮定する．したがって $N^{(2)}(d\bm{s}, d\bm{s}') = N(d\bm{s})N(d\bm{s}')1(\bm{s} \neq \bm{s}')$ となる．ここで $1(\bm{s} \neq \bm{s}')$ は

$$1(\bm{s} \neq \bm{s}') = \begin{cases} 1, & \bm{s} \neq \bm{s}', \\ 0, & \bm{s} = \bm{s}', \end{cases}$$

によって定義される．したがって $E(N^{(2)}(d\bm{s}, d\bm{s}')) = 1(\bm{s} \neq \bm{s}')\nu^2 d\bm{s}d\bm{s}'$ となり，

$$E\left\{\int_{\mathcal{I}_n}\int_{\mathcal{I}_n} f(\bm{s}, \bm{s}')N^{(2)}(d\bm{s}, d\bm{s}')\right\} = \int_{\mathcal{I}_n}\int_{\mathcal{I}_n} f(\bm{s}, \bm{s}')E\{N^{(2)}(d\bm{s}, d\bm{s}')\}$$
$$= \nu^2 \int_{\mathcal{I}_n}\int_{\mathcal{I}_n} f(\bm{s}, \bm{s}')d\bm{s}d\bm{s}'$$

が成り立つ．

(3) の証明　(1), (2) と同じく, B_i ($i = 1, \ldots, 4$) を可測集合とし, $E(N^{(2)}(B_1 \times B_2)N^{(2)}(B_3 \times B_4))$ をもとめることにより証明できるが, (2) で導入した無限小球におけるモーメントを用いた方が簡単に示せる.

いま

$$E\{dN^{(2)}(d\boldsymbol{s}, d\boldsymbol{s}')dN^{(2)}(d\boldsymbol{t}, d\boldsymbol{t}')\}$$
$$= \nu^4 d\boldsymbol{s}d\boldsymbol{s}'d\boldsymbol{t}d\boldsymbol{t}'$$
$$+ \nu^3 d\boldsymbol{s}d\boldsymbol{s}'\epsilon_{\boldsymbol{s}}(d\boldsymbol{t})d\boldsymbol{t}' + \nu^3 d\boldsymbol{s}d\boldsymbol{s}'d\boldsymbol{t}\epsilon_{\boldsymbol{s}}(d\boldsymbol{t}')$$
$$+ \nu^3 d\boldsymbol{s}d\boldsymbol{s}'\epsilon_{\boldsymbol{s}'}(d\boldsymbol{t})d\boldsymbol{t}' + \nu^3 d\boldsymbol{s}d\boldsymbol{s}'d\boldsymbol{t}\epsilon_{\boldsymbol{s}'}(d\boldsymbol{t}')$$
$$+ \nu^2 d\boldsymbol{s}d\boldsymbol{s}'\epsilon_{\boldsymbol{s}}(d\boldsymbol{t})\epsilon_{\boldsymbol{s}'}(d\boldsymbol{t}') + \nu^2 d\boldsymbol{s}d\boldsymbol{s}'\epsilon_{\boldsymbol{s}'}(d\boldsymbol{t})\epsilon_{\boldsymbol{s}}(d\boldsymbol{t}') \qquad (4.9)$$

が成り立つ. ここで

$$\epsilon_{\boldsymbol{s}}(d\boldsymbol{t}) = \begin{cases} 1, & \boldsymbol{s} = \boldsymbol{t}, \\ 0, & \boldsymbol{s} \neq \boldsymbol{t}, \end{cases}$$

とする.

(4.9) は以下の方法で導かれる. まず $\boldsymbol{s}, \boldsymbol{s}', \boldsymbol{t}, \boldsymbol{t}'$ がすべて互いに異なるときは

$$E\{N^{(2)}(d\boldsymbol{s}, d\boldsymbol{s}')N^{(2)}(d\boldsymbol{t}, d\boldsymbol{t}')\}$$
$$= E\{N(d\boldsymbol{s})\}E\{N(d\boldsymbol{s}')\}E\{N(d\boldsymbol{t})\}E\{N(d\boldsymbol{t})'\}$$
$$= \nu^4 d\boldsymbol{s}d\boldsymbol{s}'d\boldsymbol{t}d\boldsymbol{t}'$$

となる. また $\boldsymbol{s} = \boldsymbol{t}$, $\boldsymbol{s}' \neq \boldsymbol{t}'$, $\boldsymbol{s} \neq \boldsymbol{s}'$, $\boldsymbol{t} \neq \boldsymbol{t}'$ のときは

$$E\{N^{(2)}(d\boldsymbol{s}, d\boldsymbol{s}')N^{(2)}(d\boldsymbol{t}, d\boldsymbol{t}')\}$$
$$= E\{N(d\boldsymbol{s})^2\}E\{N(d\boldsymbol{s}')\}E\{N(d\boldsymbol{t}')\}$$
$$= (\nu^2(d\boldsymbol{s})^2 + \nu d\boldsymbol{s})(\nu d\boldsymbol{s}')(\nu d\boldsymbol{t}')$$
$$= \nu^4 d\boldsymbol{s}d\boldsymbol{s}'d\boldsymbol{t}d\boldsymbol{t}' + \nu^3 d\boldsymbol{s}d\boldsymbol{s}'\epsilon_{\boldsymbol{s}}(d\boldsymbol{t})d\boldsymbol{t}'$$

となる. 他の場合も同様である.

最後に (4.9) を

$$E\left\{\int_{\mathcal{I}_n} f(\boldsymbol{s},\boldsymbol{s}')N^{(2)}(d\boldsymbol{s},d\boldsymbol{s}')\int_{\mathcal{I}_n} g(\boldsymbol{t},\boldsymbol{t}')N^{(2)}(d\boldsymbol{t},d\boldsymbol{t}')\right\}$$
$$=\int_{\mathcal{I}_n}\int_{\mathcal{I}_n} f(\boldsymbol{s},\boldsymbol{s}')g(\boldsymbol{t},\boldsymbol{t}')E\{N^{(2)}(d\boldsymbol{s},d\boldsymbol{s}')N^{(2)}(d\boldsymbol{t},d\boldsymbol{t}')\}$$

に代入すれば結論を得る. ∎

以上の準備に基づいて,自己共分散関数の推定量を構築する.最初は $Y(\boldsymbol{s})$ の期待値は既知で 0 とする.未知の場合については後述する.ここではノンパラメトリックな推測理論と同様に,カーネル関数を用いて推定量を定義する.カーネル関数 $w(\boldsymbol{s})$ は,非負,対称,すなわち任意の $\boldsymbol{s}$ に対して,$w(\boldsymbol{s}) \geq 0$, $w(\boldsymbol{s}) = w(-\boldsymbol{s})$ をみたし,かつ $\int_{\boldsymbol{R}^d} w(\boldsymbol{s})d\boldsymbol{s} = 1$ とする.このとき推定量は

$$\hat{C}_n(\boldsymbol{h}) = \frac{1}{\nu^2 \mathrm{Vol}(\mathcal{I}_n)} \int_{\mathcal{I}_n}\int_{\mathcal{I}_n} w_n(\boldsymbol{h}-\boldsymbol{s}+\boldsymbol{s}')Y(\boldsymbol{s})Y(\boldsymbol{s}')N^{(2)}(d\boldsymbol{s},d\boldsymbol{s}')$$
$$= \frac{1}{\nu^2 \mathrm{Vol}(\mathcal{I}_n)} \sum_{i,j=1, i\neq 1}^{k} w_n(\boldsymbol{h}-\boldsymbol{s}_i+\boldsymbol{s}_j)Y(\boldsymbol{s}_i)Y(\boldsymbol{s}_j)$$

によって定義される.ここで $w_n(\boldsymbol{s}) = w(\boldsymbol{s}/\lambda_n)/\lambda_n^d$ とする.$\{\lambda_n\}$ はバンド幅 (band width) とよばれる正数の数列で

$$\lambda_n \to 0, \quad \lambda_n^d \mathrm{Vol}(\mathcal{I}_n) \to \infty \ (n \to \infty) \tag{4.10}$$

をみたす.(4.10) の最初の条件のもとで,推定量において $\boldsymbol{s}_i - \boldsymbol{s}_j$ が $\boldsymbol{h}$ に近い対 $Y(\boldsymbol{s}_i), Y(\boldsymbol{s}_j)$ のウエイトが高くなり,バイアスが 0 に収束することを保証する.逆に 2 番目の条件はバンド幅が急速に 0 へ収束することを防ぐことにより,$\mathcal{I}_N$ 内にあるなるべく多くの対 $Y(\boldsymbol{s}_i), Y(\boldsymbol{s}_j)$ を推定量に取り込み,分散が 0 へ収束することを保証している.

ここで確率場および自己共分散関数に以下の条件を課す.

[条件 4.10]

$$\int_{\boldsymbol{R}^d} |C(\boldsymbol{h})|d\boldsymbol{h} < \infty.$$

さらにもう1つの条件を課すが，そのために確率変数ベクトルに対するキュムラントという概念を導入する．（より詳しくは Brillinger [16], Rosenblatt [137] などを参照されたい．）k 個の確率変数を $Y_i\,(i=1,\ldots,k)$ とおき，各々が有限な k 次モーメント $E|Y_i|^k < \infty$ をもつとする．このとき $Y_i\,(i=1,\ldots,k)$ の k 次**キュムラント**は

$$\mathrm{cum}(Y_1,\ldots,Y_k) = \sum (-1)^{p-1}(p-1)! E\left(\prod_{j\in\boldsymbol{\nu}_1} Y_j\right)\cdots E\left(\prod_{j\in\boldsymbol{\nu}_p} Y_j\right) \quad (4.11)$$

によって定義される．ここで $(\boldsymbol{\nu}_1,\ldots,\boldsymbol{\nu}_p)\,(p=1,\ldots,k)$ は $(1,2,\ldots,k)$ の p 個の分割で，和はそのすべてにわたってとる．

強定常確率場 $\{Y(\boldsymbol{s}):\boldsymbol{s}\in\boldsymbol{K}^d\}$ が有限な k 次モーメントをもつ場合，任意の k 個の確率変数の k 次キュムラントは共分散と同じくベクトル差のみに依存するので

$$Q(\boldsymbol{h}_1,\boldsymbol{h}_2,\ldots,\boldsymbol{h}_{k-1}) = \mathrm{cum}(Y(\boldsymbol{0}),Y(\boldsymbol{h}_1),\ldots,Y(\boldsymbol{h}_{k-1}))$$

によって定義する．$k=2$ の場合は自己共分散関数に等しい．一方 4 次のキュムラントは，$E(Y(\boldsymbol{s}))=0$ を仮定しているので

$$Q(\boldsymbol{s},\boldsymbol{t},\boldsymbol{u}) = E\{Y(\boldsymbol{0})Y(\boldsymbol{s})Y(\boldsymbol{t})Y(\boldsymbol{u})\}$$
$$-C(\boldsymbol{s})C(\boldsymbol{u}-\boldsymbol{t}) - C(\boldsymbol{t})C(\boldsymbol{u}-\boldsymbol{s}) - C(\boldsymbol{u})C(\boldsymbol{t}-\boldsymbol{s})$$

となる．$Q(\boldsymbol{s},\boldsymbol{t},\boldsymbol{u})$ に対して以下の条件を課す．

[**条件 4.11**] $E|Y(\boldsymbol{s})|^4 < \infty$ が成立し，

$$\sup_{\boldsymbol{s},\boldsymbol{u}} \int_{\boldsymbol{R}^d} |Q(\boldsymbol{s},\boldsymbol{t},\boldsymbol{t}+\boldsymbol{u})|d\boldsymbol{t} < \infty$$

をみたす．

これらの条件のもとで $\hat{C}_n(\boldsymbol{h})$ の期待値と共分散に関して，次の結果を得る．

[**定理 4.12**] 条件 4.10，条件 4.11 および (4.10) のもとで

が成り立つ．ここで $\Sigma = (\sigma_{ij})$ は $m \times m$ 行列で，その (i,j) 成分は

$$\sigma_{ij} = \frac{1}{\nu^2} \int_{\mathbf{R}^d} w^2(\mathbf{s})d\mathbf{s}\{Q(\mathbf{0}, -\mathbf{h}_i, -\mathbf{h}_i) + C(\mathbf{0})^2 + 2C(\mathbf{h}_i)^2\}$$
$$\times \{1(\mathbf{h}_i = \mathbf{h}_j) + 1(\mathbf{h}_i = -\mathbf{h}_j)\}$$

$$\lim_{n\to\infty} E\{\hat{C}_n(\mathbf{h})\} = C(\mathbf{h}),$$
$$\lim_{n\to\infty} \lambda_n^d \text{Vol}(\mathcal{I}_n)\text{Cov}(\hat{G}_n, \hat{G}_n) = \Sigma$$

である．

証明 以下では，C は n や関数に依存しない正定数とする．ただし文脈に依存して同じ記号を用いても異なる場合がある．まず $E\{\hat{C}_n(\mathbf{h})\} = E\{E\{\hat{C}_n(\mathbf{h})|N\}\}$ に注意しよう．$\{Y(\mathbf{s})\}$ と $\{N(B)\}$ は独立なので

$$E\{\hat{C}_n(\mathbf{h})|N\}$$
$$= \frac{1}{\nu^2 \text{Vol}(\mathcal{I}_n)} \int_{\mathcal{I}_n} \int_{\mathcal{I}_n} w_n(\mathbf{h} - \mathbf{s} + \mathbf{s}')E\{Y(\mathbf{s})Y(\mathbf{s}')\}N^{(2)}(d\mathbf{s}, d\mathbf{s}')$$
$$= \frac{1}{\nu^2 \text{Vol}(\mathcal{I}_n)} \int_{\mathcal{I}_n} \int_{\mathcal{I}_n} w_n(\mathbf{h} - \mathbf{s} + \mathbf{s}')C(\mathbf{s} - \mathbf{s}')\}N^{(2)}(d\mathbf{s}, d\mathbf{s}') \quad (4.12)$$

となる．(4.12) に定理 4.9 (2) を適用すると，

$$E\{\hat{C}_n(\mathbf{h})\} = \frac{1}{\text{Vol}(\mathcal{I}_n)} \int_{\mathcal{I}_n} \int_{\mathcal{I}_n} \{w_n(\mathbf{h} - \mathbf{s} + \mathbf{s}')C(\mathbf{s} - \mathbf{s}')\}d\mathbf{s}d\mathbf{s}'$$
$$= \int_{\frac{\mathcal{I}_n}{\lambda_n} - \frac{\mathcal{I}_n}{\lambda_n} + \frac{\mathbf{h}}{\lambda_n}} w(\mathbf{t})C(\mathbf{h} - \lambda_n \mathbf{t})\frac{\text{Vol}(\mathcal{I}_n \cap (\mathcal{I}_n - \mathbf{h} + \lambda_n \mathbf{t}))}{\text{Vol}(\mathcal{I}_n)}d\mathbf{t}$$
$$(4.13)$$

となる．ここで

$$\frac{\mathcal{I}_n}{\lambda_n} - \frac{\mathcal{I}_n}{\lambda_n} = \left\{\mathbf{t} \,\middle|\, \mathbf{t} = \frac{\mathbf{s}}{\lambda_n} - \frac{\mathbf{s}'}{\lambda_n}, \ \mathbf{s}, \mathbf{s}' \in \mathcal{I}_n\right\}$$

とする．

$\mathbf{t}$ を固定し，$n \to \infty$ とすれば，$\text{Vol}(\mathcal{I}_n \cap (\mathcal{I}_n - \mathbf{h} + \lambda_n \mathbf{t}))/\text{Vol}(\mathcal{I}_n) \to 1$，$C(\mathbf{h} - \lambda_n \mathbf{t}) \to C(\mathbf{h})$，$\frac{\mathcal{I}_n}{\lambda_n} - \frac{\mathcal{I}_n}{\lambda_n} + \frac{\mathbf{h}}{\lambda_n} \to \mathbf{R}^d$ が成り立つ．したがって有界収束

定理より

$$\lim_{n\to\infty} E\{\hat{C}_n(\boldsymbol{h})\} = C(\boldsymbol{h}) \int_{\boldsymbol{R}^d} w(\boldsymbol{t}) d\boldsymbol{t} = C(\boldsymbol{h})$$

となる．

同様に定理 4.9 (3) より

$$\begin{aligned}
& E\{\hat{C}_n(\boldsymbol{h}_i)\hat{C}_n(\boldsymbol{h}_j)\} \\
&= \frac{1}{\nu^4 \mathrm{Vol}(\mathcal{I}_n)^2} \int_{\mathcal{I}_n} \int_{\mathcal{I}_n} \int_{\mathcal{I}_n} \int_{\mathcal{I}_n} w_n(\boldsymbol{h}_i - \boldsymbol{s} + \boldsymbol{s}') w_n(\boldsymbol{h}_j - \boldsymbol{t} + \boldsymbol{t}') \\
& \quad \times E\{Y(\boldsymbol{s})Y(\boldsymbol{s}')Y(\boldsymbol{t})Y(\boldsymbol{t}')\} E\{N^{(2)}(d\boldsymbol{s}, d\boldsymbol{s}') N^{(2)}(d\boldsymbol{t}, d\boldsymbol{t}')\} \quad (4.14)
\end{aligned}$$

が成り立つ．(4.14) において，$\{Y(\boldsymbol{s})\}$ の強定常性より

$$\begin{aligned}
E\{Y(\boldsymbol{s})Y(\boldsymbol{s}')Y(\boldsymbol{t})Y(\boldsymbol{t}')\} &= Q(\boldsymbol{s}'-\boldsymbol{s}, \boldsymbol{t}-\boldsymbol{s}, \boldsymbol{t}'-\boldsymbol{s}) + C(\boldsymbol{s}'-\boldsymbol{s})C(\boldsymbol{t}'-\boldsymbol{t}) \\
& \quad + C(\boldsymbol{t}-\boldsymbol{s})C(\boldsymbol{t}'-\boldsymbol{s}') + C(\boldsymbol{t}'-\boldsymbol{s})C(\boldsymbol{s}'-\boldsymbol{t})
\end{aligned} \quad (4.15)$$

となる．したがって $E\{N^{(2)}(d\boldsymbol{s}d\boldsymbol{s}')N^{(2)}(d\boldsymbol{t}d\boldsymbol{t}')\}$ を展開した (4.9) の各項と (4.15) の各項を乗じた総計 $28 (= 7 \times 4)$ 個の項を評価すればよい．そのうち $C(\boldsymbol{s}'-\boldsymbol{s})C(\boldsymbol{t}'-\boldsymbol{t})$ と $\nu^4 d\boldsymbol{s}d\boldsymbol{s}'d\boldsymbol{t}d\boldsymbol{t}'$ の積は，$\hat{C}_n(\boldsymbol{h}_i), \hat{C}_n(\boldsymbol{h}_j)$ の共分散を計算する際に，(4.13) より $E\{\hat{C}_n(\boldsymbol{h}_i)\}E\{\hat{C}_n(\boldsymbol{h}_j)\}$ の項と相殺される．残り 27 項のうち主要項は (4.9) の ν^2 の項 2 つと (4.15) の項の積，計 8 項であり，残りの 19 項は 0 へ収束する．たとえば $Q(\boldsymbol{s}'-\boldsymbol{s}, \boldsymbol{t}-\boldsymbol{s}, \boldsymbol{t}'-\boldsymbol{s})$ と $\nu^4 d\boldsymbol{s}d\boldsymbol{s}'d\boldsymbol{t}d\boldsymbol{t}'$ の積に関する積分は条件 4.11 より

$$\begin{aligned}
& \frac{1}{\nu^4 \mathrm{Vol}(\mathcal{I}_n)^2} \Bigg| \int_{\mathcal{I}_n} \int_{\mathcal{I}_n} \int_{\mathcal{I}_n} \int_{\mathcal{I}_n} w_n(\boldsymbol{h}_i - \boldsymbol{s} + \boldsymbol{s}') w_n(\boldsymbol{h}_j - \boldsymbol{t} + \boldsymbol{t}') \\
& \quad \times Q(\boldsymbol{s}'-\boldsymbol{s}, \boldsymbol{t}-\boldsymbol{s}, \boldsymbol{t}'-\boldsymbol{s}) \nu^4 d\boldsymbol{s}d\boldsymbol{s}'d\boldsymbol{t}d\boldsymbol{t}' \Bigg| \\
& \leq \frac{1}{\mathrm{Vol}(\mathcal{I}_n)} \int_{\mathcal{I}_n - \mathcal{I}_n} \int_{\mathcal{I}_n - \mathcal{I}_n} \int_{\mathcal{I}_n - \mathcal{I}_n} w_n(\boldsymbol{h}_i + \boldsymbol{v}_1) w_n(\boldsymbol{h}_j + \boldsymbol{v}_3) \\
& \quad \times |Q(\boldsymbol{v}_1, \boldsymbol{v}_2, \boldsymbol{v}_2 + \boldsymbol{v}_3)| d\boldsymbol{v}_1 d\boldsymbol{v}_2 d\boldsymbol{v}_3
\end{aligned}$$

$$\leq C\frac{1}{\mathrm{Vol}(\mathcal{I}_n)}\int_{\mathcal{I}_n-\mathcal{I}_n}\int_{\mathcal{I}_n-\mathcal{I}_n}w_n(\boldsymbol{h}_i+\boldsymbol{v}_1)w_n(\boldsymbol{h}_j+\boldsymbol{v}_3)d\boldsymbol{v}_1d\boldsymbol{v}_3$$
$$=O\left(\frac{1}{\mathrm{Vol}(\mathcal{I}_n)}\right)$$

となる．2番目の不等式は条件 4.11 において $\boldsymbol{s}=\boldsymbol{v}_1$, $\boldsymbol{t}=\boldsymbol{v}_2$, $\boldsymbol{u}=\boldsymbol{v}_3$ を代入することにより導かれる．したがって $\lambda_n^d \mathrm{Vol}(\mathcal{I}_n)$ 倍すると 0 へ収束する．

また例として $C(\boldsymbol{s}'-\boldsymbol{s})C(\boldsymbol{t}'-\boldsymbol{t})$ と $\nu^3 d\boldsymbol{s}d\boldsymbol{s}'\epsilon_{\boldsymbol{s}}(d\boldsymbol{t})d\boldsymbol{t}'$ の積に関する積分を評価すると

$$\frac{1}{\nu^4 \mathrm{Vol}(\mathcal{I}_n)^2}\left|\int_{\mathcal{I}_n}\int_{\mathcal{I}_n}\int_{\mathcal{I}_n}\int_{\mathcal{I}_n}w_n(\boldsymbol{h}_i-\boldsymbol{s}+\boldsymbol{s}')w_n(\boldsymbol{h}_j-\boldsymbol{t}+\boldsymbol{t}')\right.$$
$$\left.\times C(\boldsymbol{s}'-\boldsymbol{s})C(\boldsymbol{t}'-\boldsymbol{t})\nu^3 d\boldsymbol{s}d\boldsymbol{s}'\epsilon_{\boldsymbol{s}}(d\boldsymbol{t})d\boldsymbol{t}'\right|$$
$$=\frac{1}{\nu \mathrm{Vol}(\mathcal{I}_n)^2}\left|\int_{\mathcal{I}_n}\int_{\mathcal{I}_n}\int_{\mathcal{I}_n}w_n(\boldsymbol{h}_i-\boldsymbol{s}+\boldsymbol{s}')w_n(\boldsymbol{h}_j-\boldsymbol{s}+\boldsymbol{t}')\right.$$
$$\left.\times C(\boldsymbol{s}'-\boldsymbol{s})C(\boldsymbol{t}'-\boldsymbol{s})d\boldsymbol{s}d\boldsymbol{s}'d\boldsymbol{t}'\right|$$
$$\leq \frac{1}{\nu \mathrm{Vol}(\mathcal{I}_n)^2}\int_{\mathcal{I}_n-\mathcal{I}_n}\int_{\mathcal{I}_n-\mathcal{I}_n}\int_{\mathcal{I}_n}w_n(\boldsymbol{h}_i+\boldsymbol{v}_1)w_n(\boldsymbol{h}_j+\boldsymbol{v}_2)$$
$$\times |C(\boldsymbol{v}_1)C(\boldsymbol{v}_2)|d\boldsymbol{v}_1d\boldsymbol{v}_2d\boldsymbol{s}$$
$$\leq C\frac{1}{\mathrm{Vol}(\mathcal{I}_n)}\int_{\boldsymbol{R}^d}\int_{\boldsymbol{R}^d}w_n(\boldsymbol{h}_i+\boldsymbol{v}_1)w_n(\boldsymbol{h}_j+\boldsymbol{v}_2)d\boldsymbol{v}_1\boldsymbol{v}_2=O\left(\frac{1}{\mathrm{Vol}(\mathcal{I}_n)}\right)$$

となり，やはり $\lambda_n^d \mathrm{Vol}(\mathcal{I}_n)$ 倍すると 0 へ収束する．残りの 17 項も同様に 0 へ収束する．

次に ν^2 に関する項の積分を評価する．まず

$$\frac{1}{\nu^4 \mathrm{Vol}(\mathcal{I}_n)^2}\int_{\mathcal{I}_n}\int_{\mathcal{I}_n}\int_{\mathcal{I}_n}\int_{\mathcal{I}_n}w_n(\boldsymbol{h}_i-\boldsymbol{s}+\boldsymbol{s}')w_n(\boldsymbol{h}_j-\boldsymbol{t}+\boldsymbol{t}')$$
$$\times Q(\boldsymbol{s}'-\boldsymbol{s},\boldsymbol{t}-\boldsymbol{s},\boldsymbol{t}'-\boldsymbol{s})\nu^2 d\boldsymbol{s}d\boldsymbol{s}'\epsilon_{\boldsymbol{s}}(d\boldsymbol{t})\epsilon_{\boldsymbol{s}'}(d\boldsymbol{t}')$$
$$=\frac{1}{\nu^2 \mathrm{Vol}(\mathcal{I}_n)^2}\int_{\mathcal{I}_n}\int_{\mathcal{I}_n}w_n(\boldsymbol{h}_i-\boldsymbol{s}+\boldsymbol{s}')w_n(\boldsymbol{h}_j-\boldsymbol{s}+\boldsymbol{s}')$$
$$\times Q(\boldsymbol{s}'-\boldsymbol{s},\boldsymbol{0},\boldsymbol{s}'-\boldsymbol{s})d\boldsymbol{s}d\boldsymbol{s}'$$

となる．同様に

$$\frac{1}{\nu^4 \text{Vol}(\mathcal{I}_n)^2} \int_{\mathcal{I}_n} \int_{\mathcal{I}_n} \int_{\mathcal{I}_n} \int_{\mathcal{I}_n} w_n(\boldsymbol{h}_i - \boldsymbol{s} + \boldsymbol{s}') w_n(\boldsymbol{h}_j - \boldsymbol{t} + \boldsymbol{t}')$$
$$\times Q(\boldsymbol{s}' - \boldsymbol{s}, \boldsymbol{t} - \boldsymbol{s}, \boldsymbol{t}' - \boldsymbol{s}) \nu^2 ds ds' \epsilon_{\boldsymbol{s}'}(d\boldsymbol{t}) \epsilon_{\boldsymbol{s}}(d\boldsymbol{t}')$$
$$= \frac{1}{\nu^2 \text{Vol}(\mathcal{I}_n)^2} \int_{\mathcal{I}_n} \int_{\mathcal{I}_n} w_n(\boldsymbol{h}_i - \boldsymbol{s} + \boldsymbol{s}') w_n(\boldsymbol{h}_j - \boldsymbol{s}' + \boldsymbol{s})$$
$$\times Q(\boldsymbol{s}' - \boldsymbol{s}, \boldsymbol{s}' - \boldsymbol{s}, \boldsymbol{0}) ds ds'$$

となる．他の項 $C(\boldsymbol{s}' - \boldsymbol{s})C(\boldsymbol{t}' - \boldsymbol{t})$, $C(\boldsymbol{t} - \boldsymbol{s})C(\boldsymbol{t}' - \boldsymbol{s}')$, $C(\boldsymbol{t}' - \boldsymbol{s})C(\boldsymbol{s}' - \boldsymbol{t})$ に関する部分も同様に評価でき，これら 8 つの項をまとめると

$$\frac{1}{\nu^2 \text{Vol}(\mathcal{I}_n)} \int_{\mathcal{I}_n - \mathcal{I}_n} w_n(\boldsymbol{h}_i - \boldsymbol{s}) \{w_n(\boldsymbol{h}_j - \boldsymbol{s}) + w_n(\boldsymbol{h}_j + \boldsymbol{s})\}$$
$$\times \{Q(\boldsymbol{0}, \boldsymbol{s}, \boldsymbol{s}) + 2C(\boldsymbol{s})^2 + C(\boldsymbol{0})^2\} \frac{\text{Vol}(\mathcal{I}_n \cap (\mathcal{I}_n - \boldsymbol{s}))}{\text{Vol}(\mathcal{I}_n)} d\boldsymbol{s}$$
$$= \frac{1}{\lambda_n^d \nu^2 \text{Vol}(\mathcal{I}_n)} \int_{\frac{\mathcal{I}_n}{\lambda_n} - \frac{\mathcal{I}_n}{\lambda_n} + \frac{\boldsymbol{h}_i}{\lambda_n}} w(\boldsymbol{s})$$
$$\times \{w(\boldsymbol{s} + \lambda_n^{-1}(\boldsymbol{h}_j - \boldsymbol{h}_i)) + w(-\boldsymbol{s} + \lambda_n^{-1}(\boldsymbol{h}_j + \boldsymbol{h}_i))\}$$
$$\times \{Q(\boldsymbol{0}, \boldsymbol{h}_i - \lambda_n \boldsymbol{s}, \boldsymbol{h}_i - \lambda_n \boldsymbol{s}) + 2C(\boldsymbol{h}_i - \lambda_n \boldsymbol{s})^2 + C(\boldsymbol{0})^2\}$$
$$\times \frac{\text{Vol}(\mathcal{I}_n \cap (\mathcal{I}_n - \boldsymbol{h}_i + \lambda_n \boldsymbol{s}))}{\text{Vol}(\mathcal{I}_n)} d\boldsymbol{s}$$

となる．したがって $\lambda_n^d \text{Vol}(\mathcal{I}_n)$ 倍すると，$n \to \infty$ のとき有界収束定理により，結論を得る． ∎

前節の条件 4.3 のような強混合条件のもとで $C_n(\boldsymbol{h})$ の極限分布を求めるのは難しい．そのため，強混合条件に代えてキュムラントに以下の条件を課す．

[**条件 4.13**] 任意の $k (\geq 3)$ に対して $E|Y(\boldsymbol{s})|^k < \infty$ が成立し，k 次キュムラントは

$$\int_{\boldsymbol{R}^{d(k-1)}} |Q(\boldsymbol{h}_1, \boldsymbol{h}_2, \ldots, \boldsymbol{h}_{k-1})| d\boldsymbol{h}_1 d\boldsymbol{h}_2 \cdots d\boldsymbol{h}_{k-1} < \infty$$

をみたす．

このとき $d = 1$ の場合は以下の結果を得る．

[定理 4.14] 条件 4.10, 条件 4.11, 条件 4.13 のもとで $\sqrt{\lambda_n \mathrm{Vol}(\mathcal{I}_n)}(\hat{\bm{G}}_n - E(\hat{\bm{G}}_n))$ は $n \to \infty$ のとき $N_m(\bm{0}, \Sigma)$ へ分布収束する. ここで Σ は定理 4.12 でもとめた共分散行列である.

証明 Karr [81], Masry [107] を参照されたい. $n \to \infty$ のとき推定量の 3 次以上のキュムラントがすべて 0 へ収束することを示せばよい. ∎

[注意 4.15] (1) $d \geq 2$ の場合も, Karr [81], Masry [107] の証明方法によって定理 4.14 と同様の結論が成立すると予想されるが, まだ厳密には証明されていない.

(2) 定常確率場の期待値 μ (0 でなくてもよい) および Poisson 過程のパラメータ ν が未知の場合には以下のように推定する. まず ν の推定量としては

$$\hat{\nu}_n = \frac{N(\mathcal{I}_n)}{\mathrm{Vol}(\mathcal{I}_n)}$$

が考えられる. Poisson 分布の性質から

$$E(\hat{\nu}_n) = \frac{E\{N(\mathcal{I}_n)\}}{\mathrm{Vol}(\mathcal{I}_n)} = \frac{\nu \mathrm{Vol}(\mathcal{I}_n)}{\mathrm{Vol}(\mathcal{I}_n)} = \nu,$$

$$\mathrm{Var}(\hat{\nu}_n) = \frac{\mathrm{Var} E\{N(\mathcal{I}_n)\}}{\mathrm{Vol}(\mathcal{I}_n)^2} = \frac{\nu \mathrm{Vol}(\mathcal{I}_n)}{\mathrm{Vol}(\mathcal{I}_n)^2} = \frac{\nu}{\mathrm{Vol}(\mathcal{I}_n)}$$

となり, したがって Chebyshev の不等式から $p - \lim_{n \to \infty} \hat{\nu}_n = \nu$ がいえる. μ の推定量としては

$$\hat{\mu}_n = \frac{1}{N(\mathcal{I}_n)} \int_{\mathcal{I}_n} Y(\bm{s}) N(d\bm{s})$$
$$= \frac{1}{N(\mathcal{I}_n)} \sum_{i=1}^{k} Y(\bm{s}_i)$$

が考えられる. $\hat{\mu}_n$ は μ の一致推定量であり, また $\hat{C}_n(\bm{h})$ の定義において $Y(\bm{s})$ を $Y(\bm{s}) - \hat{\mu}_n$ で置き換えても, 定理 4.14 は成り立つ. ただし紛らわしいが $E(\hat{\bm{G}}_n)$ は, μ が既知の場合の期待値とする. 以下でその概略を示す. まず

$$\hat{\mu}_n^* = \frac{1}{\nu \mathrm{Vol}(\mathcal{I}_n)} \int_{\mathcal{I}_n} Y(\bm{s}) N(d\bm{s})$$

とおく．このとき定理 4.12 と同様の証明方法により

$$E(\hat{\mu}_n^*) = \frac{\mu\nu\mathrm{Vol}(\mathcal{I}_n)}{\nu\mathrm{Vol}(\mathcal{I}_n)} = \mu,$$
$$\mathrm{Var}(\hat{\mu}_n^*) = \frac{1}{\nu^2\mathrm{Vol}(\mathcal{I}_n)^2}\int_{\mathcal{I}_n}\int_{\mathcal{I}_n}C(\boldsymbol{s}-\boldsymbol{s}')d\boldsymbol{s}d\boldsymbol{s}'$$
$$= O\left(\frac{1}{\mathrm{Vol}(\mathcal{I}_n)}\right)$$

となる．したがって $\hat{\mu}_n^* - \mu = O_p(1/\sqrt{\mathrm{Vol}(\mathcal{I}_n)})$ である．一方 $\hat{\mu}_n - \mu = (\nu/\hat{\nu}_n)(\hat{\mu}_n^* - \mu) + \mu(\nu/\hat{\nu}_n - 1) = O_p(1/\sqrt{\mathrm{Vol}(\mathcal{I}_n)})$ となる．したがって $\hat{C}_n(\boldsymbol{h})$ の定義において，$Y(\boldsymbol{s})-\mu$, $Y(\boldsymbol{s}')-\mu$ を各々 $Y(\boldsymbol{s})-\hat{\mu}_n$, $Y(\boldsymbol{s}')-\hat{\mu}_n$ に置き換えても，その差は $o_p(1/\sqrt{\lambda_n\mathrm{Vol}(\mathcal{I}_n)})$ となる．

(3) 次に定理 4.5 と定理 4.14 の違いに注意しよう．定理 4.5 では $\hat{\boldsymbol{G}}_n$ と $\boldsymbol{G}$ の差に関する極限分布を導いている．一方，定理 4.14 では $\hat{\boldsymbol{G}}_n$ と $E(\hat{\boldsymbol{G}}_n)$ の差に関する極限分布を導いている．定理 4.5 における $\hat{\boldsymbol{G}}_n$ は $\boldsymbol{G}$ の不偏推定量であるが，定理 4.14 における $\hat{\boldsymbol{G}}_n$ は定理 4.12 において見たように不偏推定量ではない．したがって定理 4.14 において $\sqrt{\lambda_n\mathrm{Vol}(\mathcal{I}_n)}(\hat{\boldsymbol{G}}_n - \boldsymbol{G})$ が同じ極限分布をもつためには，$\sqrt{\lambda_n\mathrm{Vol}(\mathcal{I}_n)}(E(\hat{\boldsymbol{G}}_n) - \boldsymbol{G}) = o(1)$ が成り立つ必要がある．そのためには $w(\boldsymbol{t}), C(\boldsymbol{h})$ に対して，さらに付加的な条件が必要となる (Karr [81], Masry [107] を参照されたい)．

4.4 パラメトリックモデルの推定

4.4.1 推定量と端効果

本節ではパラメトリックモデルの推定について考える．$d \geq 2$ の定常確率場の推定では，定常過程 ($d=1$) の場合と異なり，端効果とよばれる厄介な問題が生じる．そこで具体的な推定方法を導入する前にこの端効果について説明しておく．

ここでは格子点上で定義された定常確率場 $\{Y(\boldsymbol{s}) : \boldsymbol{s} \in \boldsymbol{Z}^d\}$ を考える．また 4.3.1 項と同じく等間隔・増加領域漸近論を考え，$p = 0$, $q = d$, $D_n =$

$\mathcal{I}_n = [1,n]^d$, $\mathcal{S}_n = \mathcal{I}_n \cap \mathbf{Z}^d$ とする．したがって観測値の個数は $|\mathcal{S}_n| = n^d$ となる．以下 $N = n^d$ とおく．観測地点の集合 $\mathcal{S}_n$ の境界は，時系列データ ($d=1$) のときは，高々観測開始時点 $s=1$ と終了時点 $s=n$ の 2 個に過ぎないが，$d=2$ のときは $\{(s_1,s_2) \mid s_1 = 1,n$ あるいは $s_2 = 1,n\}$ となり，一般に $d \geq 2$ の場合は，$n \to \infty$ のとき n^{d-1} のオーダーで無限大に発散していく．これを**端効果** (edged effect) という．その影響をスペクトル密度関数の推定を例に見ていこう．

当座，期待値は既知で 0 とする．自己共分散関数の推定量としては 4.3.1 項の $\hat{C}_n(\boldsymbol{h})$ の他に

$$\hat{C}_n^*(\boldsymbol{h}) = \frac{\sum_{\boldsymbol{s} \in \mathcal{S}_n(\boldsymbol{h})} Y(\boldsymbol{s})Y(\boldsymbol{s}+\boldsymbol{h})}{|\mathcal{S}_n|}$$

が考えられる．$\hat{C}_n(\boldsymbol{h})$ あるいは $\hat{C}_n^*(\boldsymbol{h})$ のフーリエ変換に基づいて，**ピリオドグラム** (periodogram) とよばれるスペクトル密度関数に対する推定量を

$$I_n(\boldsymbol{\lambda}) = \frac{1}{(2\pi)^d} \sum_{\boldsymbol{h} \in \mathcal{S}_n - \mathcal{S}_n} \hat{C}_n(\boldsymbol{h}) \exp(-i(\boldsymbol{h},\boldsymbol{\lambda})),$$

$$I_n^*(\boldsymbol{\lambda}) = \frac{1}{(2\pi)^d} \sum_{\boldsymbol{h} \in \mathcal{S}_n - \mathcal{S}_n} \hat{C}_n^*(\boldsymbol{h}) \exp(-i(\boldsymbol{h},\boldsymbol{\lambda}))$$

によって定義する．ところで $I_n(\boldsymbol{\lambda}), I_n^*(\boldsymbol{\lambda})$ にはそれぞれ一長一短がある．$\hat{C}_n(\boldsymbol{h})$ は $C(\boldsymbol{h})$ の不偏推定量であるから，$I_n(\boldsymbol{\lambda})$ のバイアスは小さい．しかし常に非負の値をとるとは限らず，スペクトル密度関数の推定量としては不都合である．一方 $I_n^*(\boldsymbol{\lambda})$ は

$$I_n^*(\boldsymbol{\lambda}) = \frac{|\sum_{\boldsymbol{s} \in \mathcal{S}_n} Y(\boldsymbol{s}) \exp(i(\boldsymbol{s},\boldsymbol{\lambda}))|^2}{(2\pi)^d |\mathcal{S}_n|}$$

と表現できるので，必ず非負の値をとる．しかしながら $\hat{C}_n^*(\boldsymbol{h})$ は不偏推定量ではないので，$I_n^*(\boldsymbol{\lambda})$ のバイアスは大きくなる．$\hat{C}_n^*(\boldsymbol{h})$ のバイアスは

$$E(\hat{C}_n^*(\boldsymbol{h})) - C(\boldsymbol{h}) = \frac{|\mathcal{S}_n(\boldsymbol{h})| - |\mathcal{S}_n|}{|\mathcal{S}_n|} C(\boldsymbol{h})$$

$$= O\left(\frac{1}{n}\right) = O\left(\frac{1}{|\mathcal{S}_n|^{1/d}}\right)$$

である．通常推定量と真値との差は，$|\mathcal{S}_n|^{1/2}$ 倍すると極限分布をもつ．しか

し $d = 2$ のときはバイアス項が 0 へ収束せず極限分布の中に残ってしまう. さらには $d \geq 3$ のときはバイアス項が発散する.

この欠点を克服するために提案されたのが次節で説明するティパー型データを用いたピリオドグラムである.

4.4.2 ティパー型ピリオドグラム

観測値の集合 $\{Y(\boldsymbol{s}) : \boldsymbol{s} \in \mathcal{S}_n\}$ に対して, **ティパー型データ** (tapered data) $\{a_n(\boldsymbol{s})Y(\boldsymbol{s}) : \boldsymbol{s} \in \mathcal{S}_n\}$ を構成する. ここで $a_n(\boldsymbol{s})$ は以下のように定義される. まず $w(x) : [0, 1] \to [0, 1]$ を $w(0) = 0$, $w(1) = 1$ をみたす 2 階連続微分可能な関数とする. 次に $w(x)$ を用いて $h(x)$ を

$$h(x) = \begin{cases} w(\frac{2x}{\rho}), & 0 \leq x \leq \frac{\rho}{2}, \\ 1, & \frac{\rho}{2} \leq x \leq \frac{1}{2}, \\ h(1-x), & \frac{1}{2} \leq x \leq 1, \end{cases}$$

によって定義する. ここで $0 \leq \rho \leq 1$ とする. したがって $h(x)$ は $x = 1/2$ を中心にして対称な関数であり, 区間 $[0, 1]$ の両端の $100(1-\rho)\%$ 部分を $w(x)$ によって繋ぎ, $x \to 0$ あるいは $x \to 1$ のとき滑らかに 0 へ収束する. $w(x)$ の例としては $w(x) = \frac{1}{2}(1 - \cos \pi x)$ などがある (Tukey-Hanning ティパーとよばれている). $h(x)$ を用いて, $a_n(\boldsymbol{s})$ は

$$a_n(\boldsymbol{s}) = a\left(\frac{\boldsymbol{s} - 1/2}{n}\right) = \prod_{i=1}^{d} h\left(\frac{s_i - 1/2}{n}\right)$$

によって定義される. ティパー型データを用いた離散フーリエ変換およびピリオドグラムを

$$d_n(\boldsymbol{\lambda}) = \sum_{\boldsymbol{s} \in \mathcal{S}_n} a_n(\boldsymbol{s}) Y(\boldsymbol{s}) \exp(-i(\boldsymbol{s}, \boldsymbol{\lambda})),$$

$$I_n^h(\boldsymbol{\lambda}) = \frac{1}{(2\pi)^d H_{2,n}(\boldsymbol{0})} |d_n(\boldsymbol{\lambda})|^2$$

によって定義する. ここで

$$H_{k,n}(\boldsymbol{\lambda}) = \sum_{\boldsymbol{s} \in \mathcal{S}_n} a\left(\frac{\boldsymbol{s}-1/2}{n}\right)^k \exp(-i(\boldsymbol{s},\boldsymbol{\lambda}))$$

とする．このとき

$$I_n^h(\boldsymbol{\lambda}) = \frac{1}{(2\pi)^d} \sum_{\boldsymbol{h} \in \Delta_n} \hat{C}_n^h(\boldsymbol{h}) \exp(i(\boldsymbol{h},\boldsymbol{\lambda}))$$

と書ける．ここで

$$\Delta_n = \mathcal{S}_n - \mathcal{S}_n,$$
$$\hat{C}_n^h(\boldsymbol{h}) = \frac{1}{H_{2,n}(\boldsymbol{0})} \sum_{\boldsymbol{s} \in \mathcal{S}_n(\boldsymbol{h})} Y^h(\boldsymbol{h}) Y^h(\boldsymbol{s}+\boldsymbol{h}),$$
$$Y^h(\boldsymbol{s}) = a_n(\boldsymbol{s}) Y(\boldsymbol{s})$$

とする．したがってテイパー型ピリオドグラムは自己共分散関数の推定量として $\hat{C}_n^h(\boldsymbol{h})$ を用いたときのピリオドグラムになっている．

ここでティパー型データを導入する意味を考えよう．いま観測できない $Y(\boldsymbol{s})\,(\boldsymbol{s} \notin \mathcal{S}_n)$ を期待値 0 に等しいとみなそう．このとき $d_n(\boldsymbol{\lambda})$ は

$$d_n(\boldsymbol{\lambda}) = \sum_{\boldsymbol{s} \in \boldsymbol{Z}^d} a_n(\boldsymbol{s}) Y(\boldsymbol{s}) \exp(-i(\boldsymbol{s},\boldsymbol{\lambda}))$$

とみなせる．生のピリオドグラム $I_n^*(\boldsymbol{\lambda})$ の分子は $h(x) \equiv 1\,(x \in [0,1])$, $h(x) \equiv 0\,(x \notin [0,1])$ とおいたときに対応する．したがって $Y(\boldsymbol{s})\,(\boldsymbol{s} \notin \mathcal{S}_n)$ に対するウエイトが 1 から 0 に急激に変化し，これが大きなバイアスを生じる主因となっている．一方，ティパーをかけたデータを用いた離散フーリエ変換においては，観測領域の境界に近いデータに対して，緩やかにウエイトが 1 から 0 へ変化するのでバイアスを軽減することができる．この効果は数式でも以下のように示すことができる．

後のパラメータ推定においても必要となるので，一般的な形で推定量を定義しておく．いま $\varphi(\boldsymbol{\lambda}) : [-\pi,\pi]^d \to \boldsymbol{R}$ を連続関数として，推定量を

$$J_n^h(\varphi) = \int_{[-\pi,\pi]^d} I_n^h(\boldsymbol{\lambda}) \varphi(\boldsymbol{\lambda}) d\boldsymbol{\lambda}$$

と書く．$\varphi(\boldsymbol{\lambda}) = \exp(-i(\boldsymbol{h},\boldsymbol{\lambda}))$ の場合が $\hat{C}_n^h(\boldsymbol{h})$ である．一方，推定すべき

真の関数を $J(\varphi) = \int_{[-\pi,\pi]^d} f(\boldsymbol{\lambda})\varphi(\boldsymbol{\lambda})d\boldsymbol{\lambda}$ とおく.このとき推定量のバイアスについて次の結果を得る.

[定理 4.16] $w(x)$ およびスペクトル密度関数 $f(\boldsymbol{\lambda})$ は 2 階連続微分可能な関数とする.このとき

$$E(J_n^h(\varphi)) - J(\varphi) = CN^{-2/d}(1+o(1))$$

が成り立つ.ここで

$$C = \frac{1}{2}\frac{\int_0^1 h'(x)^2 dx}{\int_0^1 h(x)^2 dx}\sum_{i=1}^d \int_{[-\pi,\pi]^d}\varphi(\boldsymbol{\lambda})f_{ii}^{(2)}(\boldsymbol{\lambda})d\boldsymbol{\lambda},$$

$$f_{ii}^{(2)}(\boldsymbol{\lambda}) = \frac{\partial^2 f(\boldsymbol{\lambda})}{\partial\lambda_i \partial\lambda_i}$$

とする.

なお $h(x)$ の定義における ρ は $\rho^{-1} = o(N^{1/4d})$ であれば,n に依存して変化してよい.また $o(1)$ の項は ρ に関して一様である.

証明 以下 C は,n あるいは関数に依存しないある正定数とする.ただし文脈によって異なる場合もある.まず $k_n(\mu) = (2\pi h_n)^{-1}|H_n(\mu)|^2$, $\mu \in [-\pi,\pi]$ とおく.ここで $h_n = \sum_{j=1}^n h^2(\frac{j-1/2}{n})$, $H_n(\mu) = \sum_{j=1}^n h(\frac{j-1/2}{n})e^{-ij\mu}$ とする.そしてカーネル関数 $K_n(\boldsymbol{\lambda})$ を

$$K_n(\boldsymbol{\lambda}) = \prod_{i=1}^d k_n(\lambda_i) = [(2\pi)^d H_{2,n}(\boldsymbol{0})]^{-1}|H_{1,n}(\boldsymbol{\lambda})|^2$$

によって定義する.$K_n(\boldsymbol{\lambda})$ は非負の値をとる偶関数で $\int_{[-\pi,\pi]^d}K_n(\boldsymbol{\lambda})d\boldsymbol{\lambda} = 1$ をみたす.このとき

$$E(I_n^h(\boldsymbol{\lambda})) = \int_{[-\pi,\pi]^d}K_n(\boldsymbol{\alpha})f(\boldsymbol{\lambda}+\boldsymbol{\alpha})d\boldsymbol{\alpha},$$

となる.したがって

$$E(J_n^h(\varphi) - J(\varphi)) = \int_{[-\pi,\pi]^d}\varphi(\boldsymbol{\alpha})\Delta_n(\boldsymbol{\alpha})d\boldsymbol{\alpha}$$

となる.ここで

である.

$$\Delta_n(\boldsymbol{\alpha}) = \int_{[-\pi,\pi]^d} K_n(\boldsymbol{\lambda})[f(\boldsymbol{\alpha}+\boldsymbol{\lambda}) - f(\boldsymbol{\alpha})]d\boldsymbol{\lambda}$$

である.$f(\boldsymbol{\lambda})$ は 2 階連続微分可能であるから,Taylor 展開により

$$f(\boldsymbol{\alpha}+\boldsymbol{\lambda}) - f(\boldsymbol{\alpha}) = \sum_{i=1}^{d} \lambda_i f_i^{(1)}(\boldsymbol{\alpha}) + 2\sum_{i,j=1}^{d} \sin\frac{\lambda_i}{2}\sin\frac{\lambda_j}{2} f_{ij}^{(2)}(\boldsymbol{\alpha}) + R(\boldsymbol{\alpha},\boldsymbol{\lambda}) \tag{4.16}$$

となる.ここで $f_i^{(1)}(\boldsymbol{\lambda}) = \partial f(\boldsymbol{\lambda})/\partial \lambda_i$, $f_{ij}^{(2)}(\boldsymbol{\lambda}) = \partial^2 f(\boldsymbol{\lambda})/\partial \lambda_i \partial \lambda_j$ であり,剰余項は $R(\boldsymbol{\alpha},\boldsymbol{\lambda}) = o(\sum_{i=1}^{d}\sin^2(\lambda_i/2))$ が $\boldsymbol{\alpha}$ について一様に成り立つ.

$K_n(\boldsymbol{\lambda})$ が偶関数であるから,(4.16) 右辺第 1 項の和の積分および第 2 項の和のうち $i \neq j$ の部分の積分は 0 となり,

$$\begin{aligned}\Delta_n(\boldsymbol{\alpha}) &= 2\sum_{i=1}^{d} f_{ii}^{(2)}(\boldsymbol{\alpha})\int_{[-\pi,\pi]} k_n(\lambda_i)\sin^2\frac{\lambda_i}{2} d\lambda_i \\ &\quad + \int_{[-\pi,\pi]^d} R(\boldsymbol{\alpha},\boldsymbol{\lambda})K_n(\boldsymbol{\lambda})d\boldsymbol{\lambda}\end{aligned} \tag{4.17}$$

となる.(4.17) の右辺第 1 項は補題 4.26 (1)(4.6 節)により評価できる.したがって第 2 項が $o(N^{-2/d}) = o(n^{-2})$ になることを示せばよい.

いま任意の $\epsilon > 0$ に対して,ある η が存在して $\sup_i |\lambda_i| < \eta$ のとき

$$|R(\boldsymbol{\alpha},\boldsymbol{\lambda})| \leq \epsilon\left(\sum_{i=1}^{d}\sin^2\frac{\lambda_i}{2}\right),$$

$$\int_{[-\pi,\pi]^d} R(\boldsymbol{\alpha},\boldsymbol{\lambda})K_n(\boldsymbol{\lambda})d\boldsymbol{\lambda} \leq \epsilon\int_{[-\pi,\pi]^d} K_n(\boldsymbol{\lambda})\left(\sum_{i=1}^{d}\sin^2\frac{\lambda_i}{2}\right)d\boldsymbol{\lambda}$$

$$+ C\int_{\sup|\lambda_i|>\eta} K_n(\boldsymbol{\lambda})d\boldsymbol{\lambda} \tag{4.18}$$

となる.(4.18) の右辺第 1 項は補題 4.26 (1) より $\epsilon O(N^{-2/d})$ となる.一方第 2 項は補題 4.26 (2)(4.6 節)より $O(N^{-3/d})\eta^{-3}\rho^{-4}$ である.したがって ρ が固定されている場合は,(4.18) の右辺を $N^{-2/d}$ で割り $n\to\infty$ とすれば極限値は ϵ の定数倍で押さえられる.ϵ は任意の正数なので結論を得る.$\rho^{-1} = o(N^{1/4d})$ の場合は,$n\to\infty$ のとき,$\eta_n^{-3}\rho^{-4} = o(N^{1/d})$ が成り立つように $\epsilon = \epsilon_n$ を 0 へ収束させればよい. ∎

定理 4.16 から，$d \leq 3$ の場合はバイアスは $o(N^{-1/2})$ となり，後に示すように $\sqrt{N}(J_n^h(\varphi) - J(\varphi))$ の極限分布に影響しない．その前に 2 つの関数 $\varphi_i(\boldsymbol{\lambda})$: $[-\pi, \pi]^d \to \boldsymbol{R} \, (i = 1, 2)$ が与えられたとき，$J_n^h(\varphi_i) \, (i = 1, 2)$ の共分散を評価する．可積分な関数 $f_k(\boldsymbol{\lambda}_1, \ldots, \boldsymbol{\lambda}_{k-1}) : \boldsymbol{T}^{(k-1)d} \to \boldsymbol{R}$ が存在して

$$Q(\boldsymbol{h}_1, \boldsymbol{h}_2, \ldots, \boldsymbol{h}_{k-1})$$
$$= \int_{\boldsymbol{T}^{(k-1)d}} \exp\left(\sum_{j=1}^{k-1} i(\boldsymbol{h}_j, \boldsymbol{\lambda}_j)\right) f_k(\boldsymbol{\lambda}_1, \ldots, \boldsymbol{\lambda}_{k-1}) \prod_{j=1}^{k-1} d\boldsymbol{\lambda}_j \quad (4.19)$$

と表現できたとき，$f_k(\boldsymbol{\lambda}_1, \ldots, \boldsymbol{\lambda}_{k-1})$ を k 次キュムラント・スペクトル密度関数 (cumulant spectral density function) という．$k = 2$ のときは，自己共分散関数に対するスペクトル密度関数になる．ただし一般の k の場合には，常に非負の値をとるとは限らない．

このとき $\mathrm{Cov}(J_n^h(\varphi_1), J_n^h(\varphi_2))$ に対して以下の定理を得る．

[定理 4.17] $\{Y(\boldsymbol{s}) : \boldsymbol{s} \in \boldsymbol{Z}^d\}$ を 4 次まで有限なモーメントをもつ強定常確率場で，4 次のキュムラント・スペクトル密度関数 $f_4(\boldsymbol{\lambda}_1, \boldsymbol{\lambda}_2, \boldsymbol{\lambda}_3)$ は連続関数とする．また $\varphi_i(\boldsymbol{\lambda}) : [-\pi, \pi]^d \to \boldsymbol{R} \, (i = 1, 2)$ は連続な偶関数とする．このとき

$$\lim_{N \to \infty} N \mathrm{Cov}(J_n^h(\varphi_1), J_n^h(\varphi_2))$$
$$= (2\pi)^d e(h) \bigg[2 \int_{[-\pi, \pi]^d} \varphi_1(\boldsymbol{\lambda}) \varphi_2(\boldsymbol{\lambda}) f^2(\boldsymbol{\lambda}) d\boldsymbol{\lambda}$$
$$+ \int_{[-\pi, \pi]^{2d}} \varphi_1(\boldsymbol{\alpha}) \varphi_2(\boldsymbol{\beta}) f_4(\boldsymbol{\alpha}, -\boldsymbol{\alpha}, \boldsymbol{\beta}) d\boldsymbol{\alpha} d\boldsymbol{\beta} \bigg]$$

が成り立つ．ここで

$$e(h) = \left(\frac{\int_0^1 h^4(x) dx}{(\int_0^1 h^2(x) dx)^2}\right)^d$$

とする．

証明 一般に確率変数 $Y_i\,(=1,\ldots,4)$ の期待値が 0 のとき，(4.11) より

$$\mathrm{Cov}(Y_1Y_2, Y_3Y_4) = \mathrm{cum}(Y_1, Y_2, Y_3, Y_4)$$
$$+ E(Y_1Y_3)E(Y_2Y_4) + E(Y_1Y_4)E(Y_2Y_3),$$
$$E(Y_iY_j) = \mathrm{cum}(Y_i, Y_j)$$

が成り立つ．したがって

$$\mathrm{Cov}(J_n^h(\varphi_1), J_n^h(\varphi_2)) = \frac{1}{(2\pi)^{2d}H_{2,n}^2(\mathbf{0})} \int_{[-\pi,\pi]^{2d}} \varphi_1(\boldsymbol{\alpha})\varphi_2(\boldsymbol{\beta})$$
$$\times \mathrm{Cov}(d_n(\boldsymbol{\alpha})d_n(-\boldsymbol{\alpha}), d_n(\boldsymbol{\beta})d_n(-\boldsymbol{\beta}))d\boldsymbol{\alpha}d\boldsymbol{\beta}$$
$$= \frac{1}{(2\pi)^{2d}H_{2,n}^2(\mathbf{0})}(T_1 + T_2 + T_3)$$

となる．ここで

$$T_1 = \int_{[-\pi,\pi]^{2d}} \varphi_1(\boldsymbol{\alpha})\varphi_2(\boldsymbol{\beta})\mathrm{cum}(d_n(\boldsymbol{\alpha}), d_n(-\boldsymbol{\alpha}), d_n(\boldsymbol{\beta}), d_n(-\boldsymbol{\beta}))d\boldsymbol{\alpha}d\boldsymbol{\beta},$$
$$T_2 = \int_{[-\pi,\pi]^{2d}} \varphi_1(\boldsymbol{\alpha})\varphi_2(\boldsymbol{\beta})\mathrm{cum}(d_n(\boldsymbol{\alpha}), d_n(\boldsymbol{\beta}))\mathrm{cum}(d_n(-\boldsymbol{\alpha}), d_n(-\boldsymbol{\beta}))d\boldsymbol{\alpha}d\boldsymbol{\beta}$$

とし，T_3 は T_2 において $\boldsymbol{\beta}$ を $-\boldsymbol{\beta}$ に置き換えて定義される．以下で $T_i\,(i=1,2,3)$ を順番に評価していこう．

まず補題 4.27 (3)（4.6 節）より

$$T_1 = (2\pi)^{3d}H_{4,n}(\mathbf{0}) \int_{[-\pi,\pi]^{2d}} \varphi_1(\boldsymbol{\alpha})\varphi_2(\boldsymbol{\beta})f_4(\boldsymbol{\alpha}, -\boldsymbol{\alpha}, \boldsymbol{\beta})d\boldsymbol{\alpha}d\boldsymbol{\beta}(1+o(1))$$

となる．次に T_2 を評価する．補題 4.27 (1)（4.6 節）より

$$\mathrm{cum}(d_n(\boldsymbol{\alpha}), d_n(\boldsymbol{\beta}))\mathrm{cum}(d_n(-\boldsymbol{\alpha}), d_n(-\boldsymbol{\beta}))$$
$$= \int_{[-\pi,\pi]^{2d}} f(\boldsymbol{\gamma})f(\boldsymbol{\delta})H_{1,n}(\boldsymbol{\alpha}-\boldsymbol{\gamma})H_{1,n}(\boldsymbol{\beta}+\boldsymbol{\gamma})$$
$$\times H_{1,n}(-\boldsymbol{\alpha}-\boldsymbol{\delta})H_{1,n}(-\boldsymbol{\beta}+\boldsymbol{\delta})d\boldsymbol{\gamma}d\boldsymbol{\delta}$$

となる．右辺の $H_{1,n}$ の引数の和は $\mathbf{0}$ となるので，補題 4.27 (2)（4.6 節）より

$$T_2 = (2\pi)^{3d} H_{4,n}(\mathbf{0}) \int_{[-\pi,\pi]^{4d}} \varphi_1(\boldsymbol{\alpha})\varphi_2(\boldsymbol{\beta})f(\boldsymbol{\gamma})f(\boldsymbol{\delta})$$
$$\times \phi_{4,n}(\boldsymbol{\alpha}-\boldsymbol{\gamma},\boldsymbol{\beta}+\boldsymbol{\gamma},-\boldsymbol{\alpha}-\boldsymbol{\delta})d\boldsymbol{\alpha}d\boldsymbol{\beta}d\boldsymbol{\gamma}d\boldsymbol{\delta}$$
$$= (2\pi)^{3d} H_{4,n}(\mathbf{0}) \left[\int_{[-\pi,\pi]^d} \varphi_1(\boldsymbol{\alpha})\varphi_2(\boldsymbol{\alpha})f^2(\boldsymbol{\alpha})d\boldsymbol{\alpha} \right] (1+o(1))$$

となる. T_3 も同様に評価できる. 最後に $H_{k,n}(\mathbf{0}) = N(\int_0^1 h(x)^k dx)^d (1+o(1))$ より, 結果を得る. ∎

$e(h)$ は**テイパー因子** (taper factor) とよばれ, Schwarz の不等式より $e(h) \geq 1$ が成り立つ. 等号は $h(x) \equiv 1$, すなわちティパーを用いない場合のみ成り立つ. したがってテイパーを用いると $J_n^h(\varphi)$ のバイアスを減らすことはできるが, トレード・オフとして分散が増加することになる. 1つの改善策は ρ を n とともに変化させて, 任意の x において $h_n(x) \to 1 (n \to \infty)$ を成立させることである.

[**注意 4.18**] 定理 4.17 ではキュムラント・スペクトル密度関数 $f_4(\boldsymbol{\lambda}_1, \boldsymbol{\lambda}_2, \boldsymbol{\lambda}_3)$ の存在および連続性を仮定して定理を証明した. たとえば $\boldsymbol{K} = \boldsymbol{Z}$ で, $Q(\boldsymbol{h}_1, \boldsymbol{h}_2, \ldots, \boldsymbol{h}_{k-1})$ が絶対総和可能であれば,

$$f_k(\boldsymbol{\lambda}_1,\ldots,\boldsymbol{\lambda}_{k-1})$$
$$= \frac{1}{(2\pi)^{(k-1)d}} \sum_{\boldsymbol{h}_1,\boldsymbol{h}_2,\ldots,\boldsymbol{h}_{k-1}\in \boldsymbol{Z}^d} Q(\boldsymbol{h}_1,\boldsymbol{h}_2,\ldots,\boldsymbol{h}_{k-1})\exp\left(-\sum_{j=1}^{k-1} i(\boldsymbol{h}_j,\boldsymbol{\lambda}_j)\right)$$
(4.20)

がキュムラント・スペクトル密度関数になる. $Q(\boldsymbol{h}_1,\ldots,\boldsymbol{h}_{k-1})$ の絶対総和可能性より, $f_k(\boldsymbol{\lambda}_1,\ldots,\boldsymbol{\lambda}_{k-1})$ が連続関数であることも明らかである.

そこで $k=4$ の場合, $Q(\boldsymbol{h}_1,\boldsymbol{h}_2,\boldsymbol{h}_3)$ が絶対総和可能になる例を 2 つ挙げておく. まず $\{Y(\boldsymbol{s})\}$ が定義 3.1 の線形過程にしたがい

$$Y(\boldsymbol{s}) = \sum_{\boldsymbol{t}\in \boldsymbol{Z}^d} a(\boldsymbol{t}) U(\boldsymbol{s}-\boldsymbol{t})$$

によって定義されるとする. ただし係数の列 $\{a(\boldsymbol{t}) : \boldsymbol{t} \in \boldsymbol{Z}^d\}$ は絶対総和可能で

$$\sum_{\bm{t}\in\bm{Z}^d}|a(\bm{t})|<\infty$$

をみたし,また $\{U(\bm{s})\}$ は互いに独立で同一分布にしたがい,期待値 0, 4 次キュムラント κ_4 をもつとする.このときキュムラントは多重線形性 (Brillinger [16]) をみたすので

$$\begin{aligned}&Q(\bm{h}_1,\bm{h}_2,\bm{h}_3)\\&=\sum_{\bm{t}_i\in\bm{Z}^d(i=1,\ldots,4)}a(\bm{t}_1)a(\bm{t}_2)a(\bm{t}_3)a(\bm{t}_4)\\&\quad\times\mathrm{cum}(U(-\bm{t}_1),U(\bm{h}_1-\bm{t}_2),U(\bm{h}_2-\bm{t}_3),U(\bm{h}_3-\bm{t}_4))\\&=\kappa_4\sum_{\bm{t}\in\bm{Z}^d}a(\bm{t})a(\bm{t}+\bm{h}_1)a(\bm{t}+\bm{h}_2)a(\bm{t}+\bm{h}_3)\end{aligned}\qquad(4.21)$$

となる.2 番目の等式は $\mathrm{cum}(U(\bm{s}_1),U(\bm{s}_2),U(\bm{s}_3),U(\bm{s}_4))$ が $\bm{s}_1=\bm{s}_2=\bm{s}_3=\bm{s}_4$ のとき κ_4,それ以外のときは 0 に等しいことから導かれる.したがって

$$\sum_{\bm{h}_i\in\bm{Z}^d(i=1,2,3)}|Q(\bm{h}_1,\bm{h}_2,\bm{h}_3)|\leq|\kappa_4|\left(\sum_{\bm{t}\in\bm{Z}^d}|a(\bm{t})|\right)^4$$

を得る.

もう 1 つの例は $\{Y(\bm{s})\}$ がある $\delta(>0)$ に対して, $E|Y(\bm{s})|^{4+2\delta}<\infty$ をみたし,さらに強混合係数が

$$\sum_{m=1}^{\infty}m^{3d-1}\alpha(1,3;m)^{\delta/(2+\delta)}<\infty,$$

$$\sum_{m=1}^{\infty}m^{3d-1}\alpha(2,2;m)^{\delta/(2+\delta)}<\infty$$

をみたす場合である.詳しくは Guyon [60] を参照されたい.

本節の最後として, $J_n^h(\varphi)$ の極限分布を導く.この結果はそれ自体重要であるが,次節のパラメータ推定量の極限分布を導く際にも用いられる.

[定理 4.19] $\varphi_i(\bm{\lambda}):[-\pi,\pi]\to\bm{R}\,(i=1,\ldots,p)$ を連続な偶関数とする.また $\{Y(\bm{s})\}$ はある $\delta(>0)$ に対して, $E|Y(\bm{s})|^{4+2\delta}<\infty$ をみたす強定常確率場

で $f(\boldsymbol{\lambda})$ は 2 階連続微分可能関数,$f_4(\boldsymbol{\lambda}_1, \boldsymbol{\lambda}_2, \boldsymbol{\lambda}_3)$ は連続関数とする.さらに強混合係数が

$$\sum_{m=1}^{\infty} m^{d-1} \alpha(4, \infty; m)^{\delta/(2+\delta)} < \infty$$

をみたすとする.$d = 1, 2, 3$ ならば,$n \to \infty$ のとき,$\sqrt{N}(J_n^h(\varphi_1) - J(\varphi_1)$, $\ldots, J_n^h(\varphi_p) - J(\varphi_p))$ の極限分布は $N_p(\mathbf{0}, \Delta)$ となる.ここで $\Delta = (\delta_{ij})$ は,$p \times p$ 行列でその (i, j) 成分は定理 4.17 で求めた極限値の φ_1, φ_2 に φ_i, φ_j を代入した値である.

証明 C は N あるいは関数に依存しないある正定数とする.文脈によって異なる場合がある.$p = 1$,$\varphi = \varphi_1$ とする.$p \geq 2$ の場合は Cramer-Wold 法(定理 9.17)を用いれば証明できる.$\varphi_K(\boldsymbol{\lambda})$ を $\varphi(\boldsymbol{\lambda})$ の K 次の Cesàro 和(定義 9.53)とする.定理 9.54 より任意の $\epsilon (> 0)$ に対して,ある K_0 が存在して任意の $K (\geq K_0)$ に対して

$$\sup_{\boldsymbol{\lambda} \in [\pi, \pi]^d} |\varphi(\boldsymbol{\lambda}) - \varphi_K(\boldsymbol{\lambda})| < \epsilon \tag{4.22}$$

が成り立つ.ここで

$$X_n = \sqrt{N}(J_n^h(\varphi) - J(\varphi))$$

とおき,さらに X_n を

$$X_n = Y_{nK} + Z_{nK},$$
$$Y_{nK} = \sqrt{N}(J_n^h(\varphi_K) - J(\varphi_K)),$$
$$Z_{nK} = \sqrt{N}(J_n^h(\varphi - \varphi_K) - J(\varphi - \varphi_K))$$

と分割する.あとは $\{X_n\}, \{Y_{nK}\}$ が定理 9.16 (2) の 3 つの条件をみたすことを示せばよい.まず

$$J_n^h(\varphi_K) - J(\varphi_K) = \sum_{\boldsymbol{h} \in [-(K-1), K-1]^d} \hat{\varphi}(\boldsymbol{h})(\hat{C}_n^h(\boldsymbol{h}) - C(\boldsymbol{h})) \prod_{i=1}^{d} \left(1 - \frac{|h_i|}{K}\right)$$

となる．ここで $\hat{\varphi}(\boldsymbol{h})$ は $\varphi(\boldsymbol{\lambda})$ のフーリエ係数である．補題 4.28（4.6 節）より $Y_{nK} \Rightarrow N(0, \Delta_K)\,(n \to \infty)$ が成り立つ．ここで

$$\Delta_K = (2\pi)^d e(h)$$
$$\times \left[2 \int_{[-\pi,\pi]^d} \left| \sum_{\boldsymbol{h} \in [-(K-1), K-1]^d} \hat{\varphi}(\boldsymbol{h}) \exp(i(\boldsymbol{h}, \boldsymbol{\lambda})) \prod_{i=1}^d \left(1 - \frac{|h_i|}{K}\right) \right|^2 f^2(\boldsymbol{\lambda}) d\boldsymbol{\lambda} \right.$$
$$+ \int_{[-\pi,\pi]^{2d}} \left(\sum_{\boldsymbol{h} \in [-(K-1), K-1]^d} \hat{\varphi}(\boldsymbol{h}) \exp(i(\boldsymbol{h}, \boldsymbol{\alpha})) \prod_{i=1}^d \left(1 - \frac{|h_i|}{K}\right) \right)$$
$$\left. \times \left(\sum_{\boldsymbol{h} \in [-(K-1), K-1]^d} \hat{\varphi}(\boldsymbol{h}) \exp(i(\boldsymbol{h}, \boldsymbol{\beta})) \prod_{i=1}^d \left(1 - \frac{|h_i|}{K}\right) \right) f_4(\boldsymbol{\alpha}, -\boldsymbol{\alpha}, \boldsymbol{\beta}) d\boldsymbol{\alpha} d\boldsymbol{\beta} \right]$$

である．次に $K \to \infty$ とすれば $N(0, \Delta_K) \Rightarrow N(0, \Delta)$ が成り立つ．ここで

$$\Delta = (2\pi)^d e(h) \left[2 \int_{[-\pi,\pi]^d} |\varphi(\boldsymbol{\lambda})|^2 f^2(\boldsymbol{\lambda}) d\boldsymbol{\lambda} \right.$$
$$\left. + \int_{[-\pi,\pi]^{2d}} \varphi(\boldsymbol{\alpha}) \varphi(\boldsymbol{\beta}) f_4(\boldsymbol{\alpha}, -\boldsymbol{\alpha}, \boldsymbol{\beta}) d\boldsymbol{\alpha} d\boldsymbol{\beta} \right]$$

である．最後に (4.22) より $\epsilon_K \to 0\,(K \to \infty)$ をみたす $\{\epsilon_K\}$ が存在して，$d \leq 3$ のときには定理 4.16，定理 4.17 を $\varphi - \varphi_K$ に適用すれば，n について一様に

$$E|Z_{nK}| < C\epsilon_K, \quad \mathrm{Var}(Z_{nK}) \leq C\epsilon_K^2$$

が成り立つ．したがって Chebyshev の不等式から

$$\lim_{K \to \infty} \lim_{n \to \infty} P(|X_n - Y_{nK}| \geq \delta)$$
$$\leq \lim_{K \to \infty} \lim_{n \to \infty} \frac{E|X_n - Y_{nK}|^2}{\delta^2}$$
$$\leq \lim_{K \to \infty} \lim_{n \to \infty} \frac{(E|Z_{nK}|)^2 + \mathrm{Var}(Z_{nK})}{\delta^2}$$
$$\leq C \lim_{K \to \infty} \epsilon_K$$
$$= 0$$

が導ける.　■

4.4.3　等間隔・増加領域の場合のパラメータ推定

$\{Y(\boldsymbol{s})\}$ を期待値 0 の確率場とし，またこの確率場の確率を規定するパラメータ・ベクトルを θ とする．観測値 $Y(\boldsymbol{s}_i)\,(i=1,\ldots,N)$ が与えられたとき，$\boldsymbol{Y}_N = (Y(\boldsymbol{s}_1),\ldots,Y(\boldsymbol{s}_N))'$ とおく．$\{Y(\boldsymbol{s})\}$ が正規定常確率場にしたがう場合，θ の対数尤度関数は

$$L_N(\theta;\boldsymbol{Y}_N) = -\frac{N}{2}\ln(2\pi) - \frac{1}{2}\ln\det(V_N(\theta)) - \frac{1}{2}\boldsymbol{Y}_N' V_N^{-1}(\theta)\boldsymbol{Y}_N$$

になる．ここで $V_N(\theta)$ は $N \times N$ 共分散行列で，その (i,j) 成分は $\sigma(\boldsymbol{s}_i,\boldsymbol{s}_j;\theta) = \mathrm{Cov}(Y(\boldsymbol{s}_i),Y(\boldsymbol{s}_j))$ である．

一般に $\det(V_N(\theta))$，$V_N^{-1}(\theta)$ の計算は複雑で時間がかかる．しかし $\mathcal{I}_n = [1,n]^d$，$\mathcal{S}_n = \mathcal{I}_n \cap \boldsymbol{Z}^d$ のような場合には定常過程 ($d=1$) のときと同様に，Whittle [169] によって提案された最尤推定法の近似方法が一般の d に対しても応用できる．

以下ではスペクトル密度関数もパラメータ・ベクトルを明示して $f(\boldsymbol{\lambda};\theta)$ と書く．そして $-\frac{2}{N}L_N(\theta;\boldsymbol{Y}_N)$ から定数項 $\ln(2\pi)$ を削除した部分を

$$L_N^*(\theta;\boldsymbol{Y}_N) = \int_{(-\pi,\pi]^d} \left(\ln f(\boldsymbol{\lambda};\theta) + \frac{I_n^h(\boldsymbol{\lambda})}{f(\boldsymbol{\lambda};\theta)}\right) d\boldsymbol{\lambda}$$

によって近似する．$\ln f(\boldsymbol{\lambda};\theta)$ の積分が $\frac{1}{N}\ln\det V_n(\theta)$ を，$I_n^h(\boldsymbol{\lambda})/f(\boldsymbol{\lambda};\theta)$ の積分が $\frac{1}{N}\boldsymbol{Y}_N' V_N^{-1}(\theta)\boldsymbol{Y}_N$ を各々近似している．このとき $L_N^*(\theta;\boldsymbol{Y}_N)$ を最小にする θ を **Whittle 推定量** という.

$\hat{\theta}_N$ を Whittle 推定量とする．以下では定理 4.16，定理 4.17，定理 4.19 を適用して，$\hat{\theta}_N$ の漸近的性質を導く．まずこれらの定理に用いた条件およびパラメータ・ベクトルに関する条件をまとめておく.

[条件 4.20]　$\{Y(\boldsymbol{s})\}$ は期待値 0，またある $\delta\,(>0)$ に対して $E|Y(\boldsymbol{s})|^{4+2\delta} < \infty$ をみたす強定常確率場とする（正規確率場でなくてもよい）．さらにスペクトル密度関数 $f(\boldsymbol{\lambda};\theta)$ は 2 階連続微分可能な関数，4 次キュムラント・スペクトル密度関数 $f_4(\boldsymbol{\lambda}_1,\boldsymbol{\lambda}_2,\boldsymbol{\lambda}_3;\theta)$ は連続関数とする.

[条件 4.21] 条件 4.20 の $\delta(>0)$ に対して，強混合係数 $\alpha(4,\infty;m)$ は

$$\sum_{m=1}^{\infty} m^{d-1} \alpha(4,\infty;m)^{\delta/(2+\delta)} < \infty$$

をみたす．

[条件 4.22] パラメータ・ベクトル θ は p 次元ベクトル $\theta = (\theta_1,\ldots,\theta_p)'$ とする．真のパラメータを θ_0 とおく．パラメータの集合 $\Theta(\subset \boldsymbol{R}^P)$ はコンパクトでかつ θ_0 は Θ の内点とする．

[条件 4.23] (1) ある定数 $0 < m < M < \infty$ が存在して，任意の $\theta(\in \Theta)$ および任意の $\boldsymbol{\lambda}(\in [-\pi,\pi]^d)$ に対して

$$m \leq f(\boldsymbol{\lambda};\theta) \leq M$$

が成り立つ．さらに $f_{ij}^{(2)}(\boldsymbol{\lambda};\theta)$ $(i,j=1,\ldots,p)$ が存在し，$(\boldsymbol{\lambda};\theta)(\in [-\pi,\pi]^d \times \Theta)$ において連続とする．ここで $f_{ij}^{(2)}(\boldsymbol{\lambda};\theta) = \partial^2 f(\boldsymbol{\lambda};\theta)/\partial\theta_i\partial\theta_j$ である．

(2) $\theta \neq \theta'$ のとき集合 $\{\boldsymbol{\lambda} \mid f(\boldsymbol{\lambda};\theta) \neq f(\boldsymbol{\lambda};\theta')\}$ の Lebesgue 測度は正である．

いま $\Gamma(\theta), B(\theta)$ は，各々 (i,j) 成分が

$$\Gamma(\theta)_{ij} = \frac{1}{2(2\pi)^d} \int_{[-\pi,\pi]^d} \frac{\partial \ln f(\boldsymbol{\lambda};\theta)}{\partial \theta_i} \frac{\partial \ln f(\boldsymbol{\lambda};\theta)}{\partial \theta_j} d\boldsymbol{\lambda},$$

$$B(\theta)_{ij} = \frac{1}{4(2\pi)^d} \int_{[-\pi,\pi]^{2d}} \frac{f_4(\boldsymbol{\lambda},-\boldsymbol{\lambda},\boldsymbol{\mu};\theta)}{f(\boldsymbol{\lambda};\theta)f(\boldsymbol{\mu};\theta)} \frac{\partial \ln f(\boldsymbol{\lambda};\theta)}{\partial \theta_i} \frac{\partial \ln f(\boldsymbol{\mu};\theta)}{\partial \theta_j} d\boldsymbol{\lambda} d\boldsymbol{\mu}$$

である $p \times p$ 行列とする．

このとき $\hat{\theta}_N$ について次の定理を得る．

[定理 4.24] 条件 4.20-4.23 を仮定する．このとき

(1) $\hat{\theta}_N$ は θ_0 に対する一致推定量であり，$p-\lim_{n\to\infty} \hat{\theta}_N = \theta_0$ が成り立つ．

(2) $\Gamma(\theta_0)$ は正則行列と仮定し，$\Delta_0 = \Gamma(\theta_0)^{-1}(\Gamma(\theta_0) + B(\theta_0))\Gamma(\theta_0)^{-1}$ とおく．$d = 1,2,3$ のとき $\sqrt{N}(\hat{\theta}_N - \theta_0)$ の極限分布は $N(\boldsymbol{0}, e(h)\Delta_0)$ である．

証明 (1) 概略を示す．詳細は Guyon [60] を参照されたい．$W_N(\eta)$ を，$\boldsymbol{Y}_N$

が与えられた際に $L_N^*(\theta; \boldsymbol{Y}_N)$ を θ の関数とみなしたときの連続率 (modulus of continuity)

$$W_N(\eta) = \sup_{\theta_1, \theta_2 \in \Theta,\, \|\theta_1 - \theta_2\| \le \eta} |L_N^*(\theta_1; \boldsymbol{Y}_N) - L_N^*(\theta_2; \boldsymbol{Y}_N)|$$

とする．ここで $\theta_i = (\theta_{1i}, \ldots, \theta_{pi})'$, $i = 1, 2$, $\|\theta_1 - \theta_2\| = \sqrt{\sum_{j=1}^p |\theta_{j1} - \theta_{j2}|^2}$ とする．$\{W_N(\eta)\}$ は確率変数列であることに注意しよう．このとき

$$\lim_{N \to \infty} P\left(W_N\left(\frac{1}{k}\right) \ge \epsilon_k\right) = 0 \tag{4.23}$$

かつ $\lim_{k \to \infty} \epsilon_k = 0$ をみたす数列 $\{\epsilon_k\}$ が存在する．

一方 $K(\theta_0, \theta)$ を

$$K(\theta_0, \theta) = \int_{[-\pi, \pi]^d} \left[\left(\frac{f(\boldsymbol{\lambda}; \theta_0)}{f(\boldsymbol{\lambda}; \theta)} - 1\right) - \ln\left(\frac{f(\boldsymbol{\lambda}; \theta_0)}{f(\boldsymbol{\lambda}; \theta)}\right)\right] d\boldsymbol{\lambda}$$

とする．このとき不等式 $x - 1 - \ln x \ge 0\,(x > 0)$（$0$ になるのは $x = 1$ のときのみ）と条件 4.23 (2) より

$$K(\theta_0, \theta) > 0,\ \theta_0 \ne \theta, \quad K(\theta_0, \theta_0) = 0 \tag{4.24}$$

が成立する．また定理 4.16, 定理 4.17 より $L_N^*(\theta; \boldsymbol{Y}_N) - L_N^*(\theta_0; \boldsymbol{Y}_N)$ は $N \to \infty$ のとき，$K(\theta_0, \theta)$ へ確率収束する．

次に任意の $\delta\,(> 0)$ に対して

$$B_{0,\delta} = \{\theta : \|\theta - \theta_0\| < \delta\}$$

とおく．また $2\epsilon = \min_{\theta \in \Theta \setminus B_{0,\delta}} K(\theta_0, \theta)$ とおく．$K(\theta_0, \theta)$ は θ の連続関数であるから，(4.24) より $\epsilon > 0$ となる．

ここで (4.23) をみたす数列 $\{\epsilon_k\}$ を考え，$\epsilon_k < \epsilon$ とする．条件 4.22 より Θ はコンパクト集合であるから有限個（M 個とする）の $\theta_i \in \Theta \setminus B_{0,\delta}\,(i = 1, \ldots, M)$ が存在して，

$$\Theta \setminus B_{0,\delta} \subset \bigcup_{i=1}^M B_{i,k}$$

をみたす．ここで $B_{i,k} = \{\theta : \|\theta_i - \theta\|\} < \frac{1}{k}$ とする．

このとき

$$
\begin{aligned}
\{\hat{\theta} \notin B_{0,\delta}\} &\subset \left\{\min_{\Theta \setminus B_{0,\delta}} L_N^*(\theta; \boldsymbol{Y}_N) < L_N^*(\theta_0; \boldsymbol{Y}_N)\right\} \\
&\subset \left\{\min_{i=1,\ldots,M}(L_N^*(\theta_i; \boldsymbol{Y}_N) - L_N^*(\theta_0; \boldsymbol{Y}_N)) < W_N\left(\frac{1}{k}\right)\right\} \\
&\subset \left\{\min_{i=1,\ldots,M}(L_N^*(\theta_i; \boldsymbol{Y}_N) - L_N^*(\theta_0; \boldsymbol{Y}_N)) < \epsilon\right\} \cup \left\{W_N\left(\frac{1}{k}\right) > \epsilon\right\}
\end{aligned}
\tag{4.25}
$$

が成立する. $N \to \infty$ のとき, $\min_{i=1,\ldots,M}(L_N^*(\theta_i; \boldsymbol{Y}_N) - L_N^*(\theta_0; \boldsymbol{Y}_N))$ は $\min_{i=1,\ldots,M} K(\theta_0, \theta_i)(\geq 2\epsilon)$ に確率収束する. したがって (4.25) 右辺の最初の集合の確率は 0 へ収束する. 一方, 2 番目の集合の確率も $\epsilon_k < \epsilon$ および (4.23) より, 0 に収束し結論を得る.

(2) $L_N^{*(1)}(\theta; \boldsymbol{Y}_N)$ は p 次元ベクトルでその i 成分を $\partial L_N^*(\theta; \boldsymbol{Y}_N)/\theta_i$ とし, $L_N^{*(2)}(\theta; \boldsymbol{Y}_N)$ は $p \times p$ 行列でその (i,j) 成分を $\partial^2 L_N^*(\theta; \boldsymbol{Y}_N)/\partial\theta_i\partial\theta_j$ とする. $\hat{\theta}_N$ は θ_0 に確率収束するので, n が十分大きいとき 1 に近い確率で $\hat{\theta}_N$ は Θ の内点に属し（この部分のより厳密な議論については Klimko=Nelson [89] を参照されたい）, $L_N^*(\theta; \boldsymbol{Y}_N)$ の極値となる. したがって Taylor 展開により

$$\boldsymbol{0} = L_N^{*(1)}(\hat{\theta}_N; \boldsymbol{Y}_N) = L_N^{*(1)}(\theta_0; \boldsymbol{Y}_N) + L_n^{*(2)}(\theta_N^*; \boldsymbol{Y}_N)(\hat{\theta}_N - \theta_0)$$

となる. ここで $\theta_N^* = t_N \theta_0 + (1-t_N)\hat{\theta}_N$, $0 \leq t_N \leq 1$ とする.

次に $\varphi_i = \partial f^{-1}(\boldsymbol{\lambda}; \theta_0)/\partial \theta_i = -f^{-2}(\boldsymbol{\lambda}; \theta_0)(\partial f(\boldsymbol{\lambda}; \theta_0)/\partial \theta_i) = -(\partial \ln f(\boldsymbol{\lambda}; \theta_0)/\partial \theta_i)f^{-1}(\boldsymbol{\lambda}; \theta_0)$ とおけば, $L_N^{*(1)}(\theta_0; \boldsymbol{Y}_N) = (J_n^h(\varphi_1) - J(\varphi_1), \ldots, J_n^h(\varphi_p) - J(\varphi_p))'$ となる. したがって定理 4.19 より $N^{1/2}L_N^{*(1)}(\theta_0; \boldsymbol{Y}_N)$ の極限分布は $N_p(\boldsymbol{0}, 4(2\pi)^{2d}e(h)(\Gamma(\theta_0) + B(\theta_0)))$ である. 一方

$$
\begin{aligned}
L_N^{*(2)}(\theta; \boldsymbol{Y}_N) = \int_{[-\pi,\pi]^d} &\left[\left(\frac{2f^{(1)}(\boldsymbol{\lambda};\theta)f^{(1)'}(\boldsymbol{\lambda};\theta)}{f^3(\boldsymbol{\lambda};\theta)} - \frac{f^{(2)}(\boldsymbol{\lambda};\theta)}{f^2(\boldsymbol{\lambda};\theta)}\right)I_n^h(\boldsymbol{\lambda}) \right. \\
&\left. + \left(\frac{f^{(2)}(\boldsymbol{\lambda};\theta)}{f(\boldsymbol{\lambda};\theta)} - \frac{f^{(1)}(\boldsymbol{\lambda};\theta)f^{(1)'}(\boldsymbol{\lambda};\theta)}{f^2(\boldsymbol{\lambda};\theta)}\right)\right]d\boldsymbol{\lambda}
\end{aligned}
$$

となる. ここで $f^{(1)}(\boldsymbol{\lambda}; \theta) = (\partial f(\boldsymbol{\lambda}; \theta)/\partial \theta_1, \ldots, \partial f(\boldsymbol{\lambda}; \theta)/\partial \theta_p)'$, $f^{(2)}(\boldsymbol{\lambda}; \theta)$ は $p \times p$ 行列でその (i,j) 成分を $\partial^2 f(\boldsymbol{\lambda}; \theta)/\partial \theta_i \partial \theta_j$ とする. $\mathrm{p-lim}_{n \to \infty} \theta_N^* = \theta_0$

および条件 4.23 (1) より，$\text{p}-\lim_{n\to\infty} L_N^{*(2)}(\theta_N^*; \boldsymbol{Y}_N) = \text{p}-\lim_{n\to\infty} L_N^{*(2)}(\theta_0; \boldsymbol{Y}_N) = 2(2\pi)^d \Gamma(\theta_0)$ が成り立ち結論を得る． ∎

[**注意 4.25**]　(1) 正規定常確率場のときには，3 次以上のキュムラントが 0 になる．したがって 4 次のキュムラント・スペクトル密度関数 f_4 は恒等的に 0 であり，$B(\theta)$ はゼロ行列となる．その結果 $\Delta_0 = \Gamma(\theta_0)^{-1}$ となる．

(2) $\{Y(\boldsymbol{s})\}$ は注意 4.18 で定義した線形過程にしたがうとする．このとき定理 3.2 と (4.20) ($k=2$ のときはスペクトル密度関数に関する等式になる)，(4.21) より

$$f_4(\boldsymbol{\lambda}, -\boldsymbol{\lambda}, \boldsymbol{\mu}; \theta) = \frac{\kappa_4}{(2\pi)^d \sigma^4} f(\boldsymbol{\lambda}; \theta) f(\boldsymbol{\mu}; \theta) \tag{4.26}$$

となる．θ を分割して $\theta = (\sigma^2, \phi)'$ とおく．ここで ϕ は定理 3.2 のスペクトル密度関数の表現において，係数部分 $c_{\boldsymbol{t}}$ を決定する $p-1$ 次元パラメータ・ベクトルで

$$\begin{aligned}
f(\boldsymbol{\lambda}; \theta) &= \frac{\sigma^2}{(2\pi)^d} \left| \sum_{\boldsymbol{t} \in \boldsymbol{Z}^d} c_{\boldsymbol{t}}(\phi) \exp(-i(\boldsymbol{t}, \boldsymbol{\lambda})) \right|^2 \\
&= \frac{\sigma^2}{(2\pi)^d} g(\boldsymbol{\lambda}; \phi)
\end{aligned}$$

とおく．さらに $\{Y(\boldsymbol{s})\}$ は因果性および反転可能性をみたすとする．補題 3.9 は一般の d に対しても成り立つ．ただし $4\pi^2$ は $(2\pi)^d$ で置き換える．したがって

$$\sigma^2 = E(Y(\boldsymbol{s}) - \hat{Y}(\boldsymbol{s}))^2 = \sigma^2 \exp\left(\frac{1}{(2\pi)^d} \int_{[-\pi,\pi]^d} \ln g(\boldsymbol{\lambda}; \phi) d\boldsymbol{\lambda}\right)$$

となり，$\int_{[-\pi,\pi]^d} \ln g(\boldsymbol{\lambda}, \phi) d\boldsymbol{\lambda} = 0$ が任意の ϕ について成り立つ．微分と積分が交換可能な場合には

$$\frac{\partial \int \ln g(\boldsymbol{\lambda}; \phi) d\boldsymbol{\lambda}}{\partial \phi} = \int \frac{\partial \ln g(\boldsymbol{\lambda}; \phi)}{\partial \phi} d\boldsymbol{\lambda} = 0 \tag{4.27}$$

をみたす．このとき (4.26), (4.27) より

$$\Gamma(\theta) = \begin{pmatrix} 1/2\sigma^4 & 0 \\ 0 & \Gamma_g(\phi) \end{pmatrix},$$

$$B(\theta) = \begin{pmatrix} \kappa_4/4\sigma^8 & 0 \\ 0 & \mathbf{0} \end{pmatrix}$$

となる．ここで $\Gamma_g(\phi)$ は $\Gamma(\theta)$ の定義において，$f(\boldsymbol{\lambda};\theta)$, θ を各々 $g(\boldsymbol{\lambda};\phi)$, ϕ に置き換えた $(p-1) \times (p-1)$ 行列とする．したがって

$$\Delta_0 = \begin{pmatrix} 2\sigma^4 + \kappa_4 & 0 \\ 0 & \Gamma_g(\phi)^{-1} \end{pmatrix}$$

となる．

(3) 上述の (1), (2) の結果は $d = 1$ については古くから知られている (Brockwell=Davis [17], Hannan [65], Taniguchi=Kakizawa [157])．定理 4.24 はその $d = 2, 3$ への拡張になっている．

(4) さらに Heyde=Gay [68], Ludeña=Lavielle [97] は $f(\boldsymbol{\lambda}, \theta)$ が $\boldsymbol{\lambda} \to \mathbf{0}$ のとき発散する場合，$d = 1$ であれば長期記憶モデルにしたがう場合に定理 4.24 を一般化している．

4.4.4 その他の漸近理論

ここで他の漸近論の枠組みにおける結果の概略を述べておく．まず充填漸近論においては，必ずしもすべてのパラメータの一致推定量を得ることができない．たとえば第 3 章で紹介した Matérn 族において $\nu = 1/2$ とする．このとき

$$C(\boldsymbol{h}) = \sigma^2 \exp(-\alpha \|\boldsymbol{h}\|)$$

となるが，パラメータ・ベクトルを $\theta = (\sigma^2, \alpha)$ とおいたとき，最尤推定量 $\hat{\theta} = (\hat{\sigma}_n^2, \hat{\alpha}_n)$ は一致推定量ではない．理由は 2 つのパラメータの組 (σ_i^2, α_i) ($i = 1, 2$) が $\sigma_1^2 \alpha_1 = \sigma_2^2 \alpha_2$ をみたすとき，正規定常確率場においては，各々が規定する確率分布が充填漸近論の枠組みでは同値（定義 9.5）になってしまうからである (Zhang [177])．同値な確率分布はいくら観測値を増やしても識別で

きず，一致推定量が得られるのはパラメータの積 $\sigma^2 \alpha$ のみである．いま

$$\gamma(\boldsymbol{h}) = E|Y(\boldsymbol{t}+\boldsymbol{h}) - Y(\boldsymbol{t})|^2 = 2(C(\boldsymbol{0}) - C(\boldsymbol{h}))$$

を考えると，$\boldsymbol{h} \to \boldsymbol{0}$ のとき $\gamma(\boldsymbol{h}) \approx 2\sigma^2\alpha\|\boldsymbol{h}\|$ となる．したがって (σ_i^2, α_i) ($i = 1, 2$) が $\sigma_1^2\alpha_1 = \sigma_2^2\alpha_2$ をみたす場合には，充填漸近論の枠組みでは $Y(\boldsymbol{t}+\boldsymbol{h}) - Y(\boldsymbol{t})$ がどちらの確率分布にしたがうか識別できない．なお $\gamma(\boldsymbol{h})$ はバリオグラム (variogram) とよばれ，第 8 章で詳述する．

したがって σ_0^2, α_0 を真のパラメータとしたとき，σ^2 はある値 σ_1^2 に固定して，α のみについて尤度関数を最大にする推定量を $\hat{\alpha}_n$ とおく．$n \to \infty$ のとき，$\hat{\alpha}_n$ は $\sigma_1^2\alpha_1 = \sigma_0^2\alpha_0$ をみたす α_1 に確率 1 で収束し，$\sqrt{n}(\hat{\alpha}_n - \alpha_1)$ の極限分布も正規分布になる (Du 他 [39], Kaufman 他 [82], Zhang [177])．

次に混合漸近論の例を 1 つ紹介する（詳しくは Matsuda=Yajima [113] を参照されたい）．$p = 0$, $q = d$, $D_n = \mathcal{I}_n = [0, A_{1n}] \times \cdots \times [0, A_{dn}]$ とおき，$n \to \infty$ のとき，$A_{in} \to \infty$ ($i = 1, \ldots, d$) を仮定する．以下では記号の簡略化のために A_{in} を A_i と書く．観測値の個数を $k(n)$，観測地点を $\boldsymbol{t}_i$ ($i = 1, \ldots, k(n)$) とおく．観測地点はランダムに選択され

$$\boldsymbol{t}_i = (A_1 u_{i,1}, \ldots, A_d u_{i,d})'$$

とする．ここで $\boldsymbol{u}_i = (u_{i,1}, \ldots, u_{i,d})'$ ($i = 1, \ldots, k(n)$) は互いに独立で同一の分布にしたがい，その密度関数を $g(\boldsymbol{u})$ とする．$g(\boldsymbol{u})$ は $[0, 1]^d$ 内にサポートをもつとする．したがって観測地点は直方体 $\mathcal{I}_n$ 内でランダムに選択される．

次に 4.4.1 項のアナロジーでピリオドグラムは

$$I_n^*(\boldsymbol{\lambda}) = \frac{|\sum_{p=1}^{k(n)} Y(\boldsymbol{t}_p) \exp(i(\boldsymbol{t}_p, \boldsymbol{\lambda}))|^2}{(2\pi)^d \mathrm{Vol}(\mathcal{I}_n) G k(n)^2}$$

によって定義する．ここで $\mathrm{Vol}(\mathcal{I}_n) = \prod_{i=1}^d A_i$ であり，また

$$G = \int_{[0,1]^d} g(\boldsymbol{u})^2 d\boldsymbol{u}$$

とする．そして 4.4.3 項の $L_N^*(\theta; \boldsymbol{Y}_N)$ を

$$L_n^*(\theta; \boldsymbol{Y}_n) = \int_C \left(\ln f(\boldsymbol{\lambda}; \theta) + \frac{I_n^*(\boldsymbol{\lambda})}{f(\boldsymbol{\lambda}; \theta) + c_n(\theta)} \right) d\boldsymbol{\lambda} \qquad (4.28)$$

に変更する．4.4.3項との違いは積分領域が $C(\subset \boldsymbol{R}^d)$ となることおよび $I_n^*(\boldsymbol{\lambda})$ のバイアスを考慮して θ の関数 $c_n(\theta)$ を導入することである．

混合漸近理論に関する条件として

$$\frac{\text{Vol}(\mathcal{I}_n)}{k(n)} \to 0 \quad (n \to \infty)$$

を仮定する．すなわち観測値の総数の方が，観測領域の体積より速く無限大へ発散するものとする．このとき $g(\boldsymbol{u})$, $f(\boldsymbol{\lambda};\theta)$ に対する付加的な条件のもとで，$\{Y(\boldsymbol{s})\}$ が正規定常確率場かつ $d = 1, 2, 3$ ならば $\sqrt{\text{Vol}(\mathcal{I}_n)}(\hat{\theta}_n - \theta)$ の極限分布は $N(\boldsymbol{0}, b\Gamma(\theta_0)^{-1})$ となる．ここで

$$b = \frac{\int_{[0,1]^d} g(\boldsymbol{u})^4 d\boldsymbol{u}}{\left(\int_{[0,1]^d} g(\boldsymbol{u})^2 d\boldsymbol{u} \right)^2}$$

とし，行列 $\Gamma(\theta)$ の (i, j) 成分は

$$\Gamma(\theta)_{ij} = \frac{1}{2(2\pi)^d} \int_D \left(\frac{\partial \ln f(\boldsymbol{\lambda}; \theta)}{\partial \theta_i} \right) \left(\frac{\partial \ln f(\boldsymbol{\lambda}; \theta)}{\partial \theta_j} \right) d\boldsymbol{\lambda}$$

とする．

以下で2, 3注意を与えておく．積分領域 C の選択についてはまだ理論的な指針はない．また $n \to \infty$ のとき，観測値の情報をより多く取り込むために C を $\boldsymbol{R}^d$ に向けて発散させることも考えられるが，これらの問題は今後の課題である．

次に定理4.17のティパー因子と同じく $b \geq 1$ である．$b = 1$ となるのは $g(\boldsymbol{u}) \equiv 1$ すなわち一様分布の場合であるが，一様分布は結果を導出する際に必要な仮定をみたさない．したがって $g(\boldsymbol{u})$ が選択できるならば，n が大きくなるとともに一様分布に近づけていくことが理論的には望ましい．

次に (4.28) の $L_n^*(\theta; \boldsymbol{Y}_n)$ の定義においては，4.4.3項と異なりティパー型ピリオドグラムの代わりに生のピリオドグラム $I_n^*(\boldsymbol{\lambda})$ を用いている．これは観測地点のランダム・サンプリングがティパーを用いるのと同じ機能を果たしているからである．ただしティパー型ピリオドグラムを用いてもバイアスを補正

する関数 $c_n(\theta)$ を別の関数で置き換えれば同様の結果を得る．またこのとき共分散行列に現れる b は

$$b_h = \frac{\int_{[0,1]^d} \{h(\boldsymbol{u})g(\boldsymbol{u})\}^4 d\boldsymbol{u}}{\left(\int_{[0,1]^d} \{h(\boldsymbol{u})g(\boldsymbol{u})\}^2 d\boldsymbol{u}\right)^2}$$

に変化する．

最後に G は一般に未知である．G を求めるにはカーネル法などのノンパラメトリックな手法を用いて一致推定量を構成する必要がある．

4.5 モデルの検定

本節では 3.2 節で紹介した定常確率場に対する基本的なモデル，等方型モデル・分離型モデルの検定方法について説明する．

まず等方型モデルの検定方法から考える．等方型モデルの自己共分散関数 $C(\boldsymbol{h})$ はベクトル $\boldsymbol{h}$ のノルム $\|\boldsymbol{h}\|$ のみによって決まり，方向には依存しない．したがってノルムが等しい $\boldsymbol{h}$ に対する標本自己共分散関数の差が有意か否かを調べることにより検定できる．4.3 節と同様に推定する自己共分散の集合を $\boldsymbol{G} = \{C(\boldsymbol{h}) : \boldsymbol{h} \in \Delta\}$，$|\Delta| = m$，推定量の集合を $\hat{\boldsymbol{G}}_n = \{\hat{C}_n(\boldsymbol{h}) : \boldsymbol{h} \in \Delta\}$ とする．$\boldsymbol{G}, \hat{\boldsymbol{G}}_n$ は m 次元ベクトルとみなす．ここで $\boldsymbol{A}$ を $p \times m$ 行列とし，各行には 1 と -1 が 1 つずつあり，その他は 0 とする．また $\boldsymbol{A}$ の i ($i = 1, \ldots, p$) 行の j_i 成分が 1，j_i' 成分が -1 のときには，$\|\boldsymbol{h}_{j_i}\| = \|\boldsymbol{h}_{j_i'}\|$ をみたすとする．したがって等方型モデルが正しければ $\boldsymbol{AG} = \boldsymbol{0}$ が成り立つ．たとえば $d = 2$，$m = 4$，$p = 2$，$\Delta = \{(0,1), (1,1), (1,0), (1,-1)\}$，$\boldsymbol{G} = (C(0,1), C(1,1), C(1,0), C(1,-1))'$，

$$\boldsymbol{A} = \begin{pmatrix} 1 & 0 & -1 & 0 \\ 0 & 1 & 0 & -1 \end{pmatrix}$$

とおけば，$\boldsymbol{AG} = (0,0)'$ となる．

いま帰無仮説を等方型モデルとする．このとき Σ を $\hat{\boldsymbol{G}}$ の極限分布の共分散行列とすれば，定理 4.5 のもとでは $|\mathcal{S}_n|\hat{\boldsymbol{G}}'A'(\boldsymbol{A\Sigma A'})^{-1}A\hat{\boldsymbol{G}}$ の極限分布が，

定理 4.14 のもとでは $\lambda_n \text{Vol}(\mathcal{I}_n)\hat{\boldsymbol{G}}'\boldsymbol{A}'(\boldsymbol{A}\Sigma\boldsymbol{A}')^{-1}\boldsymbol{A}\hat{\boldsymbol{G}}$ の極限分布が自由度 p の χ^2 分布にしたがうので,これらの統計量を検定に用いることができる.

ただし実際に検定を行う場合,2 つの問題が生じる.1 つは $\boldsymbol{A}$ の選択でありもう 1 つは Σ が未知なのでその推定方法である.一般に $\|\boldsymbol{h}\|$ が大きいと,$C(\boldsymbol{h})$ の推定に用いることができるデータ数が少なくなるので,十分にデータが確保できる $\boldsymbol{h}$ を選択することが望ましい.

次に Σ の推定方法であるが,定理 4.5 の場合,ノンパラメトリックな方法で推定することは不可能ではない.しかし 4 次モーメントの無限級数となり,$\|\boldsymbol{s}\|$ が大きいときの推定精度は良くない.代替的な方法としてサブサンプリングがある.この方法ではまず観測可能領域 D_n を相似な小領域に分割して,各々の小領域で $\boldsymbol{G}$ を推定する.そしてこれらの複数個の推定量の標本共分散行列を Σ の推定量とする.この推定量は条件 4.3,条件 4.4(ただし $\delta > 2$ とする)のもとで一致推定量になることが証明されている (Guan 他 [57]).

一方,定理 4.14 の場合には,Σ は対角行列となるので推定はより簡単になり,自己共分散関数と同様の方法で $Q(\boldsymbol{0}, \boldsymbol{h}_i, \boldsymbol{h}_i)$ $(i = 1, \ldots, m)$ を推定できる.ただしサンプル数は有限であるから,その場合には非対角成分も推定した方がよい場合もあり,そのときにはサブサンプリングなどを用いて推定する.

次に分離型モデルの検定を考える.$p = d-1$,$q = 1$,$\mathcal{I}_n = [0,n]$ および $\mathcal{S}_n = F \times [1, \ldots, n]$ の場合を説明する.ここで F は $\mathcal{F}$ の r 個の要素からなる部分集合で $F = \{\boldsymbol{s}_i \mid i = 1, \ldots, r\}$ とおく.$[1, 2, \ldots, n]$ を観測時点とみなせば,$\{Y(\boldsymbol{s}_i, t) \mid i = 1, \ldots, r,\ t = 1, \ldots, n\}$ は r 次元多変量定常過程となる.その $r \times r$ スペクトル密度行列 $f(\lambda)$ は,分離型モデルのもとでは

$$f(\lambda) = \Sigma g(\lambda) \tag{4.29}$$

となる.ここで $\Sigma = (\sigma_{ij})$ は $r \times r$ 共分散行列で,その (i,j) 成分は $\text{Cov}(Y(\boldsymbol{s}_i, t), Y(\boldsymbol{s}_j, t))$ である.また $g(\lambda)$ は非負かつ $[-\pi, \pi]$ 上で可積分な関数であり,$\sigma_{ii} g(\lambda)$ は i を固定したときの 1 変量定常過程 $\{Y(\boldsymbol{s}_i, t)\}$ のスペクトル密度関数になる.

したがって帰無仮説が分離型モデルのときには,(4.29) が推定量において成り立つとみなせるか否かを検定すればよい.

まず Σ の推定量としては，標本共分散行列を用いればよい．すなわち σ_{ij} の推定量は

$$\hat{\sigma}_{ij} = \frac{1}{n}\sum_{t=1}^{n}(Y(\boldsymbol{s}_i,t)-\overline{Y}_i)(Y(\boldsymbol{s}_j,t)-\overline{Y}_j)$$

とする．ここで $\overline{Y}_i = \frac{1}{n}\sum_{t=1}^{n}Y(\boldsymbol{s}_i,t)\,(i=1,\ldots,r)$ である．

次に $f(\lambda)$ と $g(\lambda)$ の推定量を構成する．まず各 $a\,(a=1,\ldots,r)$ に対する $Y(\boldsymbol{s}_a,t)\,(t=1,\ldots,n)$ の離散フーリエ変換を $W_a(\lambda) = \frac{1}{\sqrt{2\pi n}}\sum_{t=1}^{n}Y(\boldsymbol{s}_a,t)\exp(it\lambda)\,(a=1,\ldots,r)$ とおき，$Y(\boldsymbol{s}_a,t)$ と $Y(\boldsymbol{s}_b,t)$ の交差ピリオドグラム (cross periodogram) を

$$I_{Y,ab}^*(\lambda) = W_a(\lambda)\overline{W_b(\lambda)}, \quad a,b = 1,\ldots,r$$

によって定義し，ピリオドグラム行列を $I_Y^*(\lambda) = (I_{Y,ab}^*(\lambda))$ とする．対角成分は 4.4.1 項で定義したピリオドグラムの $d=1$ の場合に相当する．Fourier 周波数 $\frac{2\pi j}{n}$ を $\lambda_j\,(j=0,\pm 1,\ldots)$ とする．以下では簡単のため $I_Y^*(\lambda_j)$ を $I_{Y,j}^*$ と書く．

また $f_t = f(\lambda_t)$ と書き，f_t に対する推定量として，平滑化ピリオドグラム (smoothed periodogram)

$$\hat{f}_{U,t} = \frac{1}{w^*}\sum_{j=-m/2}^{m/2} w_j I_{Y,t+j}^*, \quad t = 1,\ldots,[n/2]$$

を用いる．$w_j\,(j=-m/2,\ldots,m/2)$ はウエイトの数列で $w^* = \sum_{j=-m/2}^{m/2} w_j$ とおく．$\hat{f}_{U,t}$ は一般にどのようなモデルのもとでも f_t の一致推定量になる．一方，もう 1 つの推定量 $\hat{f}_{R,t} = (\hat{f}_{R,ab,t})$ を

$$\hat{f}_{R,t} = \hat{\Sigma}\hat{g}_t,$$

$$\hat{g}_t = \sum_{a=1}^{r} \hat{f}_{U,aa,t}/\hat{\sigma}_{aa}$$

によって定義する．(4.29) に注意すれば $\hat{f}_{R,t}$ は分離型モデルが正しいモデルであるときにのみ，一致推定量になる．したがって周波数 $t=1,\ldots,[n/2]$ に

わたって行列 $f_{U,t}$ と $f_{R,t}$ の差を測る関数を検定統計量として，これが小さいときには分離型モデルを棄却せず逆に大きいときには棄却すればよい．詳細はYajima=Matsuda [173] を参照されたい．

4.6 補題とその証明

[補題 4.26] (1)
$$\int_{[-\pi,\pi]} k_n(\mu) \sin^2\left(\frac{\mu}{2}\right) d\mu = \frac{\int_0^1 h'(\mu)^2 d\mu}{4n^2 \int_0^1 h(\mu)^2 d\mu}(1+o(1))$$

が成り立つ．ここで ρ は $\rho^{-1} = o(N^{1/3d}) = o(n^{1/3})$ であれば，n に依存して変化してもよい．

(2) $0 < \eta \leq \pi$ とする．このとき
$$\int_{|\mu|>\eta} k_n(\mu) d\mu = O(n^{-3}) \eta^{-3} \rho^{-4}$$

となる．

証明 (1) C は n あるいは関数に依存しない正定数とする．$h(x) = 0$, $x \notin [0,1]$ とおけば，部分和の公式より

$$\sin\left(\frac{\mu}{2}\right) H_n(\mu) = -\frac{ie^{-i\mu/2}}{2} \sum_{j=0}^n \delta_n(j) \exp(-ij\mu)$$

となる．ここで

$$\delta_n(j) = h\left(\frac{j+1/2}{n}\right) - h\left(\frac{j-1/2}{n}\right)$$

とする．Parseval の等式（定理 9.38）より

$$\int_{[-\pi,\pi]} \kappa_n(\mu) \sin^2\left(\frac{\mu}{2}\right) d\mu = \frac{1}{4h_n} \sum_{j=0}^n \delta_n(j)^2$$

となる．ここで $A_j = [\frac{j-1/2}{n}, \frac{j+1/2}{n}]$ $(j = 0, \ldots, n)$ とおく．このとき Taylor

展開により，ある $\bar{\mu}_j \in A_j$ が存在して

$$\delta_n^2(j) = n^{-1}\int_{A_j} h'(\mu)^2 d\mu + n^{-1}\int_{A_j}(h'(\bar{\mu}_j)^2 - h'(\mu)^2)d\mu$$

と書ける．いま D は $\{0,1,\ldots,n\}$ の部分集合で，$j \in D$ のとき A_j は $h'(x)$ の不連続点を含むとする．$h'(x)$ が不連続になる可能性があるのは $x=0, \rho/2,$ $1-\rho/2, 1$ のときであるから，D は高々 4 点集合である．このとき $\gamma = \sup_{\mu\in[0,1]}|h'(\mu)|\sup_{\mu\in[0,1]}|h''(\mu)|$ とおけば

$$\left|\sum_{j\notin D}\int_{A_j}(h'(\bar{u}_j)^2 - h'(u)^2)du\right| \leq 2\gamma n^{-1}$$

が成り立つ．ここで γ は $\gamma \leq C\rho^{-3}$ をみたす．したがって ρ が n に依存しない場合，あるいは依存しても $\rho \to 0$ かつ $\rho^{-1} = o(n^{1/3})$ であれば左辺は 0 へ収束する．最後に $n^{-1}h_n \to \int_0^1 h^2(u)du$ となり，$\delta_n(j)^2\,(j \in D)$ は和をとるとき無視できるので結論を得る．

(2) $\delta_n(j) = n^{-1}\int_0^1 h'(\frac{j-1/2+x}{n})dx$ であるから，再び部分和の公式より

$$H_n(\mu) = \frac{1}{n(\exp(i\mu)-1)^2}$$
$$\times \int_0^1\left[\sum_{j=-1}^n\left(h'\left(\frac{j+1/2+x}{n}\right) - h'\left(\frac{j-1/2+x}{n}\right)\right)\exp(-ij\mu)\right]dx$$

となる．したがって

$$|H_n(\mu)| \leq \frac{C}{n\sin(\mu/2)^2\rho^2}$$

が成立し，結論を得る． ∎

ティパー型離散フーリエ変換について，次の結果が成り立つ．

[補題 4.27] (1) ティパー型離散フーリエ変換の高次キュムラントについて

$$\mathrm{cum}(d_n(\boldsymbol{\alpha}_1),\ldots,d_n(\boldsymbol{\alpha}_k))$$
$$=\int_{[-\pi,\pi]^{(k-1)d}} f_k(\boldsymbol{\gamma}_1,\ldots,\boldsymbol{\gamma}_{k-1}) \prod_{i=1}^{k-1} H_{1,n}(\boldsymbol{\alpha}_i-\boldsymbol{\gamma}_i)$$
$$\times H_{1,n}(\boldsymbol{\alpha}_k+\boldsymbol{\gamma}_1+\cdots+\boldsymbol{\gamma}_{k-1}) \prod_{i=1}^{k-1} d\boldsymbol{\gamma}_i$$

が成り立つ.

(2) $\phi_{k,n}:[-\pi,\pi]^{(k-1)d}\to\boldsymbol{R}$ を,$H_{k,n}(\boldsymbol{0})\neq 0$ のとき

$$\phi_{k,n}(\boldsymbol{\alpha}_1,\ldots,\boldsymbol{\alpha}_{k-1})=\frac{1}{(2\pi)^{(k-1)d}H_{k,n}(\boldsymbol{0})}\prod_{i=1}^{k-1}H_{1,n}(\boldsymbol{\alpha}_i)H_{1,n}\left(-\sum_{i=1}^{k-1}\boldsymbol{\alpha}_i\right)$$

によって定義する.$H_{k,n}(\boldsymbol{0})=0$ のときは 0 とする.このとき $g:[-\pi,\pi]^{(k-1)d}\to\boldsymbol{R}$ が連続関数ならば,

$$\int_{[-\pi,\pi]^{(k-1)d}}\phi_{k,n}(\boldsymbol{\alpha})g(\boldsymbol{\lambda}-\boldsymbol{\alpha})d\boldsymbol{\alpha}=g(\boldsymbol{\lambda})[1+o(1)]$$

が成り立つ.

(3) キュムラント・スペクトル密度関数 f_k が連続関数ならば

$$\mathrm{cum}(d_n(\boldsymbol{\alpha}_1),\ldots,d_n(\boldsymbol{\alpha}_k))$$
$$=(2\pi)^{d(k-1)}H_{k,n}\left(\sum_{i=1}^k\boldsymbol{\alpha}_i\right)f_k(\boldsymbol{\alpha}_1,\ldots,\boldsymbol{\alpha}_{k-1})[1+o(1)]$$

が成り立つ.ここで $o(1)$ の項は $\boldsymbol{\alpha}_i\,(i=1,\ldots,k)$ に関して一様である.

証明 $d=1$ の場合について概略を示す.詳細は Dahlhaus [30] を参照されたい.$d\geq 2$ の場合も,彼の証明方法をそのまま一般化できる.

(1)
$$\operatorname{cum}(d_n(\alpha_1),\ldots,d_n(\alpha_k))$$
$$= \sum_{s_1,\ldots,s_k \in \mathcal{S}_n} a_n(s_1)\cdots a_n(s_k)$$
$$\times Q(s_1 - s_k,\ldots,s_{k-1} - s_k) \exp\left(-i\sum_{j=1}^{k} s_j \alpha_j\right)$$

となる.$Q(s_2 - s_1,\ldots,s_k - s_1)$ に (4.19) を適用すれば導かれる.

(2) $\{\phi_{k,n}(\alpha_1,\ldots,\alpha_{k-1}), n=1,2,\ldots\}$ は以下の 3 つの性質

(i) $\displaystyle\sup_n \int_{[-\pi,\pi]^{k-1}} |\phi_{k,n}(\alpha_1,\ldots,\alpha_{k-1})| \prod_{i=1}^{k-1} d\alpha_i < \infty,$

(ii) $\displaystyle\lim_{n\to\infty} \int_{[-\pi,\pi]^{k-1}} \phi_{k,n}(\alpha_1,\ldots,\alpha_{k-1}) \prod_{i=1}^{k-1} d\alpha_i = 1,$

(iii) $\displaystyle\lim_{n\to\infty} \int_{[-\pi,\pi]^{k-1}\setminus\{|\alpha|<\delta\}} |\phi_{k,n}(\alpha_1,\ldots,\alpha_{k-1})| \prod_{i=1}^{k-1} d\alpha_i = 0$

をみたす.ここで δ は任意の正の実数,$|\alpha| = \max_{i=1,\ldots,k-1} |\alpha_i|$ とする.一般にこれらの性質をみたす関数列と連続関数 $g: [-\pi,\pi]^{k-1}$ に対しては,上述の結果が成立する.

(3) $H_{1,n}(\alpha)$ は
$$\int_{[-\pi,\pi]^{k-1}} \prod_{i=1}^{k-1} H_{1,n}(\alpha_i - \gamma_i) H_{1,n}(\alpha_k + \gamma_1 + \cdots + \gamma_{k-1}) \prod_{i=1}^{k-1} d\gamma_i$$
$$= (2\pi)^{k-1} H_{k,n}\left(\sum_{i=1}^{k} \alpha_i\right)$$

をみたす.したがって (1) より

$$\int_{[-\pi,\pi]^{k-1}} \{f_k(\gamma_1,\ldots,\gamma_{k-1}) - f_k(\alpha_1,\ldots,\alpha_{k-1})\}$$
$$\times \prod_{i=1}^{k-1} H_{1,n}(\alpha_i - \gamma_i) H_{1,n}(\alpha_k + \gamma_1 + \cdots + \gamma_{k-1}) \prod_{i=1}^{k-1} d\gamma_i$$
$$= o(1)$$

を示せばよい. ∎

[補題 4.28] 定理 4.19 と同じ条件を仮定する. このとき $\hat{C}(\boldsymbol{h}_i) - C(\boldsymbol{h}_i)$ ($i = 1,\ldots,p$) の極限分布は $N_p(\boldsymbol{0}, \Sigma)$ となる. ここで Σ は $p \times p$ 行列で, その (l, m) 成分は定理 4.17 において $\varphi_1 = e^{-i(\boldsymbol{h}_l, \boldsymbol{\lambda})}$, $\varphi_2 = e^{-i(\boldsymbol{h}_m, \boldsymbol{\lambda})}$ を代入した値である.

証明 Dahlhaus=Künsch [31] を参照されたい. ∎

第 5 章

時空間データの予測

様々な地点で得られた観測値を用いて他の地点の値を予測することは，時空間統計解析の主要な目的の1つである．本章では誤差項が時空間相関をもつ回帰モデルの枠組みにおける未知の値の予測方法について説明する．5.1 節では説明変数の回帰係数が既知の場合について，最良線形予測量 (BLP) の計算方法を導く．5.2 節では回帰係数が未知の場合について，最良線形不偏予測量 (BLUP) の計算方法を導く．5.3 節では各地点で観測された値から，別の地点ではなく地域の値を予測するブロック・クリギングについて考える．最後に 5.4 節では共分散ティパリングとよばれる予測量の高速計算方法を紹介する．

5.1 最良線形予測量

本章では $Y(\boldsymbol{s})$ が説明変数 $g_i(\boldsymbol{s})\,(i=1,\ldots,k)$ と時空間相関をもつ誤差項からなる回帰モデル

$$Y(\boldsymbol{s}) = g(\boldsymbol{s})'\beta + \epsilon(\boldsymbol{s}) \tag{5.1}$$

を考える．ここで $g(\boldsymbol{s}) = (g_1(\boldsymbol{s}),\ldots,g_k(\boldsymbol{s}))'$ は説明変数ベクトル，$\beta = (\beta_1,\ldots,\beta_k)'$ は回帰係数ベクトルとし，誤差項 $\{\epsilon(\boldsymbol{s})\}$ は期待値 0 の確率場とする．誤差項の分散・共分散は，実際のデータでは推定する必要があるが，本章では既知とする．なお，定常確率場だけでなく一般の確率場を考える．

いま，地点 $s_i(i = 1, \ldots, n)$ における値 $Y(s_i)$ が観測されたと仮定し，他の地点 s_0 における値 $Y(s_0)$ を予測したいとする．本節では β は既知と仮定する．未知の場合については次節で考える．平均 2 乗誤差を最小にする予測量は条件付き期待値 $E(Y(s_0)|Y(s_i), i = 1, \ldots, n)$ であるが，その計算には $Y(s_i)\,(i = 0, 1, \ldots, n)$ の同時確率分布関数が必要になり，正規分布にしたがう場合を除いて一般には困難である．そこで予測量としては，確率場の期待値・分散・共分散が既知であれば平均 2 乗予測誤差が計算できる**線形予測量** (linear predictor)

$$P(Y; s_0) = \sum_{i=1}^{n} l_i Y(s_i) + c \tag{5.2}$$

を考える．ここで c は定数とする．このとき平均 2 乗予測誤差 $E[(Y(s_0) - P(Y; s_0))^2]$ を最小にする係数ベクトル $l = (l_1, \ldots, l_n)'$ と定数 c は以下のようになる．

[定理 5.1] モデル (5.1) に対して，(5.2) によって表現される線形予測量の中で平均 2 乗予測誤差 $E[(Y(s_0) - P(Y; s_0))^2]$ を最小にする l は以下の n 元線形連立方程式の解

$$\Sigma l = C \tag{5.3}$$

となり，また $c = g(s_0)'\beta - \sum_{i=1}^{n} l_i g(s_i)'\beta$ である．ここで Σ は $n \times n$ 共分散行列で，その第 (i, j) 成分は $\mathrm{Cov}(\epsilon(s_i), \epsilon(s_j))$ である．また C は n 次元ベクトルでその第 i 成分は $\mathrm{Cov}(\epsilon(s_0), \epsilon(s_i))$ である．この予測量を**最良線形予測量** (Best Linear Predictor, BLP) という．そのときの平均 2 乗予測誤差は $\sigma_0^2 - l'C$ である．ここで $\sigma_0^2 = \mathrm{Var}(\epsilon(s_0))$ である．

証明 平均 2 乗予測誤差は

$$E[(Y(\boldsymbol{s}_0) - P(Y; \boldsymbol{s}_0))^2]$$
$$= E\left[\left\{(Y(\boldsymbol{s}_0) - g(\boldsymbol{s}_0)'\beta) - \sum_{i=1}^n l_i(Y(\boldsymbol{s}_i) - g(\boldsymbol{s}_i)'\beta)\right.\right.$$
$$\left.\left. - \left(c - g(\boldsymbol{s}_0)'\beta + \sum_{i=1}^n l_i g(\boldsymbol{s}_i)'\beta\right)\right\}^2\right]$$
$$= E\left[\left\{(Y(\boldsymbol{s}_0) - g(\boldsymbol{s}_0)'\beta) - \sum_{i=1}^n l_i(Y(\boldsymbol{s}_i) - g(\boldsymbol{s}_i)'\beta)\right\}^2\right]$$
$$+ \left(c - g(\boldsymbol{s}_0)'\beta + \sum_{i=1}^n l_i g(\boldsymbol{s}_i)'\beta\right)^2 \tag{5.4}$$

となる．したがって任意の $l_i\,(i=1,\ldots,n)$ に対して $c = g(\boldsymbol{s}_0)'\beta - \sum_{i=1}^n l_i g(\boldsymbol{s}_i)'\beta$ ととれば，(5.4) の右辺第 2 項は 0 にできるので，まず第 1 項を最小にする l をもとめればよい．

任意の n 次元ベクトル $l, \tilde{l}$ に対して

$$E\left[\left\{(Y(\boldsymbol{s}_0) - g(\boldsymbol{s}_0)'\beta) - \sum_{i=1}^n (l_i + \tilde{l}_i)(Y(\boldsymbol{s}_i) - g(\boldsymbol{s}_i)'\beta)\right\}^2\right]$$
$$= \sigma_0^2 - 2(l+\tilde{l})'C + (l+\tilde{l})'\Sigma(l+\tilde{l})$$
$$= \sigma_0^2 - 2l'C + l'\Sigma l + \tilde{l}'\Sigma\tilde{l} + 2(\Sigma l - C)'\tilde{l} \tag{5.5}$$

となる．

いま Σ の第 i 列ベクトルを $\boldsymbol{\sigma}_i\,(i=1,\ldots,n)$ とおき，$C \in \overline{\mathrm{sp}}\{\boldsymbol{\sigma}_i, i = 1,\ldots,n\}$ (定義 9.32) が成り立つことを示す．$\boldsymbol{u}$ を $\overline{\mathrm{sp}}\{\boldsymbol{\sigma}_i, i = 1,\ldots,n\}^\perp$ (定義 9.35) に属する任意の n 次元ベクトルとする．このとき Σ が対称行列 ($\Sigma' = \Sigma$) であることに注意すれば，$\mathrm{Var}(\boldsymbol{u}'\boldsymbol{Y}_n) = \boldsymbol{u}'\Sigma'\boldsymbol{u} = 0$ すなわち $\boldsymbol{u}'\boldsymbol{Y}_n = \boldsymbol{u}'E(\boldsymbol{Y}_n)$ が成り立つ．ここで $\boldsymbol{Y}_n = (Y(\boldsymbol{s}_1),\ldots,Y(\boldsymbol{s}_n))'$, $E(\boldsymbol{Y}_n) = (E(Y(\boldsymbol{s}_1)),\ldots,E(Y(\boldsymbol{s}_n)))'$ とする．したがって $0 = \mathrm{Cov}(Y(\boldsymbol{s}_0), \boldsymbol{u}'\boldsymbol{Y}_n) = C'\boldsymbol{u}$ となり，

$$C \in \{\overline{\mathrm{sp}}\{\boldsymbol{\sigma}_i, i = 1,\ldots,n\}^\perp\}^\perp = \overline{\mathrm{sp}}\{\boldsymbol{\sigma}_i, i = 1,\ldots,n\}$$

が成立する．したがって，あるベクトル l が存在して $\Sigma l = C$ となる．このよ

うな l を (5.5) に代入すると，任意の $\tilde{l}$ に対して $\mathrm{Var}(\tilde{l}'\boldsymbol{Y}_n) = \tilde{l}'\Sigma\tilde{l} \geq 0$ となることに注意すれば

$$E\left[\left\{(Y(\boldsymbol{s}_0) - g(\boldsymbol{s}_0)'\beta) - \sum_{i=1}^{n}(l_i + \tilde{l}_i)(Y(\boldsymbol{s}_i) - g(\boldsymbol{s}_i)'\beta)\right\}^2\right]$$
$$= \sigma_0^2 - 2l'C + l'\Sigma l + \tilde{l}'\Sigma\tilde{l}$$
$$\geq \sigma_0^2 - 2l'C + l'\Sigma l \tag{5.6}$$

となる．したがって l が平均 2 乗予測誤差の下限を達する係数ベクトルであることがわかる．(5.6) に (5.3) を代入すれば平均 2 乗予測誤差を得る． ∎

[**注意 5.2**] (1) Σ が正則行列の場合には，(5.3) の解が $l = \Sigma^{-1}C$ となり，l は一意的に定まる．また平均 2 乗予測誤差は $\sigma_0^2 - C'\Sigma^{-1}C$ となる．正則でない場合には (5.3) をみたす l は複数個存在するが，実際にはこれらはみな同じ予測量であることを示す．定理 5.1 でもとめた最良線形予測量を $l_0 + l'\boldsymbol{Y}_n$，別の最良線形予測量を $\tilde{l}_0 + \tilde{l}'\boldsymbol{Y}_n$ とする．ここで $l_0 = c = g(\boldsymbol{s}_0)'\beta - \sum_{i=1}^{n} l_i g(\boldsymbol{s}_i)'\beta$, $\tilde{l}_0 = g(\boldsymbol{s}_0)'\beta - \sum_{i=1}^{n} \tilde{l}_i g(\boldsymbol{s}_i)'\beta$ とする．このとき

$$E[(Y(\boldsymbol{s}_0) - (\tilde{l}_0 + \tilde{l}'\boldsymbol{Y}_n))^2]$$
$$= E[(Y(\boldsymbol{s}_0) - (l_0 + l'\boldsymbol{Y}_n))^2]$$
$$\quad + 2E[(Y(\boldsymbol{s}_0) - (l_0 + l'\boldsymbol{Y}_n))((l_0 - \tilde{l}_0) + (l - \tilde{l})'\boldsymbol{Y}_n)]$$
$$\quad + E[((l_0 - \tilde{l}_0) + (l - \tilde{l})'\boldsymbol{Y}_n)^2]$$
$$= E[(Y(\boldsymbol{s}_0) - (l_0 + l'\boldsymbol{Y}_n))^2] + E[((l_0 - \tilde{l}_0) + (l - \tilde{l})'\boldsymbol{Y}_n)^2]$$

が成立する．2 番目の等式は (5.3) より

$$E[(Y(\boldsymbol{s}_0) - (l_0 + l'\boldsymbol{Y}_n))((l_0 - \tilde{l}_0) + (l - \tilde{l})'\boldsymbol{Y}_n)]$$
$$= E\left[\left(\epsilon(\boldsymbol{s}_0) - \sum_{i=1}^{n} l_i \epsilon(\boldsymbol{s}_i)\right)\left(\sum_{i=1}^{n}(l_i - \tilde{l}_i)\epsilon(\boldsymbol{s}_i)\right)\right]$$
$$= (l - \tilde{l})'C - (l - \tilde{l})'\Sigma l$$
$$= 0$$

が成立するからである．いま $E[(Y(\boldsymbol{s}_0) - (l_0 + l'\boldsymbol{Y}_n))^2] = E[(Y(\boldsymbol{s}_0) - (\tilde{l}_0 + \tilde{l}'\boldsymbol{Y}_n))^2]$ が成立しているので，$E[((l_0 + l'\boldsymbol{Y}_n) - (\tilde{l}_0 + \tilde{l}'\boldsymbol{Y}_n))^2] = 0$ を得る．したがって $l_0 + l'\boldsymbol{Y}_n = \tilde{l}_0 + \tilde{l}'\boldsymbol{Y}_n$ である．

(2) (5.3) は Hilbert 空間の射影の概念から導くこともできる．$Z(\boldsymbol{s}) = (Y(\boldsymbol{s}) - g(\boldsymbol{s}))'\beta\ (\boldsymbol{s} \in D)$ とおく．いま，Hilbert 空間 $\mathcal{H}$，その部分空間 $\mathcal{M}$，内積を各々 $\mathcal{H} = \overline{\mathrm{sp}}\{Z(\boldsymbol{s}), \boldsymbol{s} \in D\}$, $\mathcal{M} = \overline{\mathrm{sp}}\{Z(\boldsymbol{s}_i), i = 1, \dots, n\}$, $(Z(\boldsymbol{s}), Z(\boldsymbol{t}))_\mathcal{H} = E[Z(\boldsymbol{s})Z(\boldsymbol{t})] = \mathrm{Cov}(Y(\boldsymbol{s}), Y(\boldsymbol{t}))$ によって定義する．このとき (5.4) の第1項を最小にする l をもとめることは，$Z(\boldsymbol{s}_0)$ の $\mathcal{M}$ への射影（定義 9.34）をもとめることに他ならない．したがって定理 9.36 より $l_i\ (i = 1, \dots, n)$ は

$$\left(Z(\boldsymbol{s}_0) - \sum_{i=1}^n l_i Z(\boldsymbol{s}_i), Z(\boldsymbol{s}_j)\right)_\mathcal{H}$$
$$= E\left[\left(Z(\boldsymbol{s}_0) - \sum_{i=1}^n l_i Z(\boldsymbol{s}_i)\right) Z(\boldsymbol{s}_j)\right] = 0, \quad j = 1, \dots, n$$

をみたす．これらの条件を行列とベクトルで表現したのが (5.3) である．

5.2 最良線形不偏予測量

前節と同様に回帰モデル (5.1) を考える．いま $n \times k$ 行列 G を $G = (g(\boldsymbol{s}_1), \dots, g(\boldsymbol{s}_n))'$ によって定義する．このとき定理 5.1 でもとめた BLP は，Σ が正則行列であれば

$$g(\boldsymbol{s}_0)'\beta + C'\Sigma^{-1}(\boldsymbol{Y}_n - G\beta)$$

となる．

ただし本節では β は未知であるとする．このとき G がフル・ランク rank$(G) = k$ であることを仮定すれば，β を最良線形不偏推定量 (best linear unbiased estiomator, BLUE) $\hat{\beta} = (G'\Sigma^{-1}G)^{-1}G'\Sigma^{-1}\boldsymbol{Y}_n$ によって代替するのは自然な考え方である．

もう1つのアプローチは，不偏性の制約条件 $E(c + l'\boldsymbol{Y}_n) = E(Y(\boldsymbol{s}_0))$ をみたす線形推定量の中で，平均2乗予測誤差を最小にする予測量をもとめるこ

とである．この予測量を**最良線形不偏予測量** (Best Linear Unbiased Predictor, BLUP) という．

以下では最良線形不偏予測量の導出について考える．まず不偏性の条件は $c + l'G\beta = g(\boldsymbol{s}_0)'\beta$ が任意の β に対して成立することであるから

$$c = 0, \quad G'l = g(\boldsymbol{s}_0) \tag{5.7}$$

と同値である．したがって線形不偏推定量 (linear unbiased predictor, LUP) が存在するための必要十分条件は，$g(\boldsymbol{s}_0) \in \bar{\mathrm{sp}}\{g(\boldsymbol{s}_i), i = 1, \ldots, n\}$ となり，以下ではこの条件を仮定する．

このとき (5.7) をみたす l を 1 つ固定すれば，任意の線形不偏予測量は $G'\tilde{l} = \boldsymbol{0}$ をみたすベクトル $\tilde{l}$ を用いて $(l + \tilde{l})'\boldsymbol{Y}_n$ と書ける．したがって (5.7) が成立すれば，(5.5) は $E[(Y(\boldsymbol{s}_0) - (l + \tilde{l})'\boldsymbol{Y}_n)^2]$ に等しい．$\tilde{l}'\Sigma\tilde{l} \geq 0$ であるから，l が $G'\tilde{l} = \boldsymbol{0}$ をみたす任意の $\tilde{l}$ に対して，$(\Sigma l - C)'\tilde{l} = 0$ となれば $l'\boldsymbol{Y}_n$ が最良線形不偏予測量になる．言い換えれば $\Sigma l - C$ が，G を構成する k 個の n 次元列ベクトルが張る部分空間に属する，すなわちある k 次元ベクトル μ が存在して $\Sigma l - C = -G\mu$ となることが十分条件である．以上のことを方程式で表現すると

$$\begin{pmatrix} \Sigma & G \\ G' & \boldsymbol{0} \end{pmatrix} \begin{pmatrix} l \\ \mu \end{pmatrix} = \begin{pmatrix} C \\ g(\boldsymbol{s}_0) \end{pmatrix} \tag{5.8}$$

となる．ここで行列の中の $\boldsymbol{0}$ は $k \times k$ ゼロ行列である．もし Σ が正則行列，G がフル・ランクであれば上式の行列も正則行列となり，

$$\begin{pmatrix} l \\ \mu \end{pmatrix} = \begin{pmatrix} \Sigma & G \\ G' & \boldsymbol{0} \end{pmatrix}^{-1} \begin{pmatrix} C \\ g(\boldsymbol{s}_0) \end{pmatrix} \tag{5.9}$$

を得る．このとき

$$\begin{pmatrix} \Sigma & G \\ G' & \mathbf{0} \end{pmatrix}^{-1}$$
$$= \begin{pmatrix} \Sigma^{-1}G \\ -I \end{pmatrix} (-G'\Sigma^{-1}G)^{-1} \begin{pmatrix} G'\Sigma^{-1} & -I \end{pmatrix} + \begin{pmatrix} \Sigma^{-1} & \mathbf{0} \\ \mathbf{0} & \mathbf{0} \end{pmatrix} \quad (5.10)$$

となる．ここで I は k 次元単位行列である．(5.10) を (5.9) に代入して

$$l = [\Sigma^{-1} - \Sigma^{-1}G(G'\Sigma^{-1}G)^{-1}G'\Sigma^{-1}]C + \Sigma^{-1}G(G'\Sigma^{-1}G)^{-1}g(\boldsymbol{s}_0) \quad (5.11)$$

を得る．したがって BLUP は

$$l'\boldsymbol{Y}_n = g(\boldsymbol{s}_0)'\hat{\beta} + C'\Sigma^{-1}(\boldsymbol{Y}_n - G\hat{\beta})$$

となり，実は BLP における β を BLUE $\hat{\beta}$ で代替した予測量と一致している．また平均 2 乗予測誤差は (5.11) を (5.5) に代入すれば，

$$\sigma_0^2 - 2l'C + l'\Sigma l$$
$$= \sigma_0^2 - C'\Sigma^{-1}C + \gamma'(G'\Sigma^{-1}G)^{-1}\gamma$$

となる．ここで $\gamma = g(\boldsymbol{s}_0) - G'\Sigma^{-1}C$ である．定理 5.1 の BLP の平均 2 乗予測誤差 $\sigma_0^2 - l'C (= \sigma_0^2 - C'\Sigma^{-1}C)$ と比較すれば，β が未知になることにより $\gamma'(G'\Sigma^{-1}G)^{-1}\gamma$ だけ増加していることがわかる．

Σ が特異行列の場合，あるいは G がフル・ランクでない場合は，各々正則行列あるいはフル・ランクになるような部分行列を選択して，上述の演算を行えばよい．

ちなみに BLUP は地球統計学においてはクリギング (Kriging) ともよばれている．南アフリカの鉱山技師 Krige [90] が実際のデータ解析に応用したことに因んで命名された (Cressie [27], 間瀬・武田 [105], Matheron [111])．たとえばある地点での鉱石の埋蔵量を知りたいとき，いくつかの別の地点でボーリングを行って埋蔵量を観測し，これらの観測値に基づいて目的の地点の埋蔵量を予測する．鉱山学に限らず環境学，森林学，水産学などにおける予測方法として基本的な方法である．

$g(\boldsymbol{s}) \equiv 1$ すなわち説明変数が定数項のみで, β が既知の場合の BLP, 未知の場合の BLUP を各々**単純クリギング** (simple Kriging), **普通クリギング** (ordinary Kriging) とよぶ. また一般の回帰モデルで β が未知の場合の BLUP を**普遍クリギング** (universal Kriging) とよぶ.

5.3 ブロック・クリギング

本節では観測値 $Y(\boldsymbol{s}_i)\,(i=1,\ldots,n)$ が与えられたとする. これらの観測値にもとづいて, ある地域 ($B(\subset \boldsymbol{R}^d)$ と書く) における $Y(\boldsymbol{s})$ の平均値 $\int_B Y(\boldsymbol{s})d\boldsymbol{s}/\mathrm{Vol}(B)$ を予測することを考える. これをブロック・クリギング (block Kriging) という. たとえば太陽光発電であれば, 各地点の日射量から太陽光パネルを敷設した他地域の日射量を予測することを考えればよい.

準備としてまず確率積分 $\int_B Y(\boldsymbol{s})d\boldsymbol{s}$ を厳密に定義する必要がある. ここでは $f(\boldsymbol{s})=f(s_1,\ldots,s_d)$ を d 変数の確定的関数として, より一般的な確率積分 $\int_B f(\boldsymbol{s})Y(\boldsymbol{s})d\boldsymbol{s}$ を定義する. $\{Y(\boldsymbol{s})\}$ は 2 次モーメントが有限であれば, 定常確率場でなくてもよい. 通常の Riemann 積分のアナロジーで定義するが, 簡単のため, ここでは B が直方体 $B=\prod_{i=1}^{d}[a_i,b_i]\,(-\infty<a_i<b_i<\infty)$ の場合を考える. また $Y(\boldsymbol{s})$ の期待値は 0 と仮定する. $Y(\boldsymbol{s})$ が (5.1) のモデルにしたがう場合には,

$$\int_B f(\boldsymbol{s})Y(\boldsymbol{s})d\boldsymbol{s} = \int_B f(\boldsymbol{s})(Y(\boldsymbol{s})-g(\boldsymbol{s})'\beta)d\boldsymbol{s} + \int_B f(\boldsymbol{s})g(\boldsymbol{s})'\beta d\boldsymbol{s} \quad (5.12)$$

によって定義する. (5.12) の右辺第 2 項は通常の Riemann 積分である.

いま, 第 i 座標の区間 $[a_i,b_i]\,(i=1,\ldots,d)$ を m 個の小区間

$$a_i = s_{1,i}^{(m)} < s_{2,i}^{(m)} < \cdots < s_{m+1,i}^{(m)} = b_i$$

に分割し, 確率変数 S_m を確定的関数の Riemann 和と同じく

$$S_m = \sum_{j_1=1}^{m} \cdots \sum_{j_d=1}^{m} f(s_{j_1,1}^{(m)},\ldots,s_{j_d,d}^{(m)}) Y(s_{j_1,1}^{(m)},\ldots,s_{j_d,d}^{(m)}) \prod_{i=1}^{d}(s_{j_i+1,i}^{(m)} - s_{j_i,i}^{(m)})$$

$$(5.13)$$

によって定義する．そして

$$m \to \infty, \quad \max_{i=1,\ldots,d} \max_{j=1,\ldots,m} (s_{j+1,i}^{(m)} - s_{j,i}^{(m)}) \to 0 \tag{5.14}$$

のとき，確率変数列 $\{S_m\}$ がある確率変数 S に平均 2 乗収束するならば，S を

$$\int_B f(\boldsymbol{s}) Y(\boldsymbol{s}) d\boldsymbol{s}$$

と書く．

そのためには $\{S_m\}$ が平均 2 乗収束するための条件，および収束する確率変数が，直方体の分割の仕方に依存せず，確率 1 で等しいという意味で一意に定まるための条件を明らかにする必要がある．この問題に対しては以下の結果がある．

[**定理 5.3**] $C(\boldsymbol{s}, \boldsymbol{t}) = C(s_1, \ldots, s_d; t_1, \ldots, t_d) = \mathrm{Cov}(Y(\boldsymbol{s}), Y(\boldsymbol{t}))$ とおく．このとき Riemann 積分

$$Q_1 = \int_B \int_B f(\boldsymbol{s}) f(\boldsymbol{t}) C(\boldsymbol{s}, \boldsymbol{t}) d\boldsymbol{s} d\boldsymbol{t} \tag{5.15}$$

が存在するならば，$\{S_m\}$ はある確率変数に平均 2 乗収束し，その確率変数を S とおけば $E(S) = 0$, $E(S^2) = Q_1$ が成立する．

証明 S_m の定義より

$$\begin{aligned}
E(S_m S_n) = & \sum_{j_1,\ldots,j_d=1}^{m} \sum_{k_1,\ldots,k_d=1}^{n} f(s_{j_1,1}^{m},\ldots,s_{j_d,d}^{(m)}) f(s_{k_1,1}^{(n)},\ldots,s_{k_d,d}^{(n)}) \\
& \times C(s_{j_1,1}^{(m)},\ldots,s_{j_d,d}^{(m)}; s_{k_1,1}^{(n)},\ldots,s_{k_d,d}^{(n)}) \\
& \times \prod_{i=1}^{d}(s_{j_i+1,i}^{(m)} - s_{j_i,i}^{(m)}) \prod_{i=1}^{d}(s_{k_i+1,i}^{(n)} - s_{k_i,i}^{(n)})
\end{aligned} \tag{5.16}$$

が成り立つ．仮定より $m, n \to \infty$ のとき (5.16) の右辺は Q_1 へ収束する．したがって

$$\lim_{m,n\to\infty} E[(S_m - S_n)^2] = \lim_{m,n\to\infty}[E(S_m^2) - 2E(S_mS_n) + E(S_n^2)]$$
$$= Q_1 - 2Q_1 + Q_1 = 0 \tag{5.17}$$

が成り立ち，$\{S_n\}$ は $L^2(\Omega, \mathcal{F}, P)$ 上の Cauchy 列（例 9.30）となり，ある確率変数に平均 2 乗収束する．この確率変数を S とおけば内積の連続性より，$E(S) = 0$, $E(S^2) = Q_1$ となる．

もし $\{S_m\}$ と異なる直方体の分割により定義された確率変数列 $\{S'_m\}$ が S' に平均 2 乗収束したとしよう．このときノルムに対する三角不等式（定義 9.22 (iii)）により

$$E[(S - S')^2] \leq [\{E((S - S_m)^2)\}^{1/2} + \{E((S_m - S'_m)^2)\}^{1/2}$$
$$+ \{E((S'_m - S')^2)\}^{1/2}]^2 \tag{5.18}$$

が成り立つ．右辺第 2 項についても (5.17) と同様に

$$\lim_{m\to\infty} E[(S_m - S'_m)^2] = \lim_{m\to\infty}[E(S_m^2) - 2E(S_mS'_m) + E((S'_m)^2)]$$
$$= Q_1 - 2Q_1 + Q_1 = 0$$

が成立する．したがって (5.18) において $m \to \infty$ とすれば確率 1 で $S = S'$ となる． ∎

(5.15) の積分は $f(\boldsymbol{s})f(\boldsymbol{t})C(\boldsymbol{s},\boldsymbol{t})$ が $B \times B$ においてほとんど至るところで連続であれば存在する．ちなみに $\{Y(\boldsymbol{s})\}$ が定常確率場のときは，$C(\boldsymbol{s},\boldsymbol{t}) = C(\boldsymbol{s} - \boldsymbol{t})$ となるが，自己共分散関数 $C(\boldsymbol{h})$ が原点 $\boldsymbol{0}$ で連続ならば，任意の点 $\boldsymbol{h}$ で連続となる．なぜならば Cauchy-Schwartz の不等式により

$$|C(\boldsymbol{h}) - C(\boldsymbol{h}')| = |E[Y(\boldsymbol{0})(Y(\boldsymbol{h}) - Y(\boldsymbol{h}'))]|$$
$$\leq [E[Y(\boldsymbol{0})^2]E[(Y(\boldsymbol{h}) - Y(\boldsymbol{h}'))^2]]^{1/2}$$
$$= [2C(\boldsymbol{0})(C(\boldsymbol{0}) - C(\boldsymbol{h} - \boldsymbol{h}'))]^{1/2}$$

となり，$\boldsymbol{h}' \to \boldsymbol{h}$ のとき右辺は 0 へ収束するからである．したがってこの場合は $f(\boldsymbol{s})$ が B において至るところ連続であれば (5.15) の積分は存在する．

この確率積分の定義のもとで，$\int_B Y(\boldsymbol{s})d\boldsymbol{s}/\mathrm{Vol}(B)$ に対する最良線形不偏予

測量は直ちに導ける．まず (5.12) より

$$E\left(\int_B Y(\boldsymbol{s})d\boldsymbol{s}\right) = \int_B g(\boldsymbol{s})'\beta d\boldsymbol{s}$$

が成立する．また (5.13) において $f(s_{j_1,1}^{(m)},\ldots,s_{j_d,d}^{(m)}) \equiv 1$ とおけば，内積の連続性より

$$\mathrm{Cov}\left(\int_B Y(\boldsymbol{s})d\boldsymbol{s}, Y(\boldsymbol{s}_i)\right) = \int_B C(\boldsymbol{s},\boldsymbol{s}_i)d\boldsymbol{s}, \quad i=1,\ldots,n$$

になる．

したがって線形不偏予測量が存在するための必要十分条件は $\int_B g(\boldsymbol{s})d\boldsymbol{s} \in \overline{\mathrm{sp}}\{g(\boldsymbol{s}_i), i=1,\ldots,n\}$ となる．この条件のもとで $\int_B Y(\boldsymbol{s})d\boldsymbol{s}/\mathrm{Vol}(B)$ に対する最良線形不偏予測量は，方程式 (5.8) を解くことによりもとまる．ただし右辺にある C の第 i 成分 $(i=1,\ldots,n)$，および $g(\boldsymbol{s}_0)$ は，各々 $\frac{1}{\mathrm{Vol}(B)}\int_B C(\boldsymbol{s},\boldsymbol{s}_i)d\boldsymbol{s}$, $\frac{1}{\mathrm{Vol}(B)}\int_B g(\boldsymbol{s})d\boldsymbol{s}$ によって置き換える．

5.4 共分散ティパリング

本節では $\{Y(\boldsymbol{s})\}$ を期待値 0，自己共分散関数が 3.2 節で説明した等方型 Matérn 族 $C(\boldsymbol{h}) = C_0(\|\boldsymbol{h}\|)$ にしたがう定常確率場とする．ここで $C_0(x) = \frac{\sigma^2}{2^{\nu-1}\Gamma(\nu)}(\alpha|x|)^\nu \mathcal{K}_\nu(\alpha|x|)$ とする．このとき $\mathrm{Cov}(Y(\boldsymbol{s}_i),Y(\boldsymbol{s}_j)) = C(\boldsymbol{s}_i-\boldsymbol{s}_j) = C_0(\|\boldsymbol{s}_i-\boldsymbol{s}_j\|)$ となる．

5.1-5.3 節の議論からわかるように，BLP, BLUP の計算には観測値の共分散行列に対する逆行列が必要になる．通常の計算方法では，逆行列の計算時間は観測値の個数の 3 乗に比例する．リモートセンシングなどによって得られる時空間データの総数は，数万，数十万，さらにもっと大量の数に上ることも珍しくない．したがって現在のスーパーコンピュータをもってしても，リアルタイムで予測量を計算するのは困難な場合がしばしば生じる．

共分散ティパリング (covariance tapering) とは，ノルム $\|\boldsymbol{h}\|$ がある一定の値を超えた場合，自己共分散関数 $C(\boldsymbol{h})$ を 0 とみなし，そのもとでの BLP, BLUP を計算する手法である．これらを tapered BLP（ティパー化 BLP），tapered BLUP（ティパー化 BLUP）とよぶ．tapered BLP, tapered BLUP

の平均 2 乗予測誤差は,当然真の BLP, BLUP のそれらよりも大きくなる.しかし共分散行列は成分に 0 が多い行列となり,逆行列の高速計算が可能になるという利点がある.

いま $C_\theta(x)$ をコンパクトなサポートをもつ定常過程の自己相関関数,すなわち $C_\theta(0) = 1, C_\theta(x) = 0 \, (|x| > \theta)$ をみたす関数とする.さらに $C_\theta(\|\boldsymbol{h}\|) \, (\boldsymbol{h} \in \boldsymbol{R}^d)$ も,d 次元定常確率場の自己相関関数になるとする.C_θ をティパー関数 (tapering function),θ をティパー領域 (taper range) という.ここで新たな等方型自己共分散関数を

$$C_{tap}(\|\boldsymbol{h}\|) = C_0(\|\boldsymbol{h}\|) C_\theta(\|\boldsymbol{h}\|)$$

によって定義する.実際 $C_{tap}(\|\boldsymbol{h}\|)$ は自己共分散関数になることが分かる.いま $\{Y_1(\boldsymbol{s})\}$ は $C_0(\|\boldsymbol{h}\|)$ を,$\{Y_2(\boldsymbol{s})\}$ は $C_\theta(\|\boldsymbol{h}\|)$ を各々自己共分散関数にもつ正規定常確率場とする.さらに $\{Y_1(\boldsymbol{s})\}$ と $\{Y_2(\boldsymbol{s})\}$ は互いに独立な確率場とする.ここで新たな確率場 $\{Z(\boldsymbol{s})\}$ を $Z(\boldsymbol{s}) = Y_1(\boldsymbol{s}) Y_2(\boldsymbol{s})$ によって定義すれば,$\{Z(\boldsymbol{s})\}$ の自己共分散関数は $C_{tap}(\|\boldsymbol{h}\|)$ である.

$C_{tap}(\|\boldsymbol{h}\|)$ を図で表すと図 5.1 のようになる.一番上の曲線が $C_0(\|\boldsymbol{h}\|)$ を,一番下の曲線が $C_\theta(\|\boldsymbol{h}\|)$ を,間に挟まれた曲線が $C_{tap}(\|\boldsymbol{h}\|)$ を各々表す.この例では $\theta = 0.8$ より $\|\boldsymbol{h}\|$ が大きくなると $C_\theta(\|\boldsymbol{h}\|)$ は 0 になり,したがって

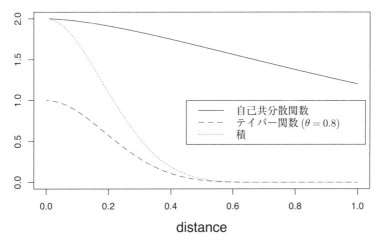

図 5.1 共分散ティパリング(矢島・平野 (2012) [175] をもとに作成)

$C_{tap}(\|\boldsymbol{h}\|)$ も 0 になる.

以下では期待値 0 は既知とする.したがって定理 5.1 および注意 5.2 より真の BLP,およびその平均 2 乗予測誤差は

$$P_{BLP}(Y;\boldsymbol{s}_0) = C'\Sigma^{-1}\boldsymbol{Y}_n,$$
$$E[(Y(\boldsymbol{s}_0) - P_{BLP}(Y;\boldsymbol{s}_0))^2] = \sigma_0^2 - C'\Sigma^{-1}C$$

となる.ここで Σ の第 (i,j) 成分は $C_0(\|\boldsymbol{s}_i - \boldsymbol{s}_j\|)$,$C$ の第 i 成分は $C_0(\|\boldsymbol{s}_0 - \boldsymbol{s}_i\|)$,$\sigma_0^2 = C_0(0)$ となる.Matérn 族においては,Σ が正則行列になることを注意しておく.

一方 $C_{tap}(\|\boldsymbol{h}\|)$ に基づく tapered BLP およびその平均 2 乗予測誤差は

$$P_{tapBLP}(Y;\boldsymbol{s}_0) = \tilde{C}'\tilde{\Sigma}^{-1}\boldsymbol{Y}_n,$$
$$E[(Y(\boldsymbol{s}_0) - P_{tapBLP}(Y;\boldsymbol{s}_0))^2] = \sigma_0^2 - 2C'\tilde{\Sigma}^{-1}\tilde{C} + \tilde{C}'\tilde{\Sigma}^{-1}\Sigma\tilde{\Sigma}^{-1}\tilde{C}$$

となる.ここで,$\tilde{\Sigma}$,$\tilde{C}$ は $C_{tap}(\|h\|)$ が真の自己共分散関数のときの Σ,C に対応する.

当然常に $E[(Y(\boldsymbol{s}_0) - P_{tapBLP}(Y;\boldsymbol{s}_0))^2] \geq E[(Y(\boldsymbol{s}_0) - P_{BLP}(Y;\boldsymbol{s}_0))^2]$ ではあるが,$n \to \infty$ のとき,充填漸近論の枠組みとティパー関数 $C_\theta(x)$ に関する条件のもとでは,予測誤差の比が 1 に収束することを示せる.

いまサンプリング・スキームとティパーに関して,以下の条件を課す.

[**条件 5.4**]　固定された観測可能領域を $D \subset \boldsymbol{R}^d$,観測地点の集合を $\mathcal{S}_n = \{\boldsymbol{s}_i \mid i = 1,\ldots,n\}(\subset D)$ とする.予測地点 $\boldsymbol{s}_0$ は

$$\boldsymbol{s}_0 \in \overline{\{\boldsymbol{s}_i, i = 1, 2, \ldots\}}$$

をみたす.ここで $\overline{\{\boldsymbol{s}_i, i = 1, 2, \ldots\}}$ は $\{\boldsymbol{s}_i, i = 1, 2, \ldots\}$ の閉包 (closure) である.すなわち予測地点は観測地点の集合の集積点 (accumulation point) とする.

一方,ティパー関数は次の条件をみたす.

[**条件 5.5**]　$C_\theta(x)$ のスペクトル密度関数を $f_\theta(\lambda)$ とおく.このときある $\epsilon >$

0 と M_θ が存在して

$$0 < f_\theta(\lambda) \leq \frac{M_\theta}{(1+|\lambda|^2)^{\nu+d/2+\epsilon}} \tag{5.19}$$

が成立する．(5.19) をティパー条件 (taper condition) という．

このとき以下の定理が成り立つ．

[**定理 5.6**] 条件 5.4，条件 5.5 のもとで

$$\lim_{n\to\infty} \frac{E[(Y(\boldsymbol{s}_0) - P_{tapBLP}(Y;\boldsymbol{s}_0))^2]}{E[(Y(\boldsymbol{s}_0) - P_{BLP}(Y;\boldsymbol{s}_0))^2]} = 1$$

が成立する．

この定理を証明するために，1つ補題を用意する．証明は Stein [147] を参照されたい．

[**補題 5.7**] $C_i(\boldsymbol{h}), f_i(\boldsymbol{\lambda})\,(i=0,1)$ を定常確率場の自己共分散関数とする．いま，ある $r > d$ が存在して

$$0 < \liminf_{\|\boldsymbol{\lambda}\|\to\infty} f_0(\boldsymbol{\lambda})\|\boldsymbol{\lambda}\|^r \leq \limsup_{\|\boldsymbol{\lambda}\|\to\infty} f_0(\boldsymbol{\lambda})\|\boldsymbol{\lambda}\|^r < \infty \tag{5.20}$$

が成立し，さらにある $c > 0$ が存在して

$$\lim_{\|\boldsymbol{\lambda}\|\to\infty} f_1(\boldsymbol{\lambda})/f_0(\boldsymbol{\lambda}) = c \tag{5.21}$$

をみたすとする．

このとき条件 5.4 のもとで

$$\lim_{n\to\infty} \frac{E_0[(Y(\boldsymbol{s}_0) - P_{BLP_1}(Y;\boldsymbol{s}_0))^2]}{E_0[(Y(\boldsymbol{s}_0) - P_{BLP_0}(Y;\boldsymbol{s}_0))^2]} = 1$$

が成立する．ここで E_0 は $C_0(\boldsymbol{h})$ が正しいときの期待値，$P_{BLP_0}(Y;\boldsymbol{s}_0)$ は $C_0(\boldsymbol{h})$ に基づく真の BLP，$P_{BLP_1}(Y;\boldsymbol{s}_0)$ は $C_1(\boldsymbol{h})$ に基づく BLP とする．

(5.20) は技術的な仮定であり，これを弱めることができるか否かは現在までのところわかっていない．一方 (5.21) の等式が極限だけでなく，任意の $\boldsymbol{\lambda}$ について成立すれば，2つの自己共分散関数は高々分散が異なるだけで，まった

く等しい自己相関関数をもつ．したがって定理 5.1 より，両方の自己共分散関数に基づく BLP も等しく，結論は自明である．(5.21) は条件 5.4 をみたす充填漸近論の枠組みでは，予測地点の任意の近傍に観測地点が存在するので，遠い地点との相関すなわち周期の長い低周波（$\|\boldsymbol{\lambda}\|$ が小さい）は予測に影響がなく，周期の短い高周波（$\|\boldsymbol{\lambda}\|$ が大きい）の挙動で予測誤差が決まることを意味している．

定理 5.6 の証明 第 3 章 (3.27) より，真のスペクトル密度関数は

$$f_0(\|\boldsymbol{\lambda}\|) = \frac{\sigma^2 \alpha^{2\nu} \Gamma(\nu + d/2)}{\pi^{d/2} \Gamma(\nu)(\alpha^2 + \|\boldsymbol{\lambda}\|^2)^{\nu + d/2}}$$

になる．$r = 2\nu + d$ とおけば，$\nu > 0$ のとき，

$$\lim \inf_{\|\boldsymbol{\lambda}\| \to \infty} f_0(\boldsymbol{\lambda}) \|\boldsymbol{\lambda}\|^r$$
$$= \lim \sup_{\|\boldsymbol{\lambda}\| \to \infty} f_0(\boldsymbol{\lambda}) \|\boldsymbol{\lambda}\|^r$$
$$= \frac{\sigma^2 \alpha^{2\nu} \Gamma(\nu + d/2)}{\pi^{d/2} \Gamma(\nu)}$$

となり，(5.20) をみたす．したがって (5.21) が成立することを示せばよい．以下では一般性を失うことなく $\alpha = 1$ および他の定数部分は 1, すなわち $f_0(\|\boldsymbol{\lambda}\|) = 1/(1 + \|\boldsymbol{\lambda}\|^2)^{\nu + d/2}$ と仮定する．一方 $C_{tap}(\|\boldsymbol{h}\|)$ のスペクトル密度関数は $f_0(\|\boldsymbol{\lambda}\|)$ と $f_\theta(\|\boldsymbol{\lambda}\|)$ のたたみ込み関数

$$\int_{\boldsymbol{R}^d} f_0(\|\boldsymbol{x}\|) f_\theta(\|\boldsymbol{x} - \boldsymbol{\lambda}\|) d\boldsymbol{x}$$

になる（定理 9.50）．そこで

$$\lim_{\|\boldsymbol{\lambda}\| \to \infty} \frac{\int_{\boldsymbol{R}^d} f_0(\|\boldsymbol{x}\|) f_\theta(\|\boldsymbol{x} - \boldsymbol{\lambda}\|) d\boldsymbol{x}}{f_0(\|\boldsymbol{\lambda}\|)} = 1$$

を示す．まず $\int_{\boldsymbol{R}^d} f_\theta(\|\boldsymbol{x} - \boldsymbol{\lambda}\|) d\boldsymbol{x} = C_\theta(0) = 1$ に注意して，

$$\frac{\int_{\mathbf{R}^d} f_0(\|\boldsymbol{x}\|)f_\theta(\|\boldsymbol{x}-\boldsymbol{\lambda}\|)d\boldsymbol{x}}{f_0(\|\boldsymbol{\lambda}\|)} - 1$$

$$= \frac{\int_{\|\boldsymbol{x}-\boldsymbol{\lambda}\|\le\Delta}(f_0(\|\boldsymbol{x}\|) - f_0(\|\boldsymbol{\lambda}\|))f_\theta(\|\boldsymbol{x}-\boldsymbol{\lambda}\|)d\boldsymbol{x}}{f_0(\|\boldsymbol{\lambda}\|)}$$

$$+ \frac{\int_{\|\boldsymbol{x}-\boldsymbol{\lambda}\|>\Delta} f_0(\|\boldsymbol{x}\|)f_\theta(\|\boldsymbol{x}-\boldsymbol{\lambda}\|)d\boldsymbol{x}}{f_0(\|\boldsymbol{\lambda}\|)}$$

$$- \int_{\|\boldsymbol{x}-\boldsymbol{\lambda}\|>\Delta} f_\theta(\|\boldsymbol{x}-\boldsymbol{\lambda}\|)d\boldsymbol{x} \qquad (5.22)$$

と展開する.あとは (5.22) 右辺の各項が 0 に収束することを示せばよい.ここで $\|\boldsymbol{\lambda}\| = \rho$, $\boldsymbol{\lambda} = \rho\boldsymbol{v}$ ($\|\boldsymbol{v}\|=1$) とおき,$\Delta = O(\rho^\delta)$,$(2\nu+d)/(2\nu+d+2\epsilon) < \delta < 1$ を仮定する.また C は $\boldsymbol{\lambda}$ などに依存しない正定数とする.ただし文脈により異なる場合もある.

$f_0(x)$ は x の単調減少関数であり,導関数は $f_0'(x) = (-(2\nu+d)x)/(1+x^2)^{\nu+d/2+1}$ になるので,Taylor 展開より第 1 項は

$$\frac{\int_{\|\boldsymbol{x}-\boldsymbol{\lambda}\|\le\Delta} |(f_0(\|\boldsymbol{x}\|) - f_0(\|\boldsymbol{\lambda}\|))f_\theta(\|\boldsymbol{x}-\boldsymbol{\lambda}\|)|d\boldsymbol{x}}{f_0(\|\boldsymbol{\lambda}\|)}$$
$$\le \frac{C\Delta(\rho+\Delta)}{f_0(\rho)(1+(\rho-\Delta)^2)^{\nu+d/2+1}}$$
$$= O\left(\frac{\Delta}{\rho}\right) = o(1)$$

をみたす.

次に $\delta(2\nu+d+2\epsilon) > 2\nu+d$ に注意すれば,第 2 項は

$$\frac{\int_{\|\boldsymbol{x}-\boldsymbol{\lambda}\|>\Delta} f_0(\|\boldsymbol{x}\|)f_\theta(\|\boldsymbol{x}-\boldsymbol{\lambda}\|)d\boldsymbol{x}}{f_0(\|\boldsymbol{\lambda}\|)}$$
$$\le \frac{C}{f_0(\rho)(1+\Delta^2)^{\nu+d/2+\epsilon}}$$
$$= O\left(\frac{\rho^{2\nu+d}}{\rho^{\delta(2\nu+d+2\epsilon)}}\right) = o(1)$$

となる.最後に $\Delta \to \infty$ であるから,第 3 項も 0 へ収束する. ∎

[**注意 5.8**] (1) $\epsilon = 0$ の場合は，(5.22) 右辺第 2 項の評価が成立しない．その場合，定理が成立するためには，条件 5.5 より強い条件が必要になる．また証明における積分領域の分割もより細かくする必要がある (Furrer 他 [46]).

(2) 条件 5.5 をみたす $C_\theta(x)$ $(x \geq 0)$ としては，球形 (spherical) 関数 $(1 - x/\theta)_+^2 (1 + x/2\theta)$，第 1 Wendland 関数 $(1 - x/\theta)_+^4 (1 + 4x/\theta)$，第 2 Wendland 関数 $(1 - x/\theta)_+^6 (1 + 6x/\theta + 35x^2/3\theta^2)$ などがある (Furrer 他 [45], Wendland [165], [166])．ここで $x_+ = \max(0, x)$ とする．すべて $d = 1, 2, 3$ のとき，自己共分散関数になる．また条件 5.5 をみたす ν の範囲は各々 $\nu \leq 0.5, \nu \leq 1.5, \nu \leq 2.5$ である．

(3) 定理 5.6 はさらに一般化できる．いま $T(x)$ を実関数で $\int_{-\infty}^{\infty} T(x)^2 \phi(x) dx < \infty$ をみたすとする．ここで $\phi(x)$ は標準正規確率分布の密度関数 $\phi(x) = e^{-x^2/2}/\sqrt{2\pi}$ とする．$Y(\boldsymbol{s})$ を $T(x)$ を用いて変換し，新たな確率場 $Z(\boldsymbol{s}) = T(Y(\boldsymbol{s}))$ を考える．$\{Z(\boldsymbol{s})\}$ に対しても定理 5.6 は成立する．さらに $P_{tapBLP}(Z; \boldsymbol{s}_0)$ は平均 2 乗予測誤差を最小にする条件付き期待値（非正規確率場のとき BLP とは一般に異なる）に対しても定理 5.6 と同様の性質をみたす (Hirano=Yajima [69], 矢島・平野 [175]).

(4) 共分散テイパリングは予測だけでなく，第 4 章で議論したパラメトリック・モデルの最尤推定法にも応用できる．たとえば 4.4.3 項の尤度関数 $L_N(\theta; \boldsymbol{Y}_N)$ における $V_N^{-1}(\theta)$ にテイパリングを施した共分散行列の逆行列で置き換えれば，推定量を高速計算することが可能になる．$n \to \infty$ のとき，θ をどのように発散させれば一致性をもち，なおかつ真の最尤推定量と同じ漸近共分散行列をもつ推定量が構成できるかなどが議論されている (Kaufman 他 [82], Du 他 [39]).

第 6 章

点 過 程 論

本章では，点過程論を点過程の歴史的背景とそれの様々な科学への応用から説き起こし，測度論に立脚し，点過程の強度測度から Palm 理論および Neyman-Scott クラスター点過程に対する Palm 型最尤法までを講じる．

　点過程は，突発的に発生する事象を幾何学的に抽象化した点により，それが発生するメカニズムを記述する幾何学的確率過程であり，時空間統計解析において重要な一分野を占める．点過程解析の主要目的は，点配置データに対する現実的な確率モデルを定式化すること，確率モデルの振る舞いを解析，予測もしくはシミュレートすること，データへモデルをあてはめ，それの適合度を評価することである．

　本章において中心的に扱うクラスター点過程は，統計地震学では，余震活動に対するモデリング，生態学では種子の散布，近年では，点過程に立脚した宇宙論に関する研究が象徴するような自然科学のみならず，経済学や犯罪学をはじめとする社会科学に加え，スポーツ科学に対してもその応用が期待され，ますます重要なモデルとして認識されつつある．

　点過程解析に関する先行研究においては，点過程に対する尤度解析が一般には期待できないため，最小二乗法によるノンパラメトリックなパラメータ推定法が定石であった．

　Tanaka 他 (2008b) [154] は，Neyman-Scott クラスター点過程に対して，点過程の Palm 強度により展開される疑似尤度解析である Palm 型最尤法を確立した．これにより，Neyman-Scott クラスター点過程に対するパラメトリック

な点過程解析が可能となり，Palm 型最尤法による Neyman-Scott クラスター点過程に関する研究が進展した．Palm 型最尤法の着想は，点過程の各点そのものではなく，各点間の距離の累積を考え，それを等方的非一様 Poisson 点過程とみなすことである．

6.1 点過程の歴史的背景と研究事例

　旧東独の流れを汲む現代の点過程論 (theory of point processes) のルーツは，Poisson(1837) [131] に遡り，電話のネットワークに関する研究や Erlan 分布で知られている Erlang(1909)[40]，銀河に対する数学的モデルとして知られている Neyman-Scott クラスター点過程を導入した Neyman (1939)[117] および Neyman=Scott(1972) [120] がその代表的な研究事例である．1960 年から 1975 年に，Kallenberg, Kerstan, Krickeberg, Matthes, Mecke そして Ryll=Nardzewski は，現代の点過程論の基礎を築いた．関連文献は，Chiu 他 (2013) [21, p. 108] に網羅されている．点過程論のより詳細な歴史に関して，Guttorp=Thorarinsdottir(2012) [59] を参照されたい．

　現代の点過程論は，幾何学とも交錯している．実際，積分幾何学 (integral geometry) と点過程論が結実し，確率幾何学 (stochastic geometry) が誕生した．積分幾何学は，幾何学的確率論として研究され，現代数学の視点からそれを発展させた分野である．確率幾何学は，空間統計 (spatial statistics) と stereology における応用により急速な発展を遂げた．Kendall は，考古学および天文学における shape に関心があり，shape theory のパイオニアである (Kendall(1977) [87])．Le=Kendall(1993) [91] および Kendall 他 (1999) [88] は，基本的かつ重要な点過程である Poisson 点過程を shape theory の観点から論じている．

　最後に，点過程解析の応用分野を紹介する．統計地震学では，Ogata(1988) [123] により提唱された ETAS（イータス）モデル (Epidemic-Type Aftershock Sequence Model) が世界的に知られている点過程である．ETAS モデルによれば，いかなる地震も多かれ少なかれ付随する余震活動をもつ（尾形 (1993) [124]）．ETAS モデルは，地震活動解析の短期予測に極めて有効であり，地震

活動の標準モデルとして国際的に受け入れられている．実際，ETAS モデルは，アメリカカリフォルニア州では，地震予報計画に採用されている．詳細はhttp://www.ism.ac.jp/~ogata/を参照されたい．

自然科学および社会科学からの他の研究事例として，

- インターネットなどにおける顧客等のアクセス（サービス工学）
- 神経発火や心脈パルスのスパイク波列（生理学，脳科学）
- 損害，災害，事故や事件発生などの経済，自然，社会現象（保険数学）
- ハードウェア，ソフトウェアの故障やバグ（信頼性工学）
- 疾病発症，出生，死亡（疫学）
- 自然林の樹木，宇宙における銀河，銀河における恒星の配置（自然，環境，宇宙論）

が挙げられる．詳細は http://www.ism.ac.jp/~ogata/Shokai.html を参照されたい．

6.2 点過程

本節では，点過程を測度論に基づき定義する．前節において紹介した様々な科学において観測される時空間データを幾何学的にとらえるために，その値を点と同一視するデータを**点配置データ** (point configuration data) という．点過程は，点配置データに対する確率モデルである．

点過程論は，一般には，第 2 可算公理をみたす局所コンパクト Hausdorff 空間上で展開されるが，点過程に関する実際的研究では Euclid 空間上で展開される．実際，Euclid 空間は，第 2 可算公理をみたす局所コンパクト Hausdorff 空間である．

本章では，点過程論を 2 次元 Euclid 空間 $\boldsymbol{R}^2$ 上で展開する．一定の測度論の知識を前提とするが，適宜，本書第 9 章を参照されたい．

点過程を定義するために，点配置を定義する．

[定義 6.1（点配置）] N を $\mathcal{B}(\boldsymbol{R}^2)$ 上の計数測度とする．$\mathcal{B}_0\ (\subset \mathcal{B}(\boldsymbol{R}^2))$ を

$\boldsymbol{R}^2$ における有界な Borel 集合からなる集合族とする．任意の $B\ (\in \mathcal{B}_0)$ に対して，計数測度 $N(\mathbf{x} \cap B) < \infty$ をみたす $\mathbf{x}\ (\subset \boldsymbol{R}^2)$ を **点配置** (point configuration) という．N を点配置の全体，すなわち，

$$\mathsf{N} = \{\,\mathbf{x} \subset \boldsymbol{R}^2 \mid N(\mathbf{x} \cap B) < \infty,\, B \in \mathcal{B}_0\,\}$$

とする．任意の $B(\in \mathcal{B}_0)$ に対して，$N(\mathbf{x} \cap B)$ を単に $N(B)$ と表す．

任意の $B\ (\in \mathcal{B}_0)$ と任意の $k\ (\in \{\,0, 1, \dots\,\})$ に対して，

$$\mathsf{N}_{B,k} = \{\,\mathbf{x} \in \mathsf{N} \mid N(B) = k\,\} (\subset \mathsf{N})$$

とおく．$\mathcal{N}$ を $\mathsf{N}_{B,k}$ から生成される N 上の σ-代数とする．

点過程を定義する．

[定義 6.2（点過程）] $(\Omega, \mathcal{A}, P)$ を任意の確率空間とする．

$$可測写像\ \Phi\colon (\Omega, \mathcal{A}, P) \to (\mathsf{N}, \mathcal{N}) \tag{6.1}$$

を（$\boldsymbol{R}^2$ 上の）**点過程** (point process) という．

(6.1) から，$\mathcal{N}$ 上の確率測度を定義する．

[定義 6.3（点過程の分布）] 点過程 Φ が誘導する $\mathcal{N}$ 上の確率測度 $P(\Phi^{-1}(Y))$, $Y \in \mathcal{N}$ を点過程 Φ の **分布** (distribution) という．

[定義 6.4（同一分布）] 点過程 Φ_1 と Φ_2 が，任意の $Y \in \mathcal{N}$ に対して，

$$P(\Phi_1^{-1}(Y)) = P(\Phi_2^{-1}(Y))$$

をみたすとき，Φ_1 と Φ_2 は同一分布にしたがうという．

点過程 Φ が誘導する $\mathcal{N}$ 上の確率測度 $P(\Phi^{-1}(Y))$ を $P(\Phi \in Y)$ と表す．Φ の確率構造（ランダムネス）は，$P(\Phi \in Y)$ により決まる．すなわち，点過程の確率構造は，その分布により決まる．したがって，以降，点過程そのものではなく，その分布を考察する．

任意の $\omega\ (\in \Omega)$ に対して，$\mathbf{x} = \Phi(\omega)\ (\in \mathsf{N})$ とする．$B\ (\in \mathcal{B}_0)$ を任意に固定

するとき，$N(\Phi(\omega) \cap B)$ は，定義 6.1 より $N(B)$ と表されることから，$N(B)$ は非負整数値をとる確率変数である．これに対して，次が成り立つ．

[定理 6.5] 点過程の分布は，$B_1, \ldots, B_m\ (\in \mathcal{B}_0)$, $m = 1, 2, \ldots$ に対する m 次元確率ベクトル $(N(B_1), \ldots, N(B_m))$ の同時確率分布により一意的に決まる．

証明 例えば，Møller=Waagepetersen(2004) [114, APPENDIX B] を参照されたい． ∎

[定義 6.6（点パターン）] $B_1, \ldots, B_m\ (\in \mathcal{B}_0)$, $m = 1, 2, \ldots$ に対する m 次元確率ベクトル $(N(B_1), \ldots, N(B_m))$ の実現値を**点パターン** (point pattern) という．

ところで，点過程のパラメータを推定する際，点過程に対して一様性（定常性）および等方性を仮定することがある．

[定義 6.7（一様性（定常性））] 任意の $B\ (\in \mathcal{B}_0)$ に対して，$N(B)$ の確率分布が，任意の平行移動に関して不変ならば，すなわち，任意の $v\ (\in \boldsymbol{R}^2)$ に対して，m 次元確率ベクトル $(N(B_1), \ldots, N(B_m))$ と $(N(B_1 + v), \ldots, N(B_m + v))$, $m = 1, 2, \ldots$ が同一分布にしたがうならば，点過程は**一様** (uniform) または**定常** (stationary) であるという．ここで，$B + v = \{b + v\,;\, b \in B\}$, $v \in \boldsymbol{R}^2$ である．

[定義 6.8（等方性）] 任意の $B\ (\in \mathcal{B}_0)$ に対して，$N(B)$ の確率分布が，$\boldsymbol{R}^2$ の原点の周りの任意の回転に関して不変ならば，点過程は**等方的** (isotropic) であるという．

6.3 強度測度

本節では，点過程解析の基礎として，点過程の強度測度および，それに基づくいくつかの概念と関連する性質を述べる．

[**定義 6.9（強度測度）**] 任意の $B\ (\in \mathcal{B}_0)$ に対して，確率変数 $N(B)$ の期待値が有限，すなわち，

$$E[N(B)] < \infty \tag{6.2}$$

とする．このとき，$\mathcal{B}_0$ 上における点過程の**強度測度** (intensity measure) Λ を

$$\Lambda(B) = E[N(B)], \quad B \in \mathcal{B}_0 \tag{6.3}$$

により定義する．

[**注意 6.10**] (6.2)より，任意の $B\ (\in \mathcal{B}_0)$ に対して，

$$P(N(B) < \infty) = 1 \tag{6.4}$$

が成り立つ．(6.4)をみたす点過程を**局所有限点過程** (locally finite point process) という．

[**注意 6.11**] E. Hopf の拡張定理より，Λ は，$\mathcal{B}(\boldsymbol{R}^2)$ 上の σ-有限測度へ一意的に拡張される（詳細は van Lieshout(2000) [160, pp. 30-31] を参照されたい）．

Λ は，$\mathcal{B}(\boldsymbol{R}^2)$ 上の Radon 測度である．Λ が $\mathcal{B}(\boldsymbol{R}^2)$ 上の測度であることを示せば，(6.2)より主張を得る．任意の $B\ (\in \mathcal{B}(\boldsymbol{R}^2))$ に対して，$N(B) \geq 0$ より $\Lambda(B) \geq 0$，すなわち，Λ の非負性が成り立つ．特に，$N(\emptyset) = 0$ より $\Lambda(\emptyset) = 0$ である．各 $B_n\ (\in \mathcal{B}(\boldsymbol{R}^2)), n = 1, 2, \ldots$ が互いに排反 $(B_i \cap B_j = \emptyset, i \neq j)$ ならば，

$$\begin{aligned}
\Lambda\left(\bigsqcup_{n=1}^{\infty} B_n\right) &= E\left[N(\bigsqcup_{n=1}^{\infty} B_n)\right] \\
&= E\left[\sum_{n=1}^{\infty} N(B_n)\right] \tag{6.5} \\
&= \sum_{n=1}^{\infty} E[N(B_n)] \tag{6.6} \\
&= \sum_{n=1}^{\infty} \Lambda(B_n),
\end{aligned}$$

すなわち，

$$\Lambda\left(\bigsqcup_{n=1}^{\infty} B_n\right) = \sum_{n=1}^{\infty} \Lambda(B_n)$$

より，Λ の可算加法性が成り立つ．(6.5)は計数測度 N の可算加法性により，(6.6)は単調収束定理による．以上から，Λ は Radon 測度である．

強度測度は，Lebesgue 測度と同様，次の性質をもつ．

[補題 6.12] 一様な点過程の強度測度は，任意の平行移動に関して不変である．

証明 点過程の一様性により，任意の $B\ (\in \mathcal{B}_0)$ と任意の $v\ (\in \boldsymbol{R}^2)$ に対して，$N(B)$ と $N(B+v)$ は同一分布にしたがう．これから，$E[N(B)] = E[N(B+v)]$ が成り立ち，(6.3)より，$\Lambda(B) = \Lambda(B+v)$ を得る． ∎

一般に，$\boldsymbol{R}^n$ 上の確率分布が，$\boldsymbol{R}^n$ 上の Lebesgue 測度に関して絶対連続ならば，Radon-Nikodym の定理より確率密度関数が存在する．同様に，Radon-Nikodym の定理を強度測度へ適用することにより，次に定義する点過程の強度関数の存在が保証される．

以降，積分は Lebesgue 積分とする．

[定義 6.13（非斉次性・強度関数）] 強度測度を Lebesgue 測度に関して絶対連続とする．Radon-Nikodym の定理より，

$$\Lambda(B) = \int_B \lambda(x)\,dx, \quad B \in \mathcal{B}_0 \tag{6.7}$$

をみたす，Lebesgue 測度に関して可積分な関数 $\lambda(x)\ (x \in \boldsymbol{R}^2)$ が存在する．このとき，点過程は**非斉次的** (inhomogeneous) であるという．$\lambda(x)$ を非斉次点過程の**強度関数** (intensity function) という．強度関数は，強度測度の Lebesgue 測度に関する Radon-Nikodym 微分であり，Lebesgue 測度に関して a.e. の意味で一意的かつ非負である．

以降，強度測度は，Lebesgue 測度に関して絶対連続とする．

[定義 6.14（斉次性・強度）] ある定数 λ $(0 \leq \lambda < \infty)$ が存在して，Lebesgue 測度に関して，点過程の強度関数 $\lambda(x)$ $(x \in \boldsymbol{R}^2)$ が，

$$\lambda(x) \equiv \lambda, \quad \text{a.e.} \tag{6.8}$$

をみたすとき，点過程は**斉次的** (homogeneous) であるという．このとき，λ を斉次点過程の**強度** (intensity) という．このとき (6.7) は，(6.8) より

$$\Lambda(B) = \lambda \operatorname{Vol}(B), \quad B \in \mathcal{B}_0 \tag{6.9}$$

となる．ここで，$\operatorname{Vol}(B)$ は B の面積を表す．斉次点過程の強度は，(6.9) から，単位面積あたりに発生する点の平均個数である．

点過程の斉次性に対する十分条件に関して，次の定理が本質的である．

[定理 6.15（Haar の定理）] $\boldsymbol{R}^n$ 上，平行移動に関して不変な測度は，Lebesgue 測度の定数倍である．

補題 6.12 および定理 6.15 より，次の命題を得る．

[命題 6.16] 点過程が一様ならば，斉次的である．

6.4 Poisson 点過程と Neyman-Scott クラスター点過程

6.4.1 Poisson 点過程

Poisson 点過程は，点過程論において最も基本的な点過程であり，空の星や森林地帯の木のランダムな位置等から観測される点配置データに対するモデルである．

[定義 6.17（Poisson 点過程）] 次の 2 つの条件をみたす $\mathcal{B}_0$ 上の計数測度 N を，強度測度 Λ をもつ **Poisson 点過程** (Poisson point process) という．

1. 任意の $B (\in \mathcal{B}_0)$ に対して，$N(B)$ は，$\Lambda(B)(= E[N(B)])$ をもつ Poisson 分布にしたがう．すなわち，

6.4 Poisson 点過程と Neyman-Scott クラスター点過程

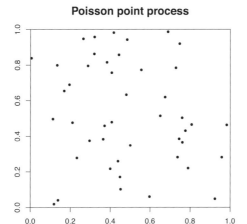

図 6.1 強度 $\lambda = 50.0$ をもつ斉次 Poisson 点過程のシミュレーション

$$P(N(B) = k) = \frac{(\Lambda(B))^k}{k!} \exp(-\Lambda(B)), \quad k = 0, 1, \ldots$$

が成り立つ．これを **Poisson distribution of point counts** という．

2. 互いに排反な $B_1, \ldots, B_k \ (\in \mathcal{B}_0)$ に対して，$N(B_1), \ldots, N(B_k)$ は独立である．これを **independent scattering** といい，**completely random** または **purely random** ともいう．

Poisson distribution of point counts において，Λ は Lebesgue 測度に関して絶対連続であると仮定しているから，$\Lambda(B) = \int_B \lambda(x)dx, \ B \in \mathcal{B}_0$ と書け，この Poisson 点過程を，強度関数 $\lambda(x) \ (x \in \mathbf{R}^2)$ をもつ**非斉次 Poisson 点過程** (inhomogeneous Poisson point process) という．特に，$\Lambda(B) = \lambda \mathrm{Vol}(B)$ ならば，この Poisson 点過程を，強度 λ をもつ **斉次 Poisson 点過程** (homogeneous Poisson point process) という．

図 6.1 は，$\mathbf{R}^2$ 上の斉次 Poisson 点過程のシミュレーションである．詳細は Tanaka 他 (2008a) [153]，それに基づく Tanaka 他 (2019a [155], 2021 [156]) を参照されたい．

[定理 6.18] Independent scattering をみたす Poisson distribution of point counts は，次の 3 つの式と同値である．

任意の $B\ (\in \mathcal{B}_0)$ に対して，$\Lambda(B) \to 0$ のとき，

$$P(N(B) = 0) = 1 - \Lambda(B) + o(\Lambda(B)),$$
$$P(N(B) = 1) = \Lambda(B) + o(\Lambda(B)),$$
$$P(N(B) \geq 2) = o(\Lambda(B)). \tag{6.10}$$

定理 6.18 を含む Poisson 点過程に関する詳細は，たとえば，Cressie(1993) [27, p.620] を参照されたい．

[定義 6.19（稀少性）] 定理 6.18 の 3 つの式において，(6.10) を点過程の**稀少性** (orderliness) という．

点パターンの点の位置に関して，点過程のシンプル性を定義する．

[定義 6.20（シンプル性）] $\mathcal{B}_0$ 上の計数測度 N に関して，ほとんど至るところ，任意の $x\ (\in \boldsymbol{R}^2)$ に対して，$N(\{x\}) \in \{0, 1\}$ をみたすとき，すなわち，$P(N(\{x\}) \in \{0, 1\}) = 1$ ならば，点過程は**シンプル** (simple) であるという．シンプルな点過程は，確率 1 で，点パターンの各点が重ならない．

斉次 Poisson 点過程の特徴付けを紹介し，本節を終える．

[命題 6.21] 一様，シンプルおよび independent scattering をみたす点過程は斉次 Poisson 点過程である．

命題 6.21 を含む斉次 Poisson 点過程の特徴付けに関する詳細は，Chiu 他 (2013) [21, 2.3.2] を参照されたい．

6.4.2　Neyman-Scott クラスター点過程

Neyman-Scott クラスター点過程は，空間統計をはじめ，様々な分野において観測されるクラスタリング点配置（集中型点配置）データに対するモデルであり，天文学に起源をもつ重要なクラスター点過程の 1 つである．実際，Neyman=Scott (1952) [118]，Neyman 他 (1953) [121] および Neyman=Scott

(1958) [119] は,銀河の恒星は,等方的一様点過程からのサンプル(点パターン)とみなす仮定のもとでクラスター点過程を導入し,モデルとして代表的な Neyman-Scott クラスター点過程の 1 つである Thomas 点過程を扱っている (Illian 他 (2008) [72, p. 16]).

[**定義 6.22(Neyman-Scott クラスター点過程)**] 強度 μ をもつ斉次 Poisson 点過程から生成される点パターンの各点を**親点** (parent point) という.各親点をクラスターの中心として,それの周りに,**子点** (decendent point) を次のように生成する.

子点の数に関する仮定 各親点は,独立同一分布にしたがい,非負整数値をとる確率変数 M の実現値として子点の数を決める.$\nu = E[M]$ とおく.

子点の位置に関する仮定 各親点の位置を,便宜上 $\boldsymbol{R}^2$ の原点とみなし,子点を各親点の周りに等方的に配置する.各親点とそれの子点 (x, y) との間の距離は確率変数であり,独立かつ確率密度関数 $q_\tau(\sqrt{x^2+y^2})/2\pi$ にしたがう.q_τ を**散乱核** (dispersal kernel) といい,τ は散乱核のパラメータである.

以上の過程から生成される子点のみからなる各クラスターの全体を **Neyman-Scott クラスター点過程** (Neyman-Scott cluster point process) という.(μ, ν, τ) は Neyman-Scott クラスター点過程のパラメータである.

Neyman-Scott クラスター点過程は,その定義より,等方的一様である.したがって,命題 6.16 より,Neyman-Scott クラスター点過程は斉次的であり,その強度を λ とすると,$\lambda = \mu\nu$ である.

Neyman-Scott クラスター点過程には様々なモデルがあるが,ここでは,本節の冒頭において紹介した Thomas 点過程をその例として挙げる.なお,Tanaka 他 (2008b) [154] および Tanaka=Ogata (2014) [152] は,Thomas 点過程を含む Neyman-Scott クラスター点過程およびその拡張も考察している.

[**例 6.23(Thomas 点過程 (Thomas(1949) [158]))**] Thomas 点過程 (Thomas process) の散乱核 q_σ は,2 次元 Gauss 分布 $N(\boldsymbol{0}, \sigma^2 I)$ (I は 2 次の

単位行列）の確率密度関数である．各親点を，便宜上 $\boldsymbol{R}^2$ の原点とみなし，それの相異なる 2 つの子点を，それぞれ確率ベクトルとして (X_i, Y_i), $i = 1, 2$ と表す．$X_i, Y_i \sim N(0, \sigma^2)$, $i = 1, 2$ より，q_σ は次式で与えられる．

$$q_\sigma(x_i) = \frac{1}{\sqrt{2\pi\sigma^2}} \exp\left(-\frac{x_i^2}{2\sigma^2}\right), \quad x_i \in \boldsymbol{R}, \quad i = 1, 2,$$

$$q_\sigma(y_i) = \frac{1}{\sqrt{2\pi\sigma^2}} \exp\left(-\frac{y_i^2}{2\sigma^2}\right), \quad y_i \in \boldsymbol{R}, \quad i = 1, 2.$$

q_σ を極座標により表す．$X_i/\sigma, Y_i/\sigma \sim N(0,1)$, $i = 1, 2$ である．各 $X_i^2/\sigma^2 + Y_i^2/\sigma^2$ を，それぞれ R_i^2/σ^2 とおく．各 R_i^2/σ^2 は自由度 2 の χ^2 分布にしたがう．すなわち，

$$R_i^2/\sigma^2 \sim \chi_2^2, \quad i = 1, 2 \tag{6.11}$$

である．各 R_i^2/σ^2 の確率分布を，それぞれ $Q_{R_i^2/\sigma^2}$ と表す．(6.11) より，

$$Q_{R_i^2/\sigma^2}(r_i^2/\sigma^2) = \frac{1}{2}\int_0^{r_i^2/\sigma^2} \exp(-r/2)\, dr = 1 - \exp(-r_i^2/2\sigma^2), \quad i = 1, 2 \tag{6.12}$$

を得る．ところで，

$$Q_{R_i^2/\sigma^2}(r_i^2/\sigma^2) = P(R_i^2/\sigma^2 \leq r_i^2/\sigma^2) = P(R_i \leq r_i) = Q_{R_i}(r_i), \quad i = 1, 2 \tag{6.13}$$

が成り立つ．

散乱核の定義から，

$$q_\sigma(r_i) = \frac{dQ_{R_i}(r_i)}{dr_i}, \quad i = 1, 2 \tag{6.14}$$

に注意し，(6.12)-(6.14) より，

$$q_\sigma(r_i) = \frac{r_i}{\sigma^2} \exp\left(-\frac{r_i^2}{2\sigma^2}\right), \quad i = 1, 2$$

を得る．

図 6.2 は，$\boldsymbol{R}^2$ 上の Thomas 点過程のシミュレーションである．詳細は Tanaka 他 (2008a) [153]，それに基づく Tanaka 他 (2019a [155], 2021 [156])

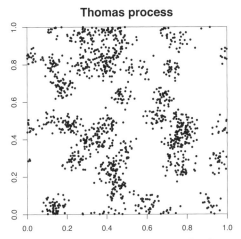

図 6.2 $(\mu, \nu, \sigma) = (50.0, 30.0, 0.03)$ をもつ Thomas 点過程のシミュレーション

を参照されたい.

6.5 Palm 理論と Palm 型最尤法

本節では,点過程の Palm 強度および点過程に対する Palm 強度に基づく Palm 型最尤法を述べる. Palm 強度は,歴史的には,ドイツの通信技術者である C. Palm による電話の待ち時間 (telephone traffic) に関する研究 (Palm (1943) [129]) に端を発す. 点過程の Palm 強度を導出するために,Ripley の K-関数も導入する.

以降,$\boldsymbol{R}^2$ の原点 $\boldsymbol{0}$ を含む W ($\in \mathcal{B}_0$) 上の点過程を考察する. 点過程に対して,一様性,等方性,稀少性およびシンプル性を仮定する. したがって,命題 6.16 より,点過程は斉次的である.

6.5.1 Palm 強度

[**定義 6.24 (Palm 強度 (Ogata=Katsura(1991) [126]))**]　任意の点 x ($\in W$) を固定し,$\boldsymbol{0}$ と x との間の距離 $\|x\|$ を r (≥ 0) とおく. 十分小さい $\varepsilon > 0$ を任意にとる. このとき,円環 $B(\boldsymbol{0}, r+\varepsilon) \backslash B(\boldsymbol{0}, r)$ における点の発生確率の微分,すなわち,

158　第6章　点過程論

$$\lim_{\varepsilon \downarrow 0} \frac{P\left(N(B(\mathbf{0}, r+\varepsilon)\backslash B(\mathbf{0}, r)) \geq 1 \mid N(\{\mathbf{0}\})=1\right)}{\mathrm{Vol}(B(\mathbf{0}, r+\varepsilon)\backslash B(\mathbf{0}, r))}, \quad r \geq 0 \qquad (6.15)$$

を $\lambda_{\mathbf{0}}(r)$ とおく．$\lambda_{\mathbf{0}}(r)$ を点過程の **Palm 強度** (Palm intensity) という．点過程の等方性により，Palm 強度は r のみに関する関数である．ここで，$B(x, r)$ は点 x の r-閉近傍，すなわち，$B(x, r) = \{\, y \in W \mid \|x - y\| \leq r \,\}$ である．

Palm 強度は，(6.15) より，点 x において，点が発生する瞬間的強度を表す．次が成り立つ．

[補題 6.25]

$$\lambda_{\mathbf{0}}(r) = \frac{1}{2\pi r} \lim_{\varepsilon \downarrow 0} \frac{P\left(N(B(\mathbf{0}, r+\varepsilon)\backslash B(\mathbf{0}, r)) = 1 \mid N(\{\mathbf{0}\})=1\right)}{\varepsilon}, \quad r \geq 0.$$

(6.16)

証明　$r \geq 0$ を任意に固定する．

$$\begin{aligned}
\lambda_{\mathbf{0}}(r) &= \lim_{\varepsilon \downarrow 0} \Bigg\{ \frac{P\left(N(B(\mathbf{0}, r+\varepsilon)\backslash B(\mathbf{0}, r)) = 1 \mid N(\{\mathbf{0}\})=1\right)}{\mathrm{Vol}(B(\mathbf{0}, r+\varepsilon)\backslash B(\mathbf{0}, r))} \\
&\quad + \frac{P\left(N(B(\mathbf{0}, r+\varepsilon)\backslash B(\mathbf{0}, r)) \geq 2 \mid N(\{\mathbf{0}\})=1\right)}{\mathrm{Vol}(B(\mathbf{0}, r+\varepsilon)\backslash B(\mathbf{0}, r))} \Bigg\} \\
&= \lim_{\varepsilon \downarrow 0} \frac{P\left(N(B(\mathbf{0}, r+\varepsilon)\backslash B(\mathbf{0}, r)) = 1 \mid N(\{\mathbf{0}\})=1\right)}{\mathrm{Vol}(B(\mathbf{0}, r+\varepsilon)\backslash B(\mathbf{0}, r))} \quad ((6.10)\text{による}) \\
&= \frac{1}{2\pi r} \lim_{\varepsilon \downarrow 0} \frac{P\left(N(B(\mathbf{0}, r+\varepsilon)\backslash B(\mathbf{0}, r)) = 1 \mid N(\{\mathbf{0}\})=1\right)}{\varepsilon},
\end{aligned}$$

すなわち，(6.16) が成り立つ．∎

Palm 強度は条件付き期待値により表される．

[補題 6.26]

$$\lambda_{\mathbf{0}}(r) = \frac{1}{2\pi r} \lim_{\varepsilon \downarrow 0} \frac{E[N(B(\mathbf{0}, r+\varepsilon)\backslash B(\mathbf{0}, r)) \mid N(\{\mathbf{0}\})=1]}{\varepsilon}, \quad r \geq 0.$$

(6.17)

証明　$r \geq 0$ を任意に固定する．条件付き期待値の定義から，

$$\lim_{\varepsilon \downarrow 0} \frac{E[N(B(\mathbf{0},r+\varepsilon)\backslash B(\mathbf{0},r)) \mid N(\{\mathbf{0}\})=1]}{\varepsilon}$$
$$= \lim_{\varepsilon \downarrow 0} \left\{ \frac{P\left(N(B(\mathbf{0},r+\varepsilon)\backslash B(\mathbf{0},r))=1 \mid N(\{\mathbf{0}\})=1\right)}{\varepsilon} \right.$$
$$\left. + \frac{\sum_{j \geq 2} j P\left(N(B(\mathbf{0},r+\varepsilon)\backslash B(\mathbf{0},r))=j \mid N(\{\mathbf{0}\})=1\right)}{\varepsilon} \right\} \quad (6.18)$$

が成り立つ．(6.18) における '$\sum_{j \geq 2}$' は，注意 6.10 より有限和であることに注意する．

(6.10) より，
$$\lim_{\varepsilon \downarrow 0} \frac{P\left(N(B(\mathbf{0},r+\varepsilon)\backslash B(\mathbf{0},r)) \geq 2 \mid N(\{\mathbf{0}\})=1\right)}{\mathrm{Vol}(B(\mathbf{0},r+\varepsilon)\backslash B(\mathbf{0},r))} = 0$$

に注意し，
$$\lim_{\varepsilon \downarrow 0} \frac{P\left(N(B(\mathbf{0},r+\varepsilon)\backslash B(\mathbf{0},r)) \geq 2 \mid N(\{\mathbf{0}\})=1\right)}{\varepsilon} = 0 \quad (6.19)$$

を得る．(6.18) および (6.19) より，補題 6.25 に注意し，(6.17) を得る． ■

6.5.2 Palm 強度と Ripley の K-関数

Ripley の K-関数は，原点の近傍における点パターンの平均個数として定義される．

[**定義 6.27 (Ripley の K-関数 (Ripley(1977) [133]))**] λ を点過程の強度とする．$r \geq 0$ を任意に固定する．

$$\lambda K(r) = E[N(B(\mathbf{0},r)\backslash\{\mathbf{0}\}) \mid N(\{\mathbf{0}\})=1], \quad r \geq 0$$

をみたす K を点過程の，**Ripley の K-関数** (Ripley's K-function) という．以降，単に K-関数とよぶ．

K-関数は，Palm 強度と比較すると，導出が容易である．次の定理は，点過程の Palm 強度を K-関数により表し，点過程の Palm 強度を導出するための重要な役割を果たす．

[定理 6.28]
$$\lambda_{\mathbf{0}}(r) = \frac{\lambda}{2\pi r} \frac{dK(r)}{dr}, \quad r \geq 0. \tag{6.20}$$

証明 $r \geq 0$ と $\varepsilon > 0$ をそれぞれ任意に固定する.

$$\begin{aligned}
&E[N(B(\mathbf{0}, r+\varepsilon)\backslash B(\mathbf{0},r)) \mid N(\{\mathbf{0}\}) = 1] \\
&= E[N(B(\mathbf{0}, r+\varepsilon)\backslash \{\mathbf{0}\}) \mid N(\{\mathbf{0}\}) = 1] \\
&\quad - E[N(B(\mathbf{0},r)\backslash \{\mathbf{0}\}) \mid N(\{\mathbf{0}\}) = 1]
\end{aligned} \tag{6.21}$$

に注意する. (6.21) より,

$$E[N(B(\mathbf{0}, r+\varepsilon)\backslash B(\mathbf{0},r)) \mid N(\{\mathbf{0}\}) = 1] = \lambda K(r+\varepsilon) - \lambda K(r) \tag{6.22}$$

が成り立つ. (6.22) および補題 6.26 より, (6.20) を得る. ∎

Poisson 点過程と Neyman-Scott クラスター点過程の Palm 強度と K-関数を, それぞれ定理として述べる.

[定理 6.29（Poisson 点過程）] Poisson 点過程の Palm 強度と K-関数は, それぞれ次式で与えられる. 任意の $r \geq 0$ に対して,

$$\lambda_{\mathbf{0}}(r) \equiv \lambda, \tag{6.23}$$

$$K(r) = \pi r^2. \tag{6.24}$$

(6.23) は, 定理 6.28 を (6.24) へ適用することにより得られる. (6.24) の詳細は, たとえば, Illian 他 (2008) [72] を参照されたい.

[定理 6.30（Neyman-Scott クラスター点過程）] Neyman-Scott クラスター点過程の Palm 強度と K-関数は, それぞれ次式で与えられる. 任意の $r \geq 0$ に対して,

$$\lambda_{\mathbf{0}}(r) = \lambda + \frac{EM(M-1)}{2\pi\nu r} \frac{dF_\tau(r)}{dr}, \tag{6.25}$$

$$K(r) = \pi r^2 + \frac{EM(M-1)}{\lambda \nu} F_\tau(r), \tag{6.26}$$

ここで，F_τ は，各親点の相異なる子点間の距離の確率分布である．(6.25) は，定理 6.28 を (6.26) へ適用することにより得られる．(6.26) の詳細は，たとえば，Tanaka 他 (2008b) [154] を参照されたい．

定理 6.30 の例として，Thomas 点過程の Palm 強度と K-関数を，それぞれ述べ，本節を終える．

[**例 6.31（Thomas 点過程）**]　任意の $r \geq 0$ に対して，

$$\lambda_{\mathbf{o}}(r) = \lambda + \frac{EM(M-1)}{4\pi\nu\sigma^2} \exp\left(-\frac{r^2}{4\sigma^2}\right), \tag{6.27}$$

$$K(r) = \pi r^2 - \frac{EM(M-1)}{\lambda\nu} \exp\left(-\frac{r^2}{4\sigma^2}\right). \tag{6.28}$$

(6.27) は，定理 6.28 を (6.28) へ適用することにより得られる．(6.28) の詳細は，たとえば，Daley=Vere-Jones(2003) [33, p. 302] を参照されたい．

図 6.3 は，Thomas 点過程の Palm 強度のシミュレーションである（Tanaka=Ogata(2014) [152] も参照されたい）．

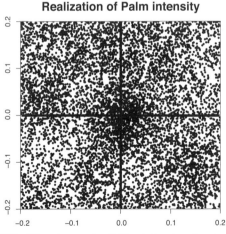

図 6.3　Thomas 点過程（図 6.2）の Palm 強度のシミュレーション．原点から徐々に離れるにしたがい，等方的に，点の密度が希薄になっている．これは，Thomas 点過程の Palm 強度 (6.27) が，距離に関して単調減少であることによる．

6.5.3 Palm 型最尤法

一般に，点過程の尤度関数を記述することは非常に難しい．詳細は，たとえば，Chiu 他 (2013) [21, 4.7.8] を参照されたい．Neyman-Scott クラスター点過程に対する尤度解析に関する研究については，Baudin(1981) [9] も参照されたい．

本節では，Tanaka 他 (2008b) [154] が提案した，Neyman-Scott クラスター点過程に対する疑似尤度解析である Palm 型最尤法を紹介し，その原理を説く．

点過程の重ね合わせを定義する．

[定義 6.32（重ね合わせ）] 点過程 Φ_i の点配置を $\mathbf{x}_i$, $i = 1, \ldots, m$ とおく．各 $\mathbf{x}_i$ に対する計数測度を，便宜上 $N_{\mathbf{x}_i}$ と表す．

$$P(N_{\mathbf{x}_i \sqcup \mathbf{x}_j}(B) = N_{\mathbf{x}_i}(B) + N_{\mathbf{x}_j}(B), B \in \mathcal{B}_0, i,j = 1,\ldots,m, i \neq j) = 1$$

が成り立つとき，$\mathbf{x}_i \sqcup \mathbf{x}_j$ を点過程 Φ_i と Φ_j の**重ね合わせ** (superposition) という．

Palm 型最尤法を定義する．

[定義 6.33（Palm 型最尤法 (Tanaka 他 (2008b) [154]))] Neyman-Scott クラスター点過程の点配置 $\{x_1, \ldots, x_m\}$（有限個に注意）に対して，次の平行移動

$$x_i - x_j, \quad i,j = 1,\ldots,m, \ i < j$$

からなる点過程の重ね合わせ，すなわち，

$$\bigsqcup_{i,j=1, i<j}^{m} \{x_i - x_j\}$$

を考える．

Neyman-Scott クラスター点過程に対する **Palm 型最尤法** (maximum Palm likelihood estimation procedure) は，Neyman-Scott クラスター点過程の重ね合わせが，等方的非一様 Poisson 点過程に近似される仮定に基づいた疑似尤

度解析である.

$\Theta(=(\mu,\nu,\tau))$ を Neyman-Scott クラスター点過程のパラメータとする. 強度関数 $m\lambda_0(r)$ をもつ等方的非一様 Poisson 点過程の対数尤度関数 $\ln L$ は, 次式で与えられる.

$$\ln L(\Theta) = \sum_{i,j=1,\, i<j,\, 0<r_{ij}\leq\rho}^{m} \ln(m\,\lambda_0(r_{ij})) - m\int_0^{2\pi}\left(\int_0^\rho \lambda_0(r)r\,dr\right)d\theta, \quad (6.29)$$

ここで, 各 r_{ij} は相異なる 2 点 x_i と x_j との間の距離であり, $\rho = \max_{i,j=1,\ldots,m,\, i<j} r_{i,j}$ である.

(6.29) における $\ln L$ の最大化は,

$$\ln L(\Theta) = \sum_{i,j=1,\, i<j,\, 0<r_{ij}\leq\rho}^{m} \ln \lambda_0(r_{ij}) - m\int_0^{2\pi}\left(\int_0^\rho \lambda_0(r)r\,dr\right)d\theta \quad (6.30)$$

の最大化に他ならないことに注意する.

(6.30) における $\ln L$ を, Neyman-Scott クラスター点過程の **Palm 型尤度関数** (Palm likelihood function) という. Palm 型尤度関数の最尤推定量および最尤推定値を, それぞれ **Palm 型最尤推定量** (maximum Palm likelihood estimator) および **Palm 型最尤推定値** (maximum Palm likelihood estimate) といい, ともに **MPLE** と略称する.

Netman-Scott クラスター点過程に対する Palm 型最尤法に関する詳細は, Tanaka 他 (2008b) [154] を参照されたい.

最後に, Neyman-Scott クラスター点過程に対する Palm 型最尤法に関する最近の研究を紹介し, 本節を終える. 一般に, Neyman-Scott クラスター点過程の MPLE を解析的に得ることは叶わないが, いくつかの仮定のもと, MPLE に対する漸近論が展開された (詳細は Tanaka=Ogata (2014) [152] およびその参考文献を参照されたい). Palm 型最尤法の応用として, Tanaka 他 (2008a) [153] と, それに基づく Tanaka 他 (2019a) [155] および Tanaka 他 (2021) [156] は, MPLE を実際計算するソフトウェアを提供している. 関連する R パッケージは随時更新されている.

第7章

地域データに対するモデル

地域データに対するモデルは，**空間計量経済学** (spatial econometrics)(Paelinck=Klaassen [128]) とよばれる分野において発展してきた．1970 年代前半までは，経済学や計量経済学におけるデータ解析は主にデータに内在する時系列的構造を明らかにすることに力点が置かれていた．しかし経済のグローバル化などと相伴って，データの空間的さらには時空間的な構造を的確に表現するモデルを構築し，そのモデルに基づいてデータの時空間的特性を明らかにすることは，近年経済学・計量経済学の主要なテーマの 1 つになっている．

地域データは，地点参照データのように時空間的に連続的に変化していくのではなく，都道府県別総生産や失業率などのように，ある地域においてある期間内に個々のデータを集計することにより得られたり，あるいは地価のようにある特定の時点・地点において計測されることが多い．したがって地点参照データとは異なるモデリングが必要になる．7.1 節では地域データに対する代表的なモデルである空間自己回帰モデル（SAR モデル）と条件付き自己回帰モデル（CAR モデル）を紹介する．7.2 節ではモデルを規定する係数行列として隣接行列を用いた場合の SAR モデルおよび CAR モデルの性質について議論する．7.3 節では SAR モデルのパラメータに対する最尤推定量および疑似最尤推定量の漸近的性質を示す．7.4 節では空間地域モデルをさらに一般化した時空間地域モデルについて解説する．最後に 7.5 節では 7.3 節の定理の証明に必要な補題を説明する．

7.1 空間自己回帰モデルと条件付き自己回帰モデル

空間自己回帰モデルと条件付き自己回帰モデルは名前が示すとおり，元来第3章で説明した自己回帰モデルと条件付き回帰モデルから想を得たモデルである．しかし第3章のようにデータが観測される地点が等間隔に並んでいるという仮定は，地域データなどに対しては現実性を欠いている場合が多い．2つのモデルは，各地点におけるデータが相互に影響し合うというアイデアを保持しつつも，不等間隔で位置する有限個の地点において観測されるデータを表現するモデルとして提案されている．

最初に空間自己回帰モデルを定義する．

[定義 7.1（空間自己回帰モデル）] n 個の地域 $s_i\,(i=1,2,\ldots,n)$ においてデータ $Y(s_i)\,(i=1,2,\ldots,n)$ が与えられているとし，これらの同時分布は n 次元正規分布にしたがうと仮定する．期待値を $E(Y(s_i)) = \mu_i$ とおく．$Y(s_i)\,(i=1,2,\ldots,n)$ が

$$Y(s_i) = \mu_i + \sum_{j=1}^{n} b_{ij}(Y(s_j) - \mu_j) + \epsilon(s_i),\ i=1,\ldots,n \qquad (7.1)$$

をみたすとき，**空間自己回帰モデル**（Spatial Autoregressive Model, SARモデル）にしたがうという．ここで $\epsilon_n = (\epsilon(s_1), \epsilon(s_2), \ldots, \epsilon(s_n))'$ は n 次元正規分布 $N(\mathbf{0}, \Lambda)$ にしたがい，b_{ij} は定数で $b_{ii} = 0\,(i=1,\ldots,n)$ とする．$\epsilon(s_i)\,(i=1,\ldots,n)$ が互いに相関をもつ場合には，Λ は非対角行列になる．

$\mathbf{Y}_n = (Y(s_1), Y(s_2), \ldots, Y(s_n))'$, $\boldsymbol{\mu}_n = (\mu_1, \mu_2, \ldots, \mu_n)'$ とおき，I_n を $n \times n$ 単位行列，$B = (b_{ij})$ とすれば，(7.1) は行列表現により

$$(I_n - B)(\mathbf{Y}_n - \boldsymbol{\mu}_n) = \boldsymbol{\epsilon}_n \qquad (7.2)$$

となる．したがって $I_n - B$ が正則行列のときは，$\mathbf{Y}_n$ の分布が多変量正規分布 $N(\boldsymbol{\mu}_n, (I_n - B)^{-1}\Lambda(I_n - B')^{-1})$ にしたがう．B を**空間重み行列**（spatial weight matrix）ともいう．

$\mathbf{Y}_n$ と $\boldsymbol{\epsilon}_n$ の共分散行列は

$$\mathrm{Cov}(\boldsymbol{Y}_n, \boldsymbol{\epsilon}_n) = E((\boldsymbol{Y}_n - \boldsymbol{\mu}_n)\boldsymbol{\epsilon}_n') = (I_n - B)^{-1}\Lambda$$

となる．したがって一般に任意の $Y(\boldsymbol{s}_i)$ と $\epsilon(\boldsymbol{s}_j)\,(i,j=1,\ldots,n)$ の間には相関があり，B に対する最小 2 乗推定量は一致性をもたない．

(7.1) を相互作用の結果生じた地域間の均衡を表現した同時方程式モデルとみなして，**同時自己回帰モデル** (Simultaneous Autoregressive Model) とよぶ場合もある (Banerjee 他 [8], Cressie [27], Whittle [168])．紛らわしいがこちらも頭文字をとって，SAR モデルと書く．

SAR モデルの期待値ベクトル $\boldsymbol{\mu}_n$ を具体的に回帰モデルの形式 $\boldsymbol{\mu}_n = X_n \beta$ で表すことも多い．ここで X_n は $n \times p$ の説明変数行列，$\beta = (\beta_1, \ldots, \beta_p)'$ は回帰係数ベクトルとする．このとき (7.2) は

$$\boldsymbol{Y}_n = B\boldsymbol{Y}_n + (I_n - B)X_n\beta + \boldsymbol{\epsilon}_n \tag{7.3}$$

となる．さらに (7.3) において $(I_n - B)X_n$ を新たに X_n とおいた

$$\boldsymbol{Y}_n = B\boldsymbol{Y}_n + X_n\beta + \boldsymbol{\epsilon}_n \tag{7.4}$$

を SAR モデルの定義とする場合もある (LeSage=Pace [95])．

次に条件付き自己回帰モデルを定義する．

[定義 7.2（条件付き自己回帰モデル）] $Y(\boldsymbol{s}_j)\,(j=1,\ldots,n, j \neq i)$ が与えられたときの $Y(\boldsymbol{s}_i)$ の条件付き分布を $F(Y(\boldsymbol{s}_i)|Y(\boldsymbol{s}_j), j=1,\ldots,n, j \neq i)$ とおく．

$$F(Y(\boldsymbol{s}_i)|Y(\boldsymbol{s}_j), j=1,\ldots,n, j \neq i) \sim N\left(\mu_i + \sum_{j=1}^n c_{ij}(Y(\boldsymbol{s}_j) - \mu_j), \tau_i^2\right) \tag{7.5}$$

が成立するとき，$Y(\boldsymbol{s}_i)\,(i=1,\ldots,n)$ は**条件付き自己回帰モデル**（Conditional Autoregressive Model，CAR モデル）にしたがうという．ここで c_{ij} は定数で $c_{ii} = 0$ とし，τ_i^2 は条件付き分散である (Besag [11])．

ところで第 3 章で説明したように $\boldsymbol{Z}^d$ 上で定義された定常確率場に対する

CAR モデルはスペクトル密度関数を用いてその存在が理論的に正当化されているが, (7.5) によって与えられた条件付き分布をもつ n 次元多変量正規分布が実際に存在するかは自明ではない.

以下ではその存在性を保証する $c_{ij}\,(i,j=1,\ldots,n)$, $\tau_i^2\,(i=1,\ldots,n)$ に関する条件を導出する. そのために 1 つの補題を用意する (Brook [19]).

[補題 7.3] $f(\boldsymbol{y})\,(\boldsymbol{y}\in\boldsymbol{R}^n)$ をある n 次元確率ベクトルの同時密度関数とする. このとき条件付き同時密度関数との間に

$$\frac{f(\boldsymbol{y})}{f(\boldsymbol{x})} = \prod_{i=1}^{n}\frac{f(y_i|y_1,\ldots,y_{i-1},x_{i+1},\ldots,x_n)}{f(x_i|y_1,\ldots,y_{i-1},x_{i+1},\ldots,x_n)} \tag{7.6}$$

$$= \prod_{i=1}^{n}\frac{f(y_i|x_1,\ldots,x_{i-1},y_{i+1},\ldots,y_n)}{f(x_i|x_1,\ldots,x_{i-1},y_{i+1},\ldots,y_n)} \tag{7.7}$$

が成立する.

証明 以下の等式

$$\frac{f(y_n|y_1,\ldots,y_{n-1})f(y_1,\ldots,y_{n-1})}{f(x_n|y_1,\ldots,y_{n-1})f(y_1,\ldots,y_{n-1})} = \frac{f(y_1,\ldots,y_{n-1},y_n)}{f(y_1,\ldots,y_{n-1},x_n)}$$

に注意すれば,

$$f(y_1,\ldots,y_n) = \frac{f(y_n|y_1,\ldots,y_{n-1})}{f(x_n|y_1,\ldots,y_{n-1})}f(y_1,\ldots,y_{n-1},x_n) \tag{7.8}$$

が成立する. (7.8) 右辺第 2 項に同様の計算を行うと

$$f(y_1,\ldots,y_n) = \frac{f(y_n|y_1,\ldots,y_{n-1})f(y_{n-1}|y_1,\ldots,y_{n-2},x_n)}{f(x_n|y_1,\ldots,y_{n-1})f(x_{n-1}|y_1,\ldots,y_{n-2},x_n)}$$
$$\times f(y_1,\ldots,y_{n-2},x_{n-1},x_n)$$

を得る. 以下同様の計算により (7.6) が導かれる. (7.7) は

$$f(y_1,\ldots,y_n) = \frac{f(y_1|y_2,\ldots,y_n)}{f(x_1|y_2,\ldots,y_n)}f(x_1,y_2,\ldots,y_n)$$

から出発して, (7.6) に対するのと同様の計算を行えばよい. ∎

補題 7.3 を適用して，CAR モデルの存在性に関して次の定理を得る．

[**定理 7.4（CAR モデルの存在定理）**]　(1) $n \times n$ 行列 C を $C = (c_{ij})$ によって，また $n \times n$ 対角行列 T を $T = \mathrm{diag}(\tau_1^2, \tau_2^2, \ldots, \tau_n^2)$ によって定義する．また $Q = T^{-1}(I_n - C)$ とおく．このとき $c_{ij}/\tau_i^2 = c_{ji}/\tau_j^2$ が成立し，さらに Q が正定値行列であれば，$\boldsymbol{Y}$ の分布は $N(\boldsymbol{\mu}, Q^{-1})$ になる．

(2) 逆に $\boldsymbol{Y}$ の分布が $N(\boldsymbol{\mu}, Q^{-1})$ $(Q^{-1} = (I_n - C)^{-1}T)$ ならば (7.5) が成立する．

証明　(1) 一般性を失うことなく，$\mu_i = 0$ $(i = 1, \ldots, n)$ と仮定できる．Q の (i, j) 成分は

$$q_{ij} = \begin{cases} 1/\tau_i^2, & i = j, \\ -c_{ij}/\tau_i^2, & i \neq j, \end{cases}$$

となる．したがって Q は対称行列である．ここで $\boldsymbol{x} = \boldsymbol{0}$ とおいて補題 7.3 を (7.5) に適用すると，$\boldsymbol{Y}_n$ の同時密度関数は

$$-2\log\left(\frac{f(y_1, \ldots, y_n)}{f(0, \ldots, 0)}\right) = \sum_{i=1}^{n} \tau_i^{-2} y_i^2 - 2\sum_{i=2}^{n}\sum_{j=1}^{i-1} \tau_i^{-2} c_{ij} y_i y_j \tag{7.9}$$

$$= \sum_{i=1}^{n} \tau_i^{-2} y_i^2 - 2\sum_{i=1}^{n-1}\sum_{j=i+1}^{n} \tau_i^{-2} c_{ij} y_i y_j \tag{7.10}$$

をみたす．(7.9) と (7.10) を加えて 2 で割ると

$$-2\log f(y_1, \ldots, y_n) = -2\log f(0, \ldots, 0) + \sum_{i=1}^{n} \tau_i^{-2} y_i^2 - \sum_{i,j=1, i \neq j}^{n} \tau_i^{-2} c_{ij} y_i y_j$$

$$= -2\log f(0, \ldots, 0) + \boldsymbol{y}'Q\boldsymbol{y}$$

となる．したがって Q が正定値行列ならば $\boldsymbol{Y}_n$ は $N(\boldsymbol{0}, Q^{-1})$ にしたがう．

(2) 多変量正規分布の基本的な性質であるので証明は省略する．たとえば Brockwell=Davis [17] を参照されたい．■

$\boldsymbol{Z}^d$ 上の定常確率場に対する空間自己回帰モデルと条件付き自己回帰モデル

の関係については第3章で議論した．ここで地域データに対する2つのモデルの関係について説明する．簡単のため説明変数 X_n は削除する．まず空間自己回帰モデルが条件付き自己回帰モデルで表現されるためには，定理 7.4 (2) から

$$(I_n - B')\Lambda^{-1}(I_n - B) = T^{-1}(I_n - C) \tag{7.11}$$

をみたす T, C が存在しなくてはならない．一般の Λ について存在するか否かは明らかになっていないが，ここでは Λ が対角行列 $\Lambda = \mathrm{diag}(\lambda_1^2, \ldots, \lambda_n^2)$ とする．紛らわしいが (7.1) と異なりここでは $b_{ii} = -1\, (i = 1, \ldots, n)$ とおく．このとき $I_n - B$ の (i, j) 成分は $-b_{ij}$ になるので，(7.11) 左辺の行列の (i, j) 成分は $\sum_{k=1}^{n} b_{ki} b_{kj} \lambda_k^{-2}$ になる．したがって，複雑になるが

$$T^{-1} = \Lambda^{-1} + \tilde{D},$$
$$C = T(\Lambda^{-1} B + B' \Lambda^{-1} - B' \Lambda^{-1} B + \tilde{D}),$$
$$\tilde{D} = \mathrm{diag}\left(\sum_{j=1}^{n} b_{j1}^2 \lambda_j^{-2} - \lambda_1^{-2}, \ldots, \sum_{j=1}^{n} b_{jn}^2 \lambda_j^{-2} - \lambda_n^{-2} \right)$$

とおけば CAR モデルによって表現できる．ただし T は正則行列とする．

逆に CAR モデルが与えられたときも，(7.11) をみたす B, Λ が一般に存在するか明らかになっていない．最も簡単な $T = \tau^2 I_n$ の場合を考える．Gram-Schmidt の直交化により $Z_i = Y_i + \sum_{j=1}^{i-1} l_{i,i-j} Y_{i-j}\, (i = 1, \ldots, n)$ の共分散行列が対角行列になる $l_{i,i-j}$ が存在する．この対角行列を D とし，また $n \times n$ 下三角行列を $L = (l_{ij})$ によって定義する．ただし $l_{ii} = 1\, (i = 1, \ldots, n)$, $l_{ij} = 0\, (i < j)$ とする．このとき $\tau^2 L(I_n - C)^{-1} L' = D$ が成立する．したがって $B = I_n - L$, $\Lambda = D$ とすればよい．

以上から SAR モデルが CAR モデルで表現できる場合および逆の場合があることがわかる．しかしこれはあくまで理論的な存在性であり，前者の場合の T, C，後者の場合の B, Λ の実際的な意味は必ずしも明確というわけではないことを注意しておく．

7.2 隣接行列により表現された SAR および CAR モデルの性質

実際のデータ解析においては SAR モデルあるいは CAR モデルの係数行列 B, C をどのようにとるべきかが問題になる．従来よく用いられてきた方法では，まず隣接行列 (connectivity matrix) $W = (w_{ij})$ を

$$w_{ij} = \begin{cases} 1, & \boldsymbol{s}_i \text{ と } \boldsymbol{s}_j \ (i \neq j) \text{ が共通の境界をもつ}, \\ 0, & i = j, \\ 0, & \text{その他}, \end{cases}$$

によって定義する．この W を用いて $B = \rho_s W$, $C = \rho_c W$ とおく．ここで ρ_s, ρ_c は定数である．実際にアメリカ合衆国の州を示した図 7.1 を例にとって説明する．番号は州名をアルファベット順に並べたときの順番を意味している．Alabama 州（番号 1. 以下同様）と隣接する州は，Florida(8), Georgia(9), Mississippi(22), Tennessee(40) の 4 州である．したがって Alabama に対応する 1 行目では，これら 4 州に対応する列，$w_{1,8}, w_{1,9}, w_{1,22}, w_{1,40}$ が 1，その他の w_{1j} は 0 になる．

図 7.1 アメリカ合衆国地図 (Wall [164])

通常 W の各行で 1 となる成分の個数は，データ数 n が増加しても固定されており $I_n - \rho_s W, I_n - \rho_c W$ は 0 となる成分が多い疎行列 (sparse matrix) になる．したがってその逆行列は高速計算可能になるという利点がある．しかし地域の形状が不規則な場合には，行ごとに 1 となる成分の総数のばらつきが大きくなる．この欠点を是正するために，行ごとの成分の和が 1 となるように基準化した行列 $W^* (= w_{ij}^*)$ を用いるときもある．ここで $w_{ij}^* = w_{ij}/w_{i+}$, $w_{i+} = \sum_{j=1}^n w_{ij}$ とする．

ここで 2,3 注意をしておく．まず (7.4) の SAR モデルに $B = \rho_s W$ を代入して変形すると

$$\boldsymbol{Y}_n = (I_n - \rho_s W)^{-1} X_n \beta + (I_n - \rho_s W)^{-1} \boldsymbol{\epsilon}_n$$

となる．いま

$$(I_n - \rho_s W)^{-1} = I_n + \rho_s W + \rho_s^2 W^2 + \cdots$$

と展開すれば

$$E(\boldsymbol{Y}_n) = X_n \beta + W X \rho_s \beta + W^2 X_n \rho_s^2 \beta + \cdots \tag{7.12}$$

となる．W^2 において 1 となる成分は，ある地域に隣接する地域にそのまた隣接する地域を意味する．したがって直接境界を共有する地域だけではなく，より遠く隔たった地域の説明変数の影響も受けることを意味している．W の高次のべき乗になるほど一般的には複雑になり，それを長所とするか短所とするかは分析の視点による (Pace=LeSage [127], Wall [164])．

次に ρ_s, ρ_c は空間相関 (spatial correlation) あるいは空間従属 (spatial dependence) の強さを規定するパラメータである．しかしこれらのパラメータは隣接する 2 つの地域間の相関係数を意味するわけではない．したがって $|\rho_s| < 1$, $|\rho_c| < 1$ の範囲に限定する必要はない．SAR モデルでは $I_n - \rho_s W$ が正則行列となるような ρ_s であればよい．すなわち $\lambda_i (i = 1, \ldots, n)$ を W の固有値とすれば，$\rho_s \lambda_i \neq 1$ をみたせばよい．ただし ρ_s の絶対値が 1 を超えると，(7.12) において，$W^i X_n$ の係数 $\rho_s^i \beta$ が $i \to \infty$ のとき発散し，解釈が難しくなる．

一方 CAR モデルでは $T^{-1}(I_n - \rho_c W)$ が正定値行列になればよく, $w_{ij}/\tau_i^2 = w_{ji}/\tau_j^2$ および $\rho_c \lambda_i < 1\,(i = 1,\ldots,n)$ をみたせばよいことが分かる. $T^{-1}(I_n - \rho_c W)$ が正定値行列のとき, 両側から $T^{1/2}$ をかけると $T^{-1/2}(I_n - \rho_c W)T^{1/2}$ も正定値行列になる. $T^{-1/2}(I_n - \rho_c W)T^{1/2}$ と $(I_n - \rho_s W)$ の固有値はすべて等しいので, 上の条件が導かれる. W^* を用いた場合も同じであるが, 以下に示すように W^* の最大固有値は 1 となる. したがって $\rho_c < 1$ が必要条件となる.

[定理 7.5] W^* の最大固有値は 1 である.

証明 いま λ を W^* の固有値, $\boldsymbol{x} = (x_1,\ldots,x_n)'$ を固有ベクトルとして, $W^*\boldsymbol{x} = \lambda \boldsymbol{x}$ を仮定する. ここで $x_l = \max(x_1,\ldots,x_n)$ とする. $x_l > 0$ と仮定しても一般性を失わない. $x_i \leq 0\,(i = 1,\ldots,n)$ のときは, $-\boldsymbol{x}$ を固有ベクトルにとればよい. $\boldsymbol{y} = W^*\boldsymbol{x}$ とおけば

$$y_l = \sum_{j=1}^n w_{lj}^* x_j \leq x_l \sum_{j=1}^n w_{lj}^* = x_l$$

が成り立つ. 一方 $y_l = \lambda x_l$ であるから, $\lambda \leq 1$ をみたさなければならない. また $\boldsymbol{1} = (1,\ldots,1)'$ とおけば $W^*\boldsymbol{1} = \boldsymbol{1}$ が成立するので $\lambda = 1$ は W^* の固有値である. ∎

次に ρ_s, ρ_c を変化させたとき, それに伴う地域データ間の相関構造の変化は SAR モデルと CAR モデルで異なる場合もある. Wall [164] はアメリカ合衆国のデータに対して ρ_s, ρ_c を $(-1.392, 1)$ の間で変化させて, W^* の成分がゼロでない隣り合う 107 個のペアについてその相関係数の変化を調べている. 下限の -1.392 も制約条件 $\rho_c \lambda_i < 1$ から導かれた値である. それによると ρ_s の関数として SAR モデルの相関係数が増加する速度より ρ_c の関数として CAR モデルの相関係数が増加する速度の方が遅くなっている. また両モデルにおいて ρ_s, ρ_c が負の値をとるにも関わらず, 相関係数が正となるような隣り合うペアが存在するなど奇妙な現象も生じている.

次に隣接行列を用いて B, C を定義することは簡便で有効な場合も多いが,

多分に従来の慣行によるところもある．したがって個々のデータに対しては，理論的に正当化され，かつそのデータに適合する他の B, C が存在する可能性も残されている．たとえば地点 s_i と $s_j (i \neq j)$ の間の Euclid 距離や交通手段を利用したときの時間距離の関数を採用することも考えられる (Haining [61]).

最後に SAR モデルと CAR モデルの優劣については様々な見解がある．社会科学においては空間的依存関係が直接的に表現できる SAR モデルの方が好ましいという見解がある一方で，時系列解析における AR モデルの一般化という観点からは，空間上でマルコフ過程と同じような性質をもつ CAR モデルの方がより自然なモデルであるとする見解もある．これらの議論に関しては Cressie [27], Haining [62] を参照されたい．

7.3 SAR モデルの推定

本節では SAR モデル (7.4) において $B = \lambda W_n$ とおいた

$$Y_n = \lambda W_n Y_n + X_n \beta + \epsilon_n \tag{7.13}$$

のパラメータの推定について考える．W_n や ϵ_n に関する仮定に関して様々なバリエーションが考えられるが，ここでは基本的な場合について議論する．より一般的な議論は Lee [92] を参照されたい．

以下では ϵ_n は $N(\mathbf{0}, \sigma^2 I_n)$ にしたがうとする．このとき未知パラメータベクトルは $\theta = (\beta', \lambda, \sigma^2)'$ となる．真値を $\theta_0 = (\beta_0, \lambda_0, \sigma_0^2)'$ とおく．

ここで $S_n(\lambda) = I_n - \lambda W_n$, 特に $S_n = S_n(\lambda_0)$ とおけば，S_n が正則行列の場合，(7.13) は

$$Y_n = S_n^{-1}(X_n \beta_0 + \epsilon_n) \tag{7.14}$$

になる．また $G_n = W_n S_n^{-1}$ とおけば $I_n + \lambda_0 G_n = S_n^{-1}$ となるので，(7.14) は

$$Y_n = X_n \beta_0 + \lambda_0 G_n X_n \beta_0 + S_n^{-1} \epsilon_n \tag{7.15}$$

とも表現できる．対数尤度関数は

$$\ln L_n(\theta) = -\frac{n}{2}\ln(2\pi) - \frac{n}{2}\ln\sigma^2 + \ln\|S_n(\lambda)\| - \frac{1}{2\sigma^2}\boldsymbol{\epsilon}'_n(\delta)\boldsymbol{\epsilon}_n(\delta) \qquad (7.16)$$

となる．ここで $\boldsymbol{\epsilon}_n(\delta) = \boldsymbol{Y}_n - X_n\beta - \lambda W_n\boldsymbol{Y}_n$, $\delta = (\beta', \lambda)'$, $\|S_n(\lambda)\|$ は $S_n(\lambda)$ の行列式の絶対値とする．したがって $\boldsymbol{\epsilon}_n(\delta_0) = \boldsymbol{\epsilon}_n$ である．

λ を固定した場合，(7.16) を最大にする β と σ^2 は各々

$$\hat{\beta}_n(\lambda) = (X'_n X_n)^{-1} X'_n S_n(\lambda) \boldsymbol{Y}_n, \qquad (7.17)$$

$$\hat{\sigma}^2_n(\lambda) = \frac{1}{n}[S_n(\lambda)\boldsymbol{Y}_n - X_n\hat{\beta}_n(\lambda)]'[S_n(\lambda)\boldsymbol{Y}_n - X_n\hat{\beta}_n(\lambda)]$$

$$= \frac{1}{n}\boldsymbol{Y}'_n S'_n(\lambda) M_n S_n(\lambda) \boldsymbol{Y}_n \qquad (7.18)$$

となる．ここで $M_n = I_n - X_n(X'_n X_n)^{-1} X'_n$ とする．(7.17), (7.18) を (7.16) に代入すると，λ に関する集中対数尤度関数は

$$\ln L_n(\lambda) = -\frac{n}{2}(\ln(2\pi) + 1) - \frac{n}{2}\ln\hat{\sigma}^2_n(\lambda) + \ln\|S_n(\lambda)\| \qquad (7.19)$$

となる．したがって (7.19) を最大にする λ を $\hat{\lambda}_n$ とおけば，θ_0 の最尤推定量は $\hat{\theta}_n = (\hat{\beta}_n(\hat{\lambda}_n)', \hat{\lambda}_n, \hat{\sigma}^2_n(\hat{\lambda}_n))'$ になる．

以下で最尤推定量の一致性と極限分布を導く．まずその準備として必要となる条件を与え，その含意について説明する．

[条件 7.6]　$\boldsymbol{\epsilon}_n$ は $N(\boldsymbol{0}, \sigma^2 I_n)$ にしたがう．

[条件 7.7]　W_n の (i,j) $(i,j = 1,\ldots,n)$ 成分 $w_{n,ij}$ は一様に $O(1/h_n)$ とする．すなわち，ある定数 c が存在して $|h_n w_{n,ij}| < c$ が任意の n, i, j に対して成立する．ただし任意の i に対して $w_{n,ii} = 0$ を仮定する．ここで $\{h_n\}$ は発散する場合も有界な場合もある．

[条件 7.8]　$\liminf_{n\to\infty} h_n > 0$ かつ $\lim_{n\to\infty} h_n/n = 0$ が成立する．

[条件 7.9]　S_n は正則行列である．

[条件 7.10]　W_n および S_n^{-1} は行和と列和に関して一様に有界である．すな

わち，ある定数 c が存在して任意の n, i, j に対して $\sum_{j=1}^{n} |w_{n,ij}| < c$ $(i = 1, \ldots, n)$, $\sum_{i=1}^{n} |w_{n,ij}| < c$ $(j = 1, \ldots, n)$ が成立する．S_n^{-1} についても同様である．

[**条件 7.11**] X_n の任意の成分は n に関して一様に有界である．さらに $\lim_{n \to \infty} X_n' X_n / n$ が存在して，正則行列である．

[**条件 7.12**] Λ を $\boldsymbol{R}$ のコンパクト集合，λ_0 を Λ の内点とする．Λ 上で $S_n^{-1}(\lambda)$ は λ および n に関して一様に行和および列和が有界である．すなわち $s^{n,ij}(\lambda)$ を $S_n^{-1}(\lambda)$ の (i,j) $(i,j = 1, \ldots, n)$ 成分とすればある c が存在して任意の $n, \lambda (\in \Lambda)$ に対して $\sum_{j=1}^{n} |s^{n,ij}(\lambda)| < c$ $(i = 1, \ldots, n)$ および $\sum_{i=1}^{n} |s^{n,ij}(\lambda)| < c$ $(j = 1, \ldots, n)$ が成立する．

[**条件 7.13**] $\lim_{n \to \infty} (X_n, G_n X_n \beta_0)'(X_n, G_n X_n \beta_0)/n$ が存在して，正則行列である．

ここで各条件の含意についてコメントする．条件 7.6-7.8 はモデルの確率分布および重み行列に関しての本質的な条件である．条件 7.6 は ϵ の各成分が独立同一分布にしたがう場合にも一般化できる．ただし後述する推定量の極限分布において，共分散行列に分布関数の 3 次モーメント，4 次キュムラントに関係した項が現れる．また推定量はもはや最尤推定量ではなくなるが，正規分布の場合の尤度関数を最大にする推定量なので疑似最尤推定量 (quasi-maximum likelihood estimator) とよばれている．条件 7.7, 条件 7.8 は，7.2 節における隣接行列 W に対しては h_n として n に依存しない正定数をとれば成立する．これらはさらに一般化した条件であり，n より遅い速度であれば発散してもよい．しかし発散の速度が n より速い場合には推定量が一致性をもたない例がある (Lee [92])．条件 7.9 はモデル (7.14) が退化しない多変量正規分布 $N(S_n^{-1} X_n \beta_0, \sigma_0^2 S_n^{-1}(S_n^{-1})')$ にしたがうことを保証している．条件 7.10 は推定量の漸近的性質を議論する際に必要となり，たとえば $\boldsymbol{Y}_n$ の共分散行列 $\sigma_0^2 S_n^{-1}(S_n^{-1})'$ が n に関して有界であることを保証している．条件 7.11 は説明変数が発散しないことおよび多重共線性が存在しないことを保証している．条件 7.12 は対数尤度関数 (7.16) における $\ln \|S_n(\lambda)\|$ を評価する際に必

要となる．条件 7.13 が成立しない場合には，付加的な条件が必要になり，証明もより複雑になるが，最尤推定量の一致性が示せ，極限分布も導出できる (Lee [92])．

以上の準備のもとで最尤推定量の一致性に関して以下の定理を得る．

[定理 7.14] 条件 7.6-7.13 のもとで $n \to \infty$ のとき，$\hat{\theta}_n$ は θ_0 へ確率収束する．

証明 以下では期待値は真のパラメータ・ベクトル θ_0 のもとでとる．$\hat{\lambda}_n$ が一致性をみたせば，$\hat{\beta}_n(\hat{\lambda}_n)$, $\hat{\sigma}_n^2(\hat{\lambda}_n)$ も一致性をみたす．

$\hat{\lambda}_n$ の一致性は，まず $Q_n(\lambda) = \max_{\beta, \sigma^2} E(\ln L_n(\theta))$ をもとめ，次に

$$\sup_{\lambda \in \Lambda} \frac{1}{n} |\ln L_n(\lambda) - Q_n(\lambda)| \xrightarrow{p} 0, \quad n \to \infty \quad (7.20)$$

と

$$\limsup_{n \to \infty} \max_{\lambda \in \bar{N}_\epsilon(\lambda_0)} \frac{1}{n} [Q_n(\lambda) - Q_n(\lambda_0)] < 0 \quad (7.21)$$

を示せば，補題 7.18 より導ける．$\hat{\lambda}_n$ は $\ln L_n(\lambda)$ を最大にする，すなわち $-\ln L_n(\lambda)$ を最小にする λ なので，補題 7.18 の (7.45) と (7.21) は同値な条件であることに注意しよう．

以下概略を示す．詳細は Lee [92] を参照されたい．

$Q_n(\lambda)$ をもとめる．まず

$$\begin{aligned}
\sigma_n^{*2}(\lambda) &= \frac{1}{n} E\{[S_n(\lambda)\boldsymbol{Y}_n - X_n \beta_n^*(\lambda)]'[S_n(\lambda)\boldsymbol{Y}_n - X_n \beta_n^*(\lambda)]\} \\
&= \frac{1}{n} \{(\lambda - \lambda_0)^2 (G_n X_n \beta_0)' M_n (G_n X_n \beta_0) \\
&\quad + \sigma_0^2 \mathrm{tr}[(S_n')^{-1} S_n'(\lambda) S_n(\lambda) S_n^{-1}]\}, \quad (7.22)\\
\beta_n^*(\lambda) &= (X_n' X_n)^{-1} X_n' S_n(\lambda) S_n^{-1} X_n \beta_0
\end{aligned}$$

とおく．(7.22) の 2 番目の等式は (7.14)，$S_n(\lambda) S_n^{-1} = I_n + (\lambda_0 - \lambda) G_n$ および $M X_n = \mathbf{0}$ より導かれる．以下では (7.22) 第 2 項を

$$\sigma_n^2(\lambda) = \frac{\sigma_0^2}{n}\mathrm{tr}[(S_n')^{-1}S_n'(\lambda)S_n(\lambda)S_n^{-1}]$$
$$= \sigma_0^2\left[1 + 2(\lambda_0 - \lambda)\frac{1}{n}\mathrm{tr}(G_n) + (\lambda_0 - \lambda)^2\frac{1}{n}\mathrm{tr}(G_nG_n')\right] \quad (7.23)$$

とおく．

$\ln L_n(\theta)$ の期待値は

$$E(\ln L_n(\theta)) = -\frac{n}{2}\ln(2\pi) - \frac{n}{2}\ln\sigma^2 + \ln\|S_n(\lambda)\| - \frac{1}{2\sigma^2}E(\boldsymbol{\epsilon}_n'(\delta)\boldsymbol{\epsilon}_n(\delta))$$

となる．$\boldsymbol{\epsilon}_n(\delta) = S_n(\lambda)S_n^{-1}X_n\beta_0 - X_n\beta + S_n(\lambda)S_n^{-1}\boldsymbol{\epsilon}_n$ であるから，

$$E\{\boldsymbol{\epsilon}_n'(\delta)\boldsymbol{\epsilon}_n(\delta)\}$$
$$= E\{(S_n(\lambda)S_n^{-1}\boldsymbol{\epsilon}_n)'(S_n(\lambda)S_n^{-1}\boldsymbol{\epsilon}_n)\}$$
$$+ (S_n(\lambda)S_n^{-1}X_n\beta_0 - X_n\beta)'(S_n(\lambda)S_n^{-1}X_n\beta_0 - X_n\beta)$$

となる．右辺の第 1 項は β, σ^2 に依存しない．第 2 項は被説明変数ベクトルを $S_n(\lambda)S_n^{-1}X_n\beta_0$，説明変数行列を X_n としたときの残差平方和である．したがって β が最小 2 乗推定量 $\beta_n^*(\lambda)$ のとき最小になる．

一方

$$\frac{\partial E(\ln L_n(\theta))}{\partial \sigma^2} = -\frac{n}{2\sigma^2} + \frac{E(\boldsymbol{\epsilon}_n'(\delta)\boldsymbol{\epsilon}_n(\delta))}{2\sigma^4}$$

であるから，$\sigma^2 = \sigma_n^{*2}(\lambda)$ のとき，$E(\ln L_n(\theta))$ は最大になる．以上から

$$Q_n(\lambda) = -\frac{n}{2}(\ln(2\pi) + 1) - \frac{n}{2}\ln\sigma_n^{*2}(\lambda) + \ln\|S_n(\lambda)\| \quad (7.24)$$

となる．

次に (7.20), (7.21) を導く準備として，$Q_n(\lambda), \sigma_n^{*2}(\lambda), \ln\|S_n(\lambda)\|$ の性質を示しておく．いま $Q_{p,n}(\lambda)$ を

$$Q_{p,n}(\lambda) = -\frac{n}{2}(\ln(2\pi) + 1) - \frac{n}{2}\ln\sigma_n^2(\lambda) + \ln\|S_n(\lambda)\| \quad (7.25)$$

によって定義すれば

$$\frac{1}{n}Q_n(\lambda) = \frac{1}{n}Q_{p,n}(\lambda) - \frac{1}{2}(\ln\sigma_n^{*2}(\lambda) - \ln\sigma_n^2(\lambda)) \quad (7.26)$$

となる．また $L_{p,n}(\lambda, \sigma^2)$ を

$$\ln L_{p,n}(\lambda, \sigma^2) = -\frac{n}{2}\ln(2\pi) - \frac{n}{2}\ln\sigma^2 + \ln\|S_n(\lambda)\| - \frac{1}{2\sigma^2}\boldsymbol{Y}_n'S_n'(\lambda)S_n(\lambda)\boldsymbol{Y}_n$$

によって定義すれば，$L_{p,n}(\lambda, \sigma^2)$ は (7.13) において $\beta = \boldsymbol{0}$ とおいた SAR モデル $\boldsymbol{Y}_n = \lambda W_n \boldsymbol{Y}_n + \boldsymbol{\epsilon}_n$ の尤度関数に等しい．そして

$$E(\ln L_{p,n}(\lambda, \sigma^2)) = -\frac{n}{2}\ln(2\pi) - \frac{n}{2}\ln\sigma^2 + \ln\|S_n(\lambda)\| - \frac{n}{2\sigma^2}\sigma_n^2(\lambda) \quad (7.27)$$

となる．このとき

$$Q_{p,n}(\lambda) = \max_{\sigma^2} E(\ln L_{p,n}(\lambda, \sigma^2)) \quad (7.28)$$

が成り立つ．一方 Jensen の不等式より

$$\begin{aligned}
&E(\ln L_{p,n}(\lambda, \sigma^2)) - E(\ln L_{p,n}(\lambda_0, \sigma_0^2)) \\
&= E\left[\ln\left(\frac{L_{p,n}(\lambda, \sigma^2)}{L_{p,n}(\lambda_0, \sigma_0^2)}\right)\right] \\
&\leq \ln E\left(\frac{L_{p,n}(\lambda, \sigma^2)}{L_{p,n}(\lambda_0, \sigma_0^2)}\right) \\
&= \ln 1 = 0 \quad (7.29)
\end{aligned}$$

が成立する．また (7.23), (7.25), (7.27) より

$$E(\ln L_{p,n}(\lambda_0, \sigma_0^2)) = Q_{p,n}(\lambda_0) \quad (7.30)$$

となる．したがって (7.29), (7.30) より任意の λ に対して

$$\frac{1}{n}(Q_{p,n}(\lambda) - Q_{p,n}(\lambda_0)) \leq 0 \quad (7.31)$$

が成り立つ．

次に $\frac{1}{n}\ln\|S_n(\lambda)\|$ が n に関して一様に同程度連続であることを示す．すなわち任意の $\epsilon > 0$ に対して，ある $\delta > 0$ が存在して，$|\lambda_2 - \lambda_1| < \delta$ のとき任意の n に対して $\frac{1}{n}|\ln\|S_n(\lambda_2)\| - \ln\|S_n(\lambda_1)\|| < \epsilon$ が成り立つ．中間値の定理より $\frac{1}{n}(\ln\|S_n(\lambda_2)\| - \ln\|S_n(\lambda_1)\|) = -\frac{1}{n}\mathrm{tr}(W_n S_n^{-1}(\bar{\lambda}_n)(\lambda_2 - \lambda_1))$ が成立する．$\bar{\lambda}_n$ は λ_1 と λ_2 の間に存在する．条件 7.7, 条件 7.12 より $\lambda (\in \Lambda)$ に対して一

様に $\frac{1}{n}\mathrm{tr}(W_n S_n^{-1}(\bar{\lambda}_n)) = O(1/h_n)$ が成り立つので結論を得る.

次に $\liminf_n \inf_{\lambda \in \Lambda} \sigma_n^2(\lambda) > 0$ が成り立つことを示す. 背理法を用いる. もし成立しないとすればある部分列 $\{n'\}(\subset \{n\})$ と $\{\lambda_{n'}\}$ が存在して $\lim_{n' \to \infty} \sigma_{n'}^2(\lambda_{n'}) = 0$ となる. 既に任意の λ に対して $\frac{1}{n}(Q_{p,n}(\lambda) - Q_{p,n}(\lambda_0)) \leq 0$, また n に対して一様に $\sup_{\lambda \in \Lambda} \frac{1}{n}|\ln\|S_n(\lambda)\| - \ln\|S_n(\lambda_0)\|| = O(1)$ であることを示した. したがって (7.25) より $-\frac{1}{2}\ln\sigma_n^2(\lambda) \leq -\frac{1}{2}\ln\sigma_0^2 + \frac{1}{n}(\ln\|S_n(\lambda_0)\| - \ln\|S_n(\lambda)\|) = O(1)$ となり, $-\ln\sigma_{n'}^2(\lambda_{n'})$ は上から有界であり矛盾が生じる.

次に $\frac{1}{n}Q_n(\lambda)$ も n に関して一様に同程度連続である. $\frac{1}{n}\ln\|S_n(\lambda)\|$ については既に示したので, $\ln\sigma_n^{*2}(\lambda)$ について示せばよい. $\sigma_n^{*2}(\lambda)$ は (7.22) より λ の 2 次関数である. $\frac{1}{n}(G_n X_n \beta_0)' M_n (G_n X_n \beta_0)$ および $\frac{1}{n}\mathrm{tr}((S_n')^{-1} S_n'(\lambda) S_n(\lambda) S_n^{-1})$ における λ^2, λ の係数および定数項は条件 7.7, 条件 7.10, 条件 7.13 より有界なので, $\sigma_n^{*2}(\lambda)$ は n に関して一様に同程度連続になる. また $\sigma_n^{*2}(\lambda) \geq \sigma_n^2(\lambda)$ であるから, $\liminf_n \inf_{\lambda \in \Lambda} \sigma_n^{*2}(\lambda) > 0$ が成り立つ. Taylor 展開により $\ln\sigma_n^{*2}(\lambda_2) - \ln\sigma_n^{*2}(\lambda_1) = (\lambda_2 - \lambda_1)(\sigma_n^{*2})'(\tilde{\lambda})/\sigma_n^{*2}(\tilde{\lambda})$ となる. ここで $(\sigma_n^{*2})'(\lambda) = \partial\sigma_n^{*2}(\lambda)/\partial\lambda$ であり, $\tilde{\lambda}$ は λ_1 と λ_2 の間に存在する. したがって結論を得る.

以上の結果に基づいて, まず (7.20) を示す. (7.19) と (7.24) より

$$\frac{1}{n}(\ln L_n(\lambda) - Q_n(\lambda)) = -\frac{1}{2}(\ln\hat{\sigma}_n^2(\lambda) - \ln\sigma_n^{*2}(\lambda)) \tag{7.32}$$

となる. $\hat{\sigma}_n^2(\lambda)$ は

$$\hat{\sigma}_n^2(\lambda) = (\lambda - \lambda_0)^2 \frac{1}{n}(G_n X_n \beta_0)' M_n (G_n X_n \beta_0)$$
$$+ 2(\lambda_0 - \lambda) H_{1n}(\lambda) + H_{2n}(\lambda) \tag{7.33}$$

と書ける. ここで

$$H_{1n}(\lambda) = \frac{1}{n}(G_n X_n \beta_0)' M_n S_n(\lambda) S_n^{-1} \boldsymbol{\epsilon}_n$$
$$= \frac{1}{n}(G_n X_n \beta_0)' M_n \boldsymbol{\epsilon}_n + (\lambda_0 - \lambda)\frac{1}{n}(G_n X_n \beta_0)' M_n G_n \boldsymbol{\epsilon}_n \tag{7.34}$$

とし,

$$H_{2n}(\lambda) = \frac{1}{n}\epsilon'_n(S'_n)^{-1}S'_n(\lambda)M_n S_n(\lambda) S_n^{-1}\epsilon_n$$

とする.

したがって (7.22) と (7.33) より

$$\hat{\sigma}_n^2(\lambda) - \sigma_n^{*2}(\lambda) = 2(\lambda_0 - \lambda)H_{1n}(\lambda) + H_{2n}(\lambda) - \sigma_n^2(\lambda) \tag{7.35}$$

が成り立つ. (7.34) の右辺の 2 つの項は $o_p(1)$ となり,したがって $\sup_{\lambda \in \Lambda} |H_{1n}(\lambda)| = o_p(1)$ である. 一方

$$\begin{aligned} H_{2n}(\lambda) - \sigma_n^2(\lambda) &= \frac{1}{n}\epsilon'_n(S'_n)^{-1}S'_n(\lambda)S_n(\lambda)S_n^{-1}\epsilon_n \\ &\quad - \frac{\sigma_0^2}{n}\mathrm{tr}((S'_n)^{-1}S'_n(\lambda)S_n(\lambda)S_n^{-1}) - T_n(\lambda) \end{aligned}$$

が成り立つ. ここで

$$T_n(\lambda) = \frac{1}{n}\epsilon'_n(S'_n)^{-1}S'_n(\lambda)X_n(X'_n X_n)^{-1}X'_n S_n(\lambda)S_n^{-1}\epsilon_n$$

である. $\sup_{\lambda \in \Lambda}|T_n(\lambda)| = o_p(1)$ および

$$\sup_{\lambda \in \Lambda}\left|\frac{1}{n}\epsilon'_n(S'_n)^{-1}S'_n(\lambda)S_n(\lambda)S_n^{-1}\epsilon_n - \frac{\sigma_0^2}{n}\mathrm{tr}((S'_n)^{-1}S'_n(\lambda)S_n(\lambda)S_n^{-1})\right| = o_p(1)$$

が成り立つので, $\sup_{\lambda \in \Lambda}|H_{2n}(\lambda) - \sigma_n^2(\lambda)| = o_p(1)$ となる. したがって

$$\sup_{\lambda \in \Lambda}|\hat{\sigma}_n^2(\lambda) - \sigma_n^{*2}(\lambda)| = o_p(1) \tag{7.36}$$

が示せた. 次に Taylor 展開により $|\ln \hat{\sigma}_n^2(\lambda) - \ln \sigma_n^{*2}(\lambda)| = |\hat{\sigma}_n^2(\lambda) - \sigma_2^{*2}(\lambda)|/\tilde{\sigma}_n^2(\lambda)$ となる. ここで $\tilde{\sigma}_n^2(\lambda)$ は $\hat{\sigma}_n^2(\lambda)$ と $\sigma_n^{*2}(\lambda)$ の間に存在する. いま $\delta^* = \liminf_{n\to\infty}\inf_{\lambda\in\Lambda}\sigma_n^{*2}(\lambda)$ とおく. このとき (7.36) より

$$\lim_{n\to\infty} P\left(\inf_{\lambda \in \Lambda}\hat{\sigma}_n^2(\lambda) \geq \delta^*/2\right) = 1 \tag{7.37}$$

が成り立つ. したがって (7.36), (7.37) より,任意の $\epsilon > 0$ に対して

$$\lim_{n\to\infty} P\left(\sup_{\lambda\in\Lambda}|\hat{\sigma}_n^2(\lambda) - \sigma_n^{*2}(\lambda)|/\tilde{\sigma}_n^2(\lambda) > \epsilon\right)$$
$$\leq \lim_{n\to\infty} P\left(\sup_{\lambda\in\Lambda}|\hat{\sigma}_n^2(\lambda) - \sigma_n^{*2}(\lambda)|/\tilde{\sigma}_n^2(\lambda) > \epsilon, \inf_{\lambda\in\Lambda}\hat{\sigma}_n^2(\lambda) \geq \delta^*/2\right)$$
$$+ \lim_{n\to\infty} P\left(\inf_{\lambda\in\Lambda}\hat{\sigma}_n^2(\lambda) < \delta^*/2\right)$$
$$\leq \lim_{n\to\infty} P\left(\sup_{\lambda\in\Lambda}|\hat{\sigma}_n^2(\lambda) - \sigma_n^{*2}(\lambda)| > \epsilon\delta^*/2\right) + \lim_{n\to\infty} P\left(\inf_{\lambda\in\Lambda}\hat{\sigma}_n^2(\lambda) < \delta^*/2\right)$$
$$= 0$$

が成り立ち，結論を得る．

最後に (7.21) を背理法により示す．いま，ある $\epsilon(>0)$ と列 $\{\lambda_n\}(\subset \bar{N}_\epsilon(\lambda_0))$ が存在して $\lim_{n\to\infty}\frac{1}{n}(Q_n(\lambda_n) - Q_n(\lambda_0)) = 0$ が成り立つとする．$\bar{N}_\epsilon(\lambda_0)$ はコンパクト集合であるから，ある部分列 $\{\lambda_{n'}\}(\subset\{\lambda_n\})$ と $\lambda_+(\in \bar{N}_\epsilon(\lambda_0))$ が存在して $\lim_{n'\to\infty}\lambda_{n'} = \lambda_+$ となる．このとき $\frac{1}{n}Q_n(\lambda)$ は n に関して一様に同程度連続であるから，

$$\lim_{n'\to\infty}\left(\frac{1}{n'}Q_{n'}(\lambda_+) - \frac{1}{n'}Q_{n'}(\lambda_0)\right) = 0 \tag{7.38}$$

となる．一方 (7.26) より

$$\frac{1}{n}Q_n(\lambda) - \frac{1}{n}Q_n(\lambda_0) = \frac{1}{n}Q_{p,n}(\lambda) - \frac{1}{n}Q_{p,n}(\lambda_0) - \frac{1}{2}(\ln\sigma_n^{*2}(\lambda) - \ln\sigma_n^2(\lambda))$$

である．したがって (7.38) が成り立つためには，(7.22), (7.23), (7.31) より $\lim_{n'\to\infty}(\frac{1}{n'}Q_{p,n'}(\lambda_+) - \frac{1}{n'}Q_{p,n'}(\lambda_0)) = 0$ および $\lim_{n'\to\infty}(\sigma_{n'}^{*2})(\lambda_+) - \sigma_{n'}^2(\lambda_+) = 0$ が成り立たなければならない．しかし後者は条件 7.13 に矛盾するので (7.21) が成り立つ． ■

次に最尤推定量の極限分布をもとめる．導出方法は常套的であり，まずその概略を説明する．最尤推定量は一致性をもつので，n が十分大きいとき 1 に近い確率で $\hat{\lambda}_n$ は Λ の内点になる（厳密な議論は定理 4.24 と同じく Klimko=Nelson [89] を参照されたい）．したがって対数尤度関数の 1 次微分は最尤推定量 $\hat{\theta}_n$ において 0 となり，Taylor 展開により

$$0 = \frac{\partial \ln L_n(\hat{\theta}_n)}{\partial \theta} = \frac{\partial \ln L_n(\theta_0)}{\partial \theta} + \left[\frac{\partial^2 \ln L_n(\theta_n^*)}{\partial \theta \partial \theta'}\right](\hat{\theta}_n - \theta_0) \qquad (7.39)$$

が成り立つ．ここで

$$\frac{\partial \ln L_n(\theta)}{\partial \theta} = \left(\frac{\partial \ln L_n(\theta)}{\partial \beta}', \frac{\partial \ln L_n(\theta)}{\partial \lambda}, \frac{\partial \ln L_n(\theta)}{\partial \sigma^2}\right)',$$

$$\frac{\partial \ln L_n(\theta)}{\partial \beta} = \left(\frac{\partial \ln L_n(\theta)}{\partial \beta_1}, \dots, \frac{\partial \ln L_n(\theta)}{\partial \beta_p}\right)'$$

とする．また $\frac{\partial^2 \ln L_n(\theta_n^*)}{\partial \theta \partial \theta'}$ は $(p+2) \times (p+2)$ 行列でその (i,j) 成分は $\frac{\partial^2 \ln L_n(\theta)}{\partial \theta_i \partial \theta_j}$ とし，θ_n^* は $\theta_n^* = \tau_n \hat{\theta}_n + (1-\tau_n)\theta_0 \ (0 \leq \tau_n \leq 1)$ とする．

したがって

$$\sqrt{n}(\hat{\theta}_n - \theta_0) = -\left[\frac{1}{n}\frac{\partial^2 \ln L_n(\theta_n^*)}{\partial \theta \partial \theta'}\right]^{-1}\frac{1}{\sqrt{n}}\frac{\partial \ln L_n(\theta_0)}{\partial \theta} \qquad (7.40)$$

となるので，$n \to \infty$ のとき $\frac{1}{n}\frac{\partial^2 \ln L_n(\theta_n^*)}{\partial \theta \partial \theta'}$ が正則行列に収束することを示し，$\frac{1}{\sqrt{n}}\frac{\partial \ln L_n(\theta_0)}{\partial \theta}$ の極限分布を導けばよい．

ここで $\frac{1}{\sqrt{n}}\frac{\partial \ln L_n(\theta_0)}{\partial \theta}$ の各成分は以下のようになる．

$$\frac{1}{\sqrt{n}}\frac{\partial \ln L_n(\theta_0)}{\partial \beta} = \frac{1}{\sigma_0^2 \sqrt{n}} X_n' \boldsymbol{\epsilon}_n, \qquad (7.41)$$

$$\frac{1}{\sqrt{n}}\frac{\partial \ln L_n(\theta_0)}{\partial \sigma^2} = \frac{1}{2\sigma_0^4 \sqrt{n}}(\boldsymbol{\epsilon}_n' \boldsymbol{\epsilon}_n - n\sigma_0^2), \qquad (7.42)$$

$$\frac{1}{\sqrt{n}}\frac{\partial \ln L_n(\theta_0)}{\partial \lambda} = \frac{1}{\sigma_0^2 \sqrt{n}}(G_n X_n \beta_0)' \boldsymbol{\epsilon}_n + \frac{1}{\sigma_0^2 \sqrt{n}}(\boldsymbol{\epsilon}_n' G_n \boldsymbol{\epsilon}_n - \sigma_0^2 \mathrm{tr}(G_n)). \qquad (7.43)$$

一方 2 次微分に関しては

$$\frac{\partial^2 \ln L_n(\theta)}{\partial \beta \partial \beta'} = -\frac{1}{\sigma^2} X_n' X_n, \quad \frac{\partial^2 \ln L_n(\theta_0)}{\partial \beta \partial \lambda} = -\frac{1}{\sigma^2} X_n' W_n Y_n,$$

$$\frac{\partial^2 \ln L_n(\theta)}{\partial \beta \partial \sigma^2} = -\frac{1}{\sigma^4} X_n' \boldsymbol{\epsilon}_n,$$

$$\frac{\partial^2 \ln L_n(\theta)}{\partial \lambda^2} = -\mathrm{tr}((W_n S_n^{-1})^2) - \frac{1}{\sigma^2} \boldsymbol{Y}_n' W_n' W_n \boldsymbol{Y}_n,$$

$$\frac{\partial^2 \ln L_n(\theta)}{\partial \sigma^2 \partial \lambda} = -\frac{1}{\sigma^4} \boldsymbol{Y}_n' W_n' \boldsymbol{\epsilon}_n, \quad \frac{\partial^2 \ln L_n(\theta_0)}{\partial \sigma^2 \partial \sigma^2} = \frac{n}{2\sigma^4} - \frac{1}{\sigma^6} \boldsymbol{\epsilon}_n' \boldsymbol{\epsilon}_n$$

となる．したがって $\frac{1}{\sqrt{n}}\frac{\partial \ln L_n(\theta_0)}{\partial \theta}$ の共分散行列は

$$E\left[\frac{1}{\sqrt{n}}\frac{\partial \ln L_n(\theta_0)}{\partial \theta}\frac{1}{\sqrt{n}}\frac{\partial \ln L_n(\theta_0)}{\partial \theta'}\right]$$

$$= -E\left[\frac{1}{n}\frac{\partial^2 \ln L_n(\theta_0)}{\partial \theta \partial \theta'}\right]$$

$$= \begin{bmatrix} \frac{1}{n\sigma_0^2}X_n'X_n & \frac{1}{n\sigma_0^2}X_n'(G_nX_n\beta_0) & 0 \\ \frac{1}{n\sigma_0^2}(G_nX_n\beta_0)'X_n & \frac{1}{n\sigma_0^2}(G_nX_n\beta_0)'(G_nX_n\beta_0) + \frac{1}{n}\mathrm{tr}(G_n^s G_n) & \frac{1}{n\sigma_0^2}\mathrm{tr}(G_n) \\ 0 & \frac{1}{n\sigma_0^2}\mathrm{tr}(G_n) & \frac{1}{2\sigma_0^4} \end{bmatrix}$$
(7.44)

となる．ここで $G_n^s = G_n + G_n'$ とする．

以上の準備のもとで，次の定理を得る．

[**定理7.15**] 条件 7.6-7.13 のもとで，$n \to \infty$ のとき $\sqrt{n}(\hat{\theta}_n - \theta_0)$ は $N(\mathbf{0}, \Sigma_\theta^{-1})$ へ分布収束する．ここで

$$\Sigma_\theta = -\lim_{n\to\infty} E\left[\frac{1}{n}\frac{\partial^2 \ln L_n(\theta_0)}{\partial \theta \partial \theta'}\right]$$

である．

証明 以下の 4 つのことを示せばよい．

(i) Σ_θ は正則行列である．

(ii) $\left[\frac{1}{n}\frac{\partial^2 \ln L_n(\theta_n^*)}{\partial \theta \partial \theta'}\right] - \left[\frac{1}{n}\frac{\partial^2 \ln L_n(\theta_0)}{\partial \theta \partial \theta'}\right] = o_p(1)$,

(iii) $\left[\frac{1}{n}\frac{\partial^2 \ln L_n(\theta_0)}{\partial \theta \partial \theta'}\right] - E\left[\frac{1}{n}\frac{\partial^2 \ln L_n(\theta_0)}{\partial \theta \partial \theta'}\right] = o_p(1)$,

(iv) $\frac{1}{\sqrt{n}}\frac{\partial \ln L_n(\theta_0)}{\partial \theta}$ は $N((\mathbf{0}), \Sigma_\theta)$ へ分布収束する．

最初の 3 つは省略し，最後の (iv) を示す．概略を述べる．詳細は Lee [92] を参照されたい．Cramer-Wold 法（定理 9.17）を適用するために，$\frac{1}{\sqrt{n}}\frac{\partial \ln L_n(\theta_0)}{\partial \theta}$ の成分の 1 次結合を考えると，(7.41), (7.42), (7.43) より，$\boldsymbol{\epsilon}_n$ の 1 次式と 2 次式の和

$$Q_n = \sum_{i=1}^n b_{ni}\epsilon_i + \sum_{i=1}^n a_{n,ii}(\epsilon_i^2 - \sigma_0^2) + 2\sum_{i=1}^n \sum_{j=1}^{i-1} a_{n,ij}\epsilon_i\epsilon_j$$
$$= \sum_{i=1}^n Z_{ni}$$

によって表現できる．ここで $Z_{ni} = b_{ni}\epsilon_i + a_{n,ii}(\epsilon_i^2 - \sigma_0^2) + 2\sum_{j=1}^{i-1} a_{n,ij}\epsilon_i\epsilon_j$，$b_{ni}, a_{n,ij}$ は定数とする．$\mathcal{F}_i$ を $\epsilon_j\,(j=1,\dots,i)$ によって生成される部分 σ-代数とする（定義 9.19）．このとき条件 7.6 より $E(Z_{ni}|\mathcal{F}_{i-1}) = b_{ni}E(\epsilon_i) + a_{n,ii}(E(\epsilon_i^2) - \sigma_0^2) + 2E(\epsilon_i)\sum_{j=1}^{i-1} a_{ij}\epsilon_j = 0$ が成り立つので $\{(Z_{ni}, \mathcal{F}_i) \mid 1 \leq i \leq n,\ n = 1, 2, \dots\}$ はマルチンゲール差分 (martingale difference) の 2 重列になっている．分散は $\sigma_{Q_n}^2 = \mathrm{Var}(Q_n) = \sum_{i=1}^n E(Z_{ni}^2)$ になる．分散を 1 にするために $Z_{ni}^* = Z_{ni}/\sigma_{Q_n}$ とおく．$\{(Z_{ni}^*, \mathcal{F}_i) \mid 1 \leq i \leq n,\ n = 1, 2, \dots\}$ もやはりマルチンゲール差分の 2 重列になっている．$n \to \infty$ のとき，$\sum_{i=1}^n E(Z_{ni}^{*4})$ は 0 へ収束し，また $\sum_{i=1}^n E(Z_{ni}^{*2}|\mathcal{F}_{i-1})$ は 1 へ確率収束するので補題 7.19 より Q_n/σ_{Q_n} は $N(0,1)$ へ分布収束する． ∎

[**注意 7.16**] (1) $h_n \to \infty$ のとき，実は (7.43) の右辺第 2 項は極限分布に影響を及ぼさないことが分かる．なぜならば条件 7.7, 条件 7.10 より

$$\mathrm{Var}\left(\frac{1}{\sqrt{n}}\boldsymbol{\epsilon}_n' G_n' \boldsymbol{\epsilon}_n\right) = O(1/h_n)$$

となり，

$$\frac{1}{\sqrt{n}}(\boldsymbol{\epsilon}_n' G_n \boldsymbol{\epsilon}_n - \sigma_0^2 \mathrm{tr}(G_n)) = o_p(1)$$

が成り立つ．一方

$$\frac{1}{\sqrt{n}}(G_n X_n \beta_0)' \boldsymbol{\epsilon}_n = O_p(1)$$

が成り立つからである．また (7.44) の共分散行列において $\frac{1}{n}\mathrm{tr}(G_n^s G_n) = O(1/h_n)$，$\frac{1}{n}\mathrm{tr}(G_n) = O(1/h_n)$ となり 0 に収束する．

(2) 条件 7.13 が成立しないときでも，他の付加的な条件のもとで最尤推定量の一致性と極限分布は導出できる．ただし条件 7.8 が成立しないときには，

一般に最尤推定量は一致性をみたさない (Lee(2004) [92]).

7.4 時空間地域モデル

前節までに論じた SAR モデルおよび CAR モデルは時点が固定されており，時間的なダイナミズムが考慮されていなかった．時点の異なる観測値の関係を陽に取り入れたモデルの1つが**時空間自己回帰移動平均モデル**（Space-Time Autoregressive Moving Average model, STARMA モデル）である．ただし第3章で説明した定常確率場に対する自己回帰移動平均モデルとは異なることに注意を必要とする．本節では観測地点を s，観測時点を t とし，確率場を $\{Y(s,t)\}$ と書く．

[定義 7.17（時空間自己回帰移動平均モデル）] いま地点 s_i ($i = 1, \ldots, n$)，時点 $t = 1, \ldots, T$ において $Y(s,t)$ が観測されたとし，$\boldsymbol{Y}(t) = (Y(s_1,t), \ldots, Y(s_n,t))'$ とおく．$\boldsymbol{Y}(t)$ が

$$\boldsymbol{Y}(t) = \sum_{k=0}^{p}\sum_{j=1}^{\lambda_k} \xi_{kj} W_{kj} \boldsymbol{Y}(t-k) + \boldsymbol{\epsilon}(t) - \sum_{l=0}^{q}\sum_{j=1}^{\mu_l} \phi_{lj} V_{lj} \boldsymbol{\epsilon}(t-l)$$

をみたすとき，$\{Y(s,t)\}$ は時空間自己回帰移動平均モデルにしたがうという．ここで $\boldsymbol{\epsilon}(t) = (\epsilon(s_1,t), \ldots, \epsilon(s_n,t))'$，$t = 1-q, \ldots, T$ は期待値0の独立同一分布にしたがう n 次元の確率ベクトルである．W_{kj}, V_{lj} は $n \times n$ 重み行列である．

STARMA モデルにおいて λ_k, μ_l は空間方向の自己回帰項および移動平均項の遅れ (lag) の次数を，p, q は時間方向の遅れの次数を各々意味する．推定すべきパラメータは ξ_{kj}, ϕ_{lj} などである (Cressie [27])．

観測地点の個数 n が固定されていれば，STARMA モデルは時系列解析における多変量自己回帰移動平均モデルの特殊モデルである．この事実に基づいて Cliff=Ord [25], Hays 他 [66], Niu=Tiao [122], Pfiefer=Deutsch [130] などにより定常性が成立するための条件，パラメータの推定法，さらには実際データへの応用についても論じられている．

検定に関しては，Mónica 他 [115] が一般の自己回帰モデル対時空間自己回帰モデルという仮説検定問題を論じている．

7.5 補　　題

定理 7.14 の証明において適用される方法は汎用的な方法であり，尤度関数に代えて他の目的関数を最小化する推定量（最尤推定量は尤度関数に -1 をかけた関数を最小化している）の一致性にも用いられる．

本節ではその方法を一般的な形で示しておく．詳しくは Gallant=White [48], White [167] を参照されたい．

ある確率空間 $(\Omega, \mathcal{F}, P)$ とコンパクト集合 $\Theta\,(\subset \boldsymbol{R}^k)$ の直積集合上で定義された関数列 $\{Q_n(\omega, \theta) : \Omega \times \Theta \to \boldsymbol{R}\}$ を考える．ある $\omega\,(\in \Omega)$ を固定し θ の関数とみなしたとき，Q_n は確率 1 で Θ 上の連続関数とする．また θ を固定したときは，Q_n を確率変数とする．一方 $\{\overline{Q}_n(\theta)\}$ は Θ 上の確定的な連続関数列とする．このとき以下の補題が成立する．

[**補題 7.18**]　(1) 以下の 2 つの条件を仮定する．

$$\lim_{n\to\infty} \sup_{\theta\in\Theta} |Q_n(\omega, \theta) - \overline{Q}_n(\theta)| = 0, \text{ a.s.}$$

$\theta_{n,0}$ を $\overline{Q}_n(\theta)$ を最小にする θ としたとき，任意の $\epsilon\,(>0)$ に対して

$$\liminf_{n\to\infty} \left[\min_{\theta\in\overline{N}_\epsilon(\theta_{n,0})} \overline{Q}_n(\theta) - \overline{Q}_n(\theta_{n,0}) \right] > 0 \tag{7.45}$$

が成立する．ここで $N_\epsilon(\theta_{n,0}) = \{\theta \mid \|\theta - \theta_{n,0}\| < \epsilon\}$，$\overline{N}_\epsilon(\theta_{n,0})$ はその補集合とする．

このとき ω を固定し，$\hat{\theta}_n(\omega)$ は $Q_n(\omega, \theta)$ を最小にする θ とすれば，$n \to \infty$ のとき，$\hat{\theta}_n - \theta_{n,0}$ は 0 へ概収束する．

(2) $\sup_{\theta\in\Theta} |Q_n(\omega, \theta) - \overline{Q}_n(\theta)|$ が 0 へ確率収束する場合には，$\hat{\theta}_n - \theta_{n,0}$ は 0 へ確率収束する．

証明　(1) (7.45) よりある $N_0(\epsilon)\,(<\infty)$ が存在して

$$\inf_{n \geq N_0(\epsilon)} \left[\min_{\theta \in \overline{N}_\epsilon(\theta_{n,0})} \overline{Q}_n(\theta) - \overline{Q}_n(\theta_{n,0}) \right] > 0 \tag{7.46}$$

が成立する．この値を以下では $\delta(\epsilon)$ とおく．

次に $\sup_{\theta \in \Theta} |Q_n(\omega, \theta) - \overline{Q}_n(\theta)|$ が 0 へ収束する任意の $\omega (\in \Omega)$ を考える．このときある $N_1(\omega, \delta(\epsilon))$ が存在して，$n > N_1(\omega, \delta(\epsilon))$ に対して

$$|Q_n(\omega, \theta_{n,0}) - \overline{Q}_n(\theta_{n,0})| < \delta(\epsilon)/2, \tag{7.47}$$

$$|Q_n(\omega, \hat{\theta}_n) - \overline{Q}_n(\hat{\theta}_n)| < \delta(\epsilon)/2 \tag{7.48}$$

が成立する．一方 $\hat{\theta}_n(\omega)$ は定義と (7.47) により

$$Q_n(\omega, \hat{\theta}_n) \leq Q_n(\omega, \theta_{n,0}) < \overline{Q}_n(\theta_{n,0}) + \delta(\epsilon)/2 \tag{7.49}$$

をみたす．したがって (7.48) と (7.49) より，$n > N_1(\omega, \delta(\epsilon))$ のとき

$$\overline{Q}_n(\hat{\theta}_n) < \overline{Q}_n(\theta_{n,0}) + \delta(\epsilon)$$

が成立する．このとき (7.46) より $n > \max(N_0(\epsilon), N_1(\omega, \delta(\epsilon)))$ に対して，$\hat{\theta}_n \in N_\epsilon(\theta_{n,0})$ がいえる．ϵ は任意の値であるから結論を得る．

(2) $\{n'\}$ を $\{n\}$ の任意の部分列とする．このとき仮定よりさらにその部分列 $\{n''\} (\subset \{n'\})$ で $\sup_{\theta \in \Theta} |Q_{n''}(\omega, \theta) - \overline{Q}_{n''}(\theta)|$ が 0 へ概収束するものが存在する．(1) の証明より $\hat{\theta}_{n''} - \theta_0$ は 0 へ概収束する．したがって定理 9.12 より $\hat{\theta}_n - \theta_{n,0}$ は 0 へ確率収束する．∎

[**補題 7.19**] $\mathcal{F}_i \, (i = 1, 2, \ldots)$ を σ-代数の増加列 $\mathcal{F}_1 \subset \mathcal{F}_2 \subset \cdots$ とし，$\{(Z_{ni}, \mathcal{F}_i) \mid 1 \leq i \leq n, \, n = 1, 2, \ldots\}$ はマルチンゲール差分の 2 重列とする．すなわち n を固定したとき，Z_{ni} は $\mathcal{F}_i$-可測であり，かつ $E(Z_{ni}|\mathcal{F}_{i-1}) = 0$ をみたすとする．いま $S_n = \sum_{i=1}^n Z_{ni}$ とおく．このとき任意の $\epsilon > 0$ に対して

$$\sum_{i=1}^n E[Z_{ni}^2 I(|Z_{ni}| > \epsilon) | \mathcal{F}_{i-1}] = o_p(1) \tag{7.50}$$

かつ，ある定数 η^2 が存在して

$$\mathrm{p}-\lim_{n\to\infty}\sum_{i=1}^{n}E(Z_{ni}^2|\mathcal{F}_{i-1})=\eta^2$$

が成立すれば，S_n は $N(0,\eta^2)$ に分布収束する．

証明は Hall=Heyde [63] を参照されたい．ただし彼等はより一般的な結果を証明している．なお

$$E\left[\sum_{i=1}^{n}E[Z_{ni}^2 I(|Z_{ni}|>\epsilon)|\mathcal{F}_{i-1}]\right]\leq\frac{1}{\epsilon^2}\sum_{i=1}^{n}E(Z_{ni}^4)$$

であるから，$\lim_{n\to\infty}\sum_{i=1}^{n}E(Z_{ni}^4)=0$ は (7.50) が成立するための十分条件である．

第8章 非定常モデル

現実のデータは局所的には定常性を仮定できても，グローバルには非定常性を示す場合が少なからずある．期待値が地点あるいは時点に依存して変化していくデータに対するモデルの1つとしては，これまでに説明した回帰モデルがある．一方，共分散関数が非定常性を示すデータに対して理論的に正当化され，かつ適合度の高い非定常モデルを構築することはなかなか難しい．その中で本章では，かなり古くから知られており実際のデータの解析にも用いられているモデルと，最近提案され今後の発展が期待されるモデルの2つを紹介する．前者のモデルは固有定常確率場とよばれている．8.1節では固有定常確率場の定義および固有定常確率場を特徴付ける変量であるバリオグラムについて説明する．8.2節ではバリオグラムの推定法について説明する．8.3節では後者のモデルとして直交確率測度に対してたたみ込み法を適用することにより生成されるモデルについて説明する．

8.1 固有定常確率場

最初に固有定常確率場を定義する．

[定義 8.1（固有定常確率場）] 確率場 $\{Y(s) : s \in \mathbf{R}^d\}$ に対して，任意のベクトル $h\,(\in \mathbf{R}^d)$ を固定した後，新たな確率場 $\{Z_h(s) : s \in \mathbf{R}^d\}$ を

$$Z_{\boldsymbol{h}}(\boldsymbol{s}) = Y(\boldsymbol{s}+\boldsymbol{h}) - Y(\boldsymbol{s})$$

によって定義する．このとき $\boldsymbol{s}$ を引数とする $\{Z_{\boldsymbol{h}}(\boldsymbol{s})\}$ が定常確率場になるならば，$\{Y(\boldsymbol{s})\}$ は**固有定常確率場** (intrinsic stationary random field) にしたがうという．特に $d=1$ の場合，$\{Y(\boldsymbol{s})\}$ を定常増分をもつ確率過程 (stochastic process with stationary increments) という．

このとき $E(Y(\boldsymbol{s}+\boldsymbol{h}) - Y(\boldsymbol{s}))$ および $\mathrm{Var}(Y(\boldsymbol{s}+\boldsymbol{h}) - Y(\boldsymbol{s}))$ は $\boldsymbol{h}$ のみに依存するので

$$E(Y(\boldsymbol{s}+\boldsymbol{h}) - Y(\boldsymbol{s})) = m(\boldsymbol{h}), \tag{8.1}$$

$$\mathrm{Var}(Y(\boldsymbol{s}+\boldsymbol{h}) - Y(\boldsymbol{s})) = 2\gamma(\boldsymbol{h}) \tag{8.2}$$

と書く．$2\gamma(\boldsymbol{h})$ を**バリオグラム** (variogram)，$\gamma(\boldsymbol{h})$ を**半バリオグラム** (semi-variogram) という．ただし以下では簡単のため半バリオグラムもバリオグラムとよぶ．$m(\boldsymbol{h}) \equiv 0$ のとき，(8.1), (8.2) は

$$E(Y(\boldsymbol{s}+\boldsymbol{h}) - Y(\boldsymbol{s})) = 0, \tag{8.3}$$
$$E[(Y(\boldsymbol{s}+\boldsymbol{h}) - Y(\boldsymbol{s}))^2] = 2\gamma(\boldsymbol{h})$$

となる．

定常確率場自身も固有定常確率場であり，期待値一定であるから (8.3) をみたす．またバリオグラムは

$$\begin{aligned}
& E[(Y(\boldsymbol{s}+\boldsymbol{h}) - Y(\boldsymbol{s}))^2] \\
&= \mathrm{Var}(Y(\boldsymbol{s}+\boldsymbol{h})) + \mathrm{Var}(Y(\boldsymbol{s})) - 2\mathrm{Cov}(Y(\boldsymbol{s}+\boldsymbol{h}), Y(\boldsymbol{s})) \\
&= 2(C(\boldsymbol{0}) - C(\boldsymbol{h}))
\end{aligned}$$

より

$$\gamma(\boldsymbol{h}) = C(\boldsymbol{0}) - C(\boldsymbol{h}) \tag{8.4}$$

になる．したがって $\lim_{\|\boldsymbol{h}\| \to \infty} C(\boldsymbol{h}) = 0$ であれば，$\lim_{\|\boldsymbol{h}\| \to \infty} \gamma(\boldsymbol{h}) = C(\boldsymbol{0})$ となる．

期待値 $m(\boldsymbol{h})$ はより具体的に表現できる．いま

$$Y(\boldsymbol{s}+\boldsymbol{h}'+\boldsymbol{h})-Y(\boldsymbol{s})=[Y(\boldsymbol{s}+\boldsymbol{h}'+\boldsymbol{h})-Y(\boldsymbol{s}+\boldsymbol{h})]+[Y(\boldsymbol{s}+\boldsymbol{h})-Y(\boldsymbol{s})]$$

が成り立つので，両辺の期待値をとると

$$m(\boldsymbol{h}'+\boldsymbol{h})=m(\boldsymbol{h}')+m(\boldsymbol{h})$$

が導かれる．したがって $m(\boldsymbol{h})$ は $\boldsymbol{h}$ に関して線形なので，連続関数ならば，あるベクトル $\boldsymbol{a}\,(\in \boldsymbol{R}^d)$ が存在して，$m(\boldsymbol{h})$ は $\boldsymbol{a}$ と $\boldsymbol{h}$ の内積 $m(\boldsymbol{h})=(\boldsymbol{a},\boldsymbol{h})=\sum_{i=1}^{d}a_i h_i$ になる．

一方，定義からバリオグラムは非負の値をとる偶関数 $\gamma(-\boldsymbol{h})=\gamma(\boldsymbol{h})$ であり，$\gamma(\boldsymbol{0})=0$ をみたす．ただしこれらの性質をもつ任意の関数が固有定常確率場のバリオグラムになれるわけではない．第 2 章で示したように定常確率場の自己共分散関数と非負定値関数は同値であるが，バリオグラムと以下で定義する条件付き負定値関数は同値になる．

[定義 8.2（条件付き負定値性）] 実数値関数 $\kappa(\boldsymbol{s}):\boldsymbol{R}^d\to\boldsymbol{R}$ が，任意の n および $\sum_{i=1}^{n}x_i=0$ をみたす任意の $x_i\,(i=1,\ldots,n)$ に対して

$$\sum_{i,j=1}^{n}x_i\kappa(\boldsymbol{s}_i-\boldsymbol{s}_j)x_j\leq 0$$

をみたすとき，$\kappa(\boldsymbol{s})$ は**条件付き負定値** (conditional negative definite) であるという．

定義 8.2 のもとで以下の定理を得る．

[定理 8.3] 実数値関数 $\gamma(\boldsymbol{s}):\boldsymbol{R}^d\to\boldsymbol{R}$ は非負の値をとる偶関数で $\gamma(\boldsymbol{0})=0$ をみたすとする．

このとき $\gamma(\boldsymbol{s})$ がある固有定常確率場のバリオグラムであるための必要十分条件は $\gamma(\boldsymbol{s})$ が条件付き負定値な関数になることである．

証明 まず必要性を示す．$m(\boldsymbol{h})=(\boldsymbol{a},\boldsymbol{h})$ とする．$\sum_{i=1}^{n}x_i=0$ を仮定すれば

$$-\frac{1}{2}\left(\sum_{i,j=1}^{n} x_i(Y(\boldsymbol{s}_i) - Y(\boldsymbol{s}_j) - (\boldsymbol{a}, \boldsymbol{s}_i - \boldsymbol{s}_j))^2 x_j\right)$$
$$= \left(\sum_{i=1}^{n} x_i(Y(\boldsymbol{s}_i) - (\boldsymbol{a}, \boldsymbol{s}_i))\right)^2$$

が成り立つ．両辺の期待値をとれば

$$\sum_{i,j=1}^{n} x_i \gamma(\boldsymbol{s}_i - \boldsymbol{s}_j) x_j = -E\left(\sum_{i=1}^{n} x_i(Y(\boldsymbol{s}_i) - (\boldsymbol{a}, \boldsymbol{s}_i))\right)^2 \leq 0$$

となる．

次に十分性を示す．いま $C(\boldsymbol{s}, \boldsymbol{s}') : \boldsymbol{R}^d \times \boldsymbol{R}^d \to \boldsymbol{R}$ を

$$C(\boldsymbol{s}, \boldsymbol{s}') = \gamma(\boldsymbol{s}) + \gamma(\boldsymbol{s}') - \gamma(\boldsymbol{s} - \boldsymbol{s}')$$

によって定義する．

ここで $\gamma(\boldsymbol{s})$ が偶関数であることおよび $\gamma(\boldsymbol{0}) = 0$ に注意すれば，任意の $x_i\,(i=1,\ldots,n)$ に対して，

$$\begin{aligned}
\sum_{i,j=1}^{n} x_i C(\boldsymbol{s}_i, \boldsymbol{s}_j) x_j &= 2\sum_{i,j=1}^{n} x_i \gamma(\boldsymbol{s}_i) x_j - \sum_{i,j=1}^{n} x_i \gamma(\boldsymbol{s}_i - \boldsymbol{s}_j) \\
&= -x_0^2 \gamma(\boldsymbol{0}) - 2x_0 \sum_{i=1}^{n} x_i \gamma(\boldsymbol{s}_i) - \sum_{i,j=1}^{n} x_i \gamma(\boldsymbol{s}_i - \boldsymbol{s}_j) x_j \\
&= -\sum_{i,j=0}^{n} x_i \gamma(\boldsymbol{s}_i - \boldsymbol{s}_j) x_j
\end{aligned}$$

が成立する．ここで $x_0 = -\sum_{i=1}^{n} x_i$, $\boldsymbol{s}_0 = \boldsymbol{0}$ とおく．したがって $\sum_{i,j=1}^{n} x_i C(\boldsymbol{s}_i, \boldsymbol{s}_j) x_j \geq 0$ となり，$C(\boldsymbol{s}, \boldsymbol{s}')$ は $(\boldsymbol{s}, \boldsymbol{s}')$ の関数として非負定値関数である．Kolmogorov の拡張定理 (Brockwell=Davis [17], Karatza=Shreve [79], Shiryaev [146]) より期待値が 0 かつ $\mathrm{Cov}(Y(\boldsymbol{s}), Y(\boldsymbol{s}')) = C(\boldsymbol{s}, \boldsymbol{s}')$ をみたす正規確率場が存在する．このとき $\mathrm{Var}(Y(\boldsymbol{s}_i) - Y(\boldsymbol{s}_j)) = 2\gamma(\boldsymbol{s}_i - \boldsymbol{s}_j)$ が成立する．さらに任意のベクトル $\boldsymbol{h}\,(\in \boldsymbol{R}^d)$ をとり，新たな確率場 $\{Z_{\boldsymbol{h}}(\boldsymbol{s}) : \boldsymbol{s} \in \boldsymbol{R}^d\}$ を

$$Z_{\boldsymbol{h}}(\boldsymbol{s}) = Y(\boldsymbol{s} + \boldsymbol{h}) - Y(\boldsymbol{s})$$

によって定義すれば，
$$\mathrm{Cov}(Z_{\bm{h}}(\bm{s}+\bm{l}), Z_{\bm{h}}(\bm{s})) = \gamma(\bm{l}+\bm{h}) + \gamma(\bm{l}-\bm{h}) - 2\gamma(\bm{l})$$
となる．$\bm{h}$ を固定したとき，共分散関数はベクトル差 $\bm{l}$ のみに依存するので $\{Z_{\bm{h}}(\bm{s})\}$ は定常確率場になる．したがって $\gamma(\bm{s})$ はバリオグラムである．∎

さらに条件付き負定値関数と非負定値関数の関係，条件付き負定値関数のスペクトル表現に関して以下の結果がある．

[定理 8.4] $\gamma(\bm{h}) : \bm{R}^d \to \bm{R}$ は非負の値をとる連続な偶関数で，さらに $\gamma(\bm{0}) = 0$ をみたすとする．このとき以下の 3 つの条件は同値である．

(1) $\gamma(\bm{h})$ はバリオグラムである．
(2) 任意の $t (>0)$ に対して $e^{-t\gamma(\bm{h})}$ は $\bm{h}$ の関数として非負定値関数である．
(3) $\gamma(h)$ は

$$2\gamma(\bm{h}) = \bm{h}'\Sigma\bm{h} + \int_{\bm{R}^d} \frac{1-\cos((\bm{\lambda}, \bm{h}))}{\|\bm{\lambda}\|^2} dG(\bm{\lambda}) \tag{8.5}$$

によって表現される．ここで Σ は $d \times d$ 非負定値行列，$G(\bm{\lambda})$ は対称かつ $\bm{\lambda} = \bm{0}$ で連続な $(\bm{R}^d, \mathcal{B}(\bm{R}^d))$ 上の測度で

$$\int_{\bm{R}^d} \frac{1}{1+\|\bm{\lambda}\|^2} dG(\bm{\lambda}) < \infty$$

をみたす．

証明 $(1) \Rightarrow (2) \Rightarrow (3) \Rightarrow (1)$ の順に示す．

(i) $(1) \Rightarrow (2)$ の証明．$\{Y(\bm{s})\}$ は $\gamma(\bm{h})$ をバリオグラムにもつ期待値 0 の正規固有定常確率場とする．ここで複素数値確率場 $\{X(\bm{s})\}$ を

$$X(\bm{s}) = \exp(i(Y(\bm{s}) - Y(\bm{0}))\sqrt{t})$$

によって定義する．このとき正規分布とその特性関数の関係から

$$E(X(\bm{s})\overline{X(\bm{s}+\bm{h})}) = E[\exp(-i(Y(\bm{s}+\bm{h}) - Y(\bm{s}))\sqrt{t})] = \exp(-t\gamma(\bm{h}))$$

となる．したがって $e^{-t\gamma(\boldsymbol{h})}$ は非負定値関数である．

(ii) (2) ⇒ (3) の証明．$e^{-t\gamma(\boldsymbol{h})}$ は非負定値関数なので，定理 2.16 より $(\boldsymbol{R}^d, \mathcal{B}(\boldsymbol{R}^d))$ 上の有限測度 $F_t(\boldsymbol{\lambda})$ が存在して，

$$\exp(-t\gamma(\boldsymbol{h})) = \int_{\boldsymbol{R}^d} \exp(-i(\boldsymbol{h}, \boldsymbol{\lambda})) dF_t(\boldsymbol{\lambda})$$

となる．$\gamma(\boldsymbol{0}) = 0$ であるから

$$1 = \int_{\boldsymbol{R}^d} dF_t(\boldsymbol{\lambda})$$

をみたす．したがって $F_t(\boldsymbol{\lambda})$ は確率分布関数，$e^{-t\gamma(\boldsymbol{h})}$ はその特性関数である．ここで $t = 1$ および $t = 1/n$ とすれば等式

$$\int_{\boldsymbol{R}^d} \exp(-i(\boldsymbol{h}, \boldsymbol{\lambda})) dF_1(\boldsymbol{\lambda}) = \exp(-\gamma(\boldsymbol{h}))$$
$$= (\exp(-\gamma(\boldsymbol{h})/n))^n$$
$$= \left(\int_{\boldsymbol{R}^d} \exp(-i(\boldsymbol{h}, \boldsymbol{\lambda})) dF_{1/n}(\boldsymbol{\lambda}) \right)^n$$

が成立する．したがって $F_1(\boldsymbol{\lambda})$ は無限分解可能な確率分布関数であるから (Feller [42], Shiryaev [146])，

$$-2\gamma(\boldsymbol{h}) = i(\beta, \boldsymbol{h}) - \boldsymbol{h}'\Sigma\boldsymbol{h}$$
$$+ \int_{\boldsymbol{R}^d} \left(\exp(-i(\boldsymbol{h}, \boldsymbol{\lambda})) - 1 - \frac{i(\boldsymbol{h}, \boldsymbol{\lambda})}{1 + \|\boldsymbol{\lambda}\|^2} \right) \frac{1}{\|\boldsymbol{\lambda}\|^2} dG(\boldsymbol{\lambda}) \quad (8.6)$$

と表現できる．ここで β は d 次元ベクトル，Σ は $d \times d$ 非負定値行列，$G(\boldsymbol{\lambda})$ は対称かつ $\boldsymbol{\lambda} = \boldsymbol{0}$ で連続な

$$\int_{\boldsymbol{R}^d} \frac{1}{1 + \|\boldsymbol{\lambda}\|^2} dG(\boldsymbol{\lambda}) < \infty$$

をみたす $(\boldsymbol{R}^d, \mathcal{B}(\boldsymbol{R}^d))$ 上の測度である．(8.6) 右辺の実部をとれば結論を得る．

(iii) (3) ⇒ (1) の証明．$x_i\, (i = 1, \ldots, n)$ を $\sum_{i=1}^{n} x_i = 0$ をみたす任意の実数とする．このとき

$$-2\sum_{j,k=1}^{n} x_j \gamma(\boldsymbol{s}_j - \boldsymbol{s}_k) x_k$$
$$= \int\int_{\boldsymbol{R}^d} \left|\sum_{j=1}^{n} x_j \exp(i(\boldsymbol{s}_j, \boldsymbol{\lambda}))\right|^2 \frac{1}{\|\boldsymbol{\lambda}\|^2} dG(\boldsymbol{\lambda}) + 2(\sum_{j=1}^{n} x_j \boldsymbol{s}_j)' \Sigma (\sum_{j=1}^{n} x_j \boldsymbol{s}_j)$$
$$\geq 0$$

となる．したがって $\gamma(\boldsymbol{h})$ は条件付き負定値関数であり，定理 8.3 から結論を得る． ∎

[**注意 8.5**] 定理 8.4 の証明法は他にもある．たとえば (1) と (2) の同値性の証明は，関数論的に行う方法 (Schoenberg [142])，確率論的に行う方法 (Ma [101]) がある．また (3) のスペクトル表現の導出は固有定常確率場の性質からも導出できる (Yaglom [170])．これらの方法もそれなりに優れている．ここで採用した証明法はややテクニカルではあるが，(特に (2) ⇒ (3) については) より簡潔な方法である (Chilès=Delfiner [20])．Johansen [76] や Neumann=Schoenberg [116] も関連した問題を論じている．

バリオグラム $\gamma(\boldsymbol{h})$ が等方型すなわち $\|\boldsymbol{h}\|$ のみに依存する場合には

$$2\gamma(\boldsymbol{h}) = 2\gamma^0(\|\boldsymbol{h}\|) + A\|\boldsymbol{h}\|^2,$$
$$2\gamma^0(x) = \int_0^\infty \frac{1 - Y_d(xu)}{u^2} d\Phi(u) \tag{8.7}$$

と表現できる．ここで $A \geq 0$, $\Phi(u) = \int_{\|\boldsymbol{h}\|<u} dG(\boldsymbol{\lambda})$, $Y_d(x) = (2/x)^{(d-2)/2} \Gamma(d/2) J_{(d-2)/2}(x)$ である．導出方法は定理 3.19 と同じである．

例を挙げよう．いま $g_0(u) : [0, \infty) \to [0, \infty)$ は

$$g_0(u) = u^{-2H-d+2}, \; 0 < H < 1$$

とする．(8.5) において Σ はゼロ行列とし，$G(\boldsymbol{\lambda})$ は $g_0(\|\boldsymbol{\lambda}\|)$ を密度関数にもつとすれば，$2\gamma(\boldsymbol{h})$ は等方型

になる.このとき (8.7) の $\Phi(u)$ は

$$\Phi(u) = \frac{2\pi^{d/2}}{\Gamma(d/2)} \int_0^u g_0(x) x^{d-1} dx$$

となるので(杉浦 [151]),

$$\begin{aligned}
2\gamma^0(x) &= \frac{2\pi^{d/2}}{\Gamma(d/2)} \int_0^\infty (1 - Y_d(xu)) g_0(u) u^{d-3} du \\
&= B x^{2H}, \\
B &= \frac{2\pi^{d/2}}{\Gamma(d/2)} \int_0^\infty (1 - Y_d(u)) u^{-2H-1} du \\
&= \frac{\pi^{d/2} \Gamma(1-H)}{2^{2H} H \Gamma((d+2H)/2)}
\end{aligned} \tag{8.9}$$

$$2\gamma(\boldsymbol{h}) = \int_{\boldsymbol{R}^d} \frac{1 - \cos((\boldsymbol{\lambda}, \boldsymbol{h}))}{\|\boldsymbol{\lambda}\|^2} dG(\boldsymbol{\lambda})$$
$$= \int_{\boldsymbol{R}^d} \frac{1 - \cos((\boldsymbol{\lambda}, \boldsymbol{h}))}{\|\boldsymbol{\lambda}\|^2} g_0(\|\boldsymbol{\lambda}\|) d\boldsymbol{\lambda} \tag{8.8}$$

を得る (Yaglom(1957) [170]). $d=1$ のとき,(8.9) をバリオグラムにもつ正規定常増分過程を**フラクショナル・ブラウン運動** (fractional Brownian motion) という.$H=1/2$ のときが通常のブラウン運動である.$1/2 < H < 1$ のとき,その差分系列 $X(s) = Y(s) - Y(s-1)$ は自己共分散関数が絶対収束しない長期記憶定常過程になる.この定常過程は,**フラクショナル・ガウシアン・ノイズ** (fractional Gaussian noise) とよばれている (Beran [10], Doukhan 他 [38], 刈屋他 [80], Manderbrot=van Ness [103]).したがって (8.9) をバリオグラムにもつ固有確率場はこれらのモデルの一般の d への拡張になっている (Cressie [27]).

一方,非等方型固有定常確率場も以下のような方法で定義できる.$g(\boldsymbol{\lambda})$ を $(\boldsymbol{R}^d, \mathcal{B}(\boldsymbol{R}^d))$ 上の可測関数とし,(8.5) が

$$2\gamma(\boldsymbol{h}) = \int_{\boldsymbol{R}^d} \frac{1 - \cos((\boldsymbol{\lambda}, \boldsymbol{h}))}{\|\boldsymbol{\lambda}\|^2} g(\boldsymbol{\lambda}) d\boldsymbol{\lambda}$$

をみたすとする.(8.8) においては $g(\boldsymbol{\lambda}) = g_0(\|\boldsymbol{\lambda}\|)$ となっている.
非等方型固有定常確率場を構築するには $g(\boldsymbol{\lambda})$ を $\boldsymbol{\lambda}$ の方向にも依存させれば

よい．2つ紹介する．Istas [75] は，$S(\boldsymbol{x})$ が非等方性を表す単位球面上 $\|\boldsymbol{x}\| = 1$ で定義された関数として，$g(\boldsymbol{\lambda}) = S^2(\boldsymbol{\lambda}/\|\boldsymbol{\lambda}\|)/\|\boldsymbol{\lambda}\|^{d+2H-2}$ とおいたバリオグラム，

$$2\gamma(\boldsymbol{h}) = \int_{\boldsymbol{R}^d} \frac{|\exp(i\boldsymbol{h}'\boldsymbol{\lambda})-1|^2}{\|\boldsymbol{\lambda}\|^{d+2H}} S^2(\boldsymbol{\lambda}/\|\boldsymbol{\lambda}\|) d\boldsymbol{\lambda}$$

を提案している．$S(\boldsymbol{\lambda}/\|\boldsymbol{\lambda}\|) \equiv 1$ ならば前述の等方型固有定常確率場になる．

一方 Bonami=Estrade [15] は，$g(\boldsymbol{\lambda}) = 1/\|\boldsymbol{\lambda}\|^{d+2H(\boldsymbol{\lambda})-2}$ とおいたバリオグラム

$$2\gamma(\boldsymbol{h}) = \int_{\boldsymbol{R}^d} \frac{|\exp(i\boldsymbol{h}'\boldsymbol{\lambda})-1|^2}{\|\boldsymbol{\lambda}\|^{d+2H(\boldsymbol{\lambda})}} d\boldsymbol{\lambda}$$

を提案している．ここで $H(\boldsymbol{\lambda})$ は 0 次の同次関数で任意の $c \, (\neq 0)$ に対して $H(c\boldsymbol{\lambda}) = H(\boldsymbol{\lambda})$ をみたす．パラメータ H が $\boldsymbol{\lambda}$ の方向に依存するモデルである．

次に定常過程のバリオグラムは (8.4) より有界であるが，一般の固有定常確率場の場合は $\|\boldsymbol{h}\| \to \infty$ のとき (8.9) のように発散することもある．ただしそのオーダーについては以下の結果がある．

[定理 8.6] 任意の $\boldsymbol{h}$ に対して，ある定数 $B \, (> 0)$ が存在して

$$\gamma(\boldsymbol{h}) \leq B\|\boldsymbol{h}\|^2$$

が成立する．

証明 以下の2つの不等式

$$|1 - \cos((\boldsymbol{\lambda}, \boldsymbol{h}))| \leq \frac{\|\boldsymbol{\lambda}\|^2 \|\boldsymbol{h}\|^2}{2},$$

$$|1 - \cos((\boldsymbol{\lambda}, \boldsymbol{h}))| \leq 2$$

を定理 8.4 の $\gamma(\boldsymbol{h})$ に適用すれば

$$\frac{2\gamma(\boldsymbol{h})}{\|\boldsymbol{h}\|^2} \leq \frac{1}{2} \int_{\|\boldsymbol{\lambda}\| < \lambda_0} dG(\boldsymbol{\lambda}) + \frac{2}{\|\boldsymbol{h}\|^2} \int_{\|\boldsymbol{\lambda}\| \geq \lambda_0} \frac{1}{\|\boldsymbol{\lambda}\|^2} dG(\boldsymbol{\lambda}) + \tau_{max}(\Sigma) \quad (8.10)$$

が $\lambda_0 > 0$ に対して成立する．ここで $\tau_{max}(\Sigma)$ は Σ の最大固有値である．したがって結論を得る． ∎

(8.10) の右辺第 1 項は $\lambda_0 \to 0$ のとき 0 へ収束する．したがって Σ がゼロ行列のときには

$$\lim_{\|\boldsymbol{h}\|\to\infty} \frac{\gamma(\boldsymbol{h})}{\|\boldsymbol{h}\|^2} = 0$$

が成立する．

一方 $\|\boldsymbol{h}\| \to 0$ のとき $E|Y(\boldsymbol{s}+\boldsymbol{h}) - Y(\boldsymbol{s})|^2 \to 0$（平均 2 乗連続 ($L_2$-continous) という）であれば，$\gamma(\boldsymbol{h}) \to 0$ が成立する．しかし実際のデータから次節で説明する方法により推定したバリオグラムの推定量は，正の値に収束することがしばしば報告されている．この現象は**ナゲット効果** (nugget effect) とよばれている．解釈には 2 通りある．1 つは実際のデータ解析においては $\|\boldsymbol{h}\|$ がある閾値より小さいときバリオグラムを測定できないが，その閾値よりミクロなスケールの確率場が存在するという解釈である．他方は測定誤差によって生じる影響という解釈である．この不連続性と整合的な理論モデルとしては，各地点 $\boldsymbol{s}$ において真値 $Y(\boldsymbol{s})$ に分散が $c_0/2$ である白色雑音 $\epsilon(\boldsymbol{s})$ が加わって観測される統計モデルが考えられる．したがって実際の観測値 $Y^*(\boldsymbol{s})$ は

$$Y^*(\boldsymbol{s}) = Y(\boldsymbol{s}) + \epsilon(\boldsymbol{s})$$

によって表現されると仮定する．$\{Y^*(\boldsymbol{s})\}$ のバリオグラムを $\gamma^*(\boldsymbol{h})$ とおけば，

$$\gamma^*(\boldsymbol{h}) = \begin{cases} \gamma(\boldsymbol{h}) + c_0, & \boldsymbol{h} \neq \boldsymbol{0} \\ 0, & \boldsymbol{h} = \boldsymbol{0}, \end{cases}$$

となる．このとき $\gamma^*(\boldsymbol{h}) \to c_0$ ($\|\boldsymbol{h}\| \to 0$) であるから，$\boldsymbol{h} = \boldsymbol{0}$ において不連続になる．

表 8.1 は等方型すなわち $\gamma(\boldsymbol{h})$ が $\|\boldsymbol{h}\|$ のみに依存する場合のバリオグラムの例である ($t = \|\boldsymbol{h}\|$)．ナゲット効果 c_0 も考慮しているが，この効果がないときは $c_0 = 0$ とすればよい．球形バリオグラムのみ $d \leq 3$ の場合しか定義できない．他のバリオグラムは任意の d に対して定義できる．

ここで以上の結果を用いて，第 3 章で保留にしておいた Gneiting [53] において提案された関数が自己共分散関数として理論的に正当化できることを示す．

表 8.1 等方型バリオグラム (Cressie [27])

モデル	バリオグラム
線形 (Linear)	$\gamma(t) = \begin{cases} c_0 + \sigma^2 t, & t > 0 \\ 0, & t = 0 \end{cases}$
球形 (Spherical)	$\gamma(t) = \begin{cases} c_0 + \sigma^2, & t > 1/\phi \\ c_0 + \sigma^2[\frac{3}{2}\phi t - \frac{1}{2}(\phi t)^3], & 0 < t \leq 1/\phi \\ 0, & t = 0 \end{cases}$
指数 (Exponential)	$\gamma(t) = \begin{cases} c_0 + \sigma^2(1 - \exp(-\phi t)), & t > 0 \\ 0, & t = 0 \end{cases}$
有理2次 (Rational quadratic)	$\gamma(t) = \begin{cases} c_0 + \sigma^2 t^2/(1 + \phi t^2), & t > 0 \\ 0, & t = 0 \end{cases}$
Matérn 型 ($\nu = 3/2$)	$\gamma(t) = \begin{cases} c_0 + \sigma^2(1 - (1 + \phi t)\exp(-\phi t)), & t > 0 \\ 0, & t = 0 \end{cases}$

[定理 8.7] $\varphi(x)\,(x \geq 0)$ は完全単調関数とする.また $\psi(x)\,(x \geq 0)$ は非負の値をとり,導関数が完全単調関数とする.このとき $C(\bm{s}, t)$ を

$$C(\bm{s}, t) = \frac{\sigma^2}{\psi(t^2)^{d/2}} \varphi\left(\frac{\|\bm{s}\|^2}{\psi(t^2)}\right), \quad (\bm{s}, t) \in \bm{R}^d \times \bm{R}$$

によって定義すれば,$C(\bm{s}, t)$ は自己共分散関数である.

証明 $\varphi(x)$ は完全単調関数なので,定理 3.20 よりある有界で単調非減少な関数 $F(u)\,(u \geq 0)$ が存在して

$$\varphi(x) = \int_0^\infty \exp(-xu) dF(u), \quad x > 0$$

と表現できる.したがって

$$C(\bm{s}, t) = \int_0^\infty \frac{\sigma^2}{\psi(t^2)^{d/2}} \exp\left(-\frac{\|\bm{s}\|^2 u}{\psi(t^2)}\right) dF(u), \quad (\bm{s}, t) \in \bm{R}^d \times \bm{R}$$

となる.これより任意の $u\,(\geq 0)$ に対して

$$C_u(\boldsymbol{s},t) = \frac{1}{\psi(t^2)^{d/2}} \exp\left(-\frac{\|\boldsymbol{s}\|^2 u}{\psi(t^2)}\right)$$

が自己共分散関数になることを示せばよい．

多変量正規分布の分布関数とその特性関数の関係式より

$$\begin{aligned} C_u(\boldsymbol{s},t) &= \frac{1}{2^d \pi^{d/2}} \int_{\boldsymbol{R}^d} \cos(\sqrt{u}(\boldsymbol{\omega},\boldsymbol{s})) \exp\left(-\|\boldsymbol{\omega}\|^2 \psi(t^2)/4\right) d\boldsymbol{\omega} \\ &= \frac{1}{2^d \pi^{d/2}} \int_{\boldsymbol{R}^d} \cos(\sqrt{u}(\boldsymbol{\omega},\boldsymbol{s})) \exp\left(-\|\boldsymbol{\omega}\|^2 \int_0^{t^2} \psi'(v) dv/4\right) d\boldsymbol{\omega} \end{aligned}$$

が成り立つ．(3.35) よりあとは任意の $\boldsymbol{\omega}$ に対して $\exp(-\|\boldsymbol{\omega}\|^2 \int_0^{t^2} \psi'(v)/4 dv)$ が定常過程の自己共分散関数になることを示せばよい．定理 8.4 (2) より，これは $\int_0^{t^2} \psi'(v) dv$ がバリオグラムになることと同値である．$\psi'(v)$ は完全単調関数であるから，定理 3.20 よりある有界で単調非減少な関数 $G(x)$ ($x \geq 0$) が存在して

$$\psi'(v) = \int_0^\infty \exp(-xv) dG(x), \quad v > 0$$

と表現できる．したがって

$$\begin{aligned} \int_0^{t^2} \psi'(v) dv &= \int_0^{t^2} \int_0^\infty \exp(-xv) dG(x) dv \\ &= \int_0^\infty \frac{1 - \exp(-xt^2)}{x} dG(x), \quad t \in \boldsymbol{R} \end{aligned}$$

となる．ここで (8.4) より，$1 - e^{-xh^2}$ は定常過程の自己共分散関数を $C(h) = e^{-xh^2}$ とおいたときのバリオグラムである．したがってその $dG(x)/x$ による積分もバリオグラムである． ∎

ここまで固有定常確率場のバリオグラムの性質について考えてきたが，本節の最後として固有定常確率場自身のスペクトル表現を定理 8.4 から導く．

[**定理 8.8**] $\{Y(\boldsymbol{s})\}$ は $Y(\boldsymbol{0}) \equiv 0$ をみたす固有定常確率場とする．かつ定理 8.4 (3) の Σ はゼロ行列とする．このとき $Y(\boldsymbol{s})$ は

$$Y(\boldsymbol{s}) = \int_{\boldsymbol{R}^d} \frac{\exp(i(\boldsymbol{s},\boldsymbol{\lambda})) - 1}{\|\boldsymbol{\lambda}\|} dM(\boldsymbol{\lambda}) \tag{8.11}$$

によって表現される．ここで $\{M(\Delta) : \Delta \in \mathcal{B}(\boldsymbol{R}^d)\}$ は直交確率測度で $E|M(\Delta)|^2 = \int_\Delta \frac{1}{2\|\boldsymbol{\lambda}\|^2} dG(\boldsymbol{\lambda})$ をみたす．

証明 仮定および定理 8.4 (3) より

$$\mathrm{Cov}(Y(\boldsymbol{s}_1), Y(\boldsymbol{s}_2))$$
$$= \frac{1}{2}[\mathrm{Var}(Y(\boldsymbol{s}_1)) + \mathrm{Var}(Y(\boldsymbol{s}_2)) - \mathrm{Var}(Y(\boldsymbol{s}_1) - Y(\boldsymbol{s}_2))]$$
$$= \gamma(\boldsymbol{s}_1) + \gamma(\boldsymbol{s}_2) - \gamma(\boldsymbol{s}_1 - \boldsymbol{s}_2)$$
$$= \int_{\boldsymbol{R}^d} [\exp(i(\boldsymbol{s}_1, \boldsymbol{\lambda})) - 1][\exp(-i(\boldsymbol{s}_2, \boldsymbol{\lambda})) - 1] \frac{1}{2\|\boldsymbol{\lambda}\|^2} dG(\boldsymbol{\lambda})$$

が成り立つ．$g(\boldsymbol{s}, \boldsymbol{\lambda}) = \exp(i(\boldsymbol{s}, \boldsymbol{\lambda})) - 1$ とおいて定理 2.19 を適用すれば結論を得る． ∎

8.2 バリオグラムに対する推測理論

バリオグラムの推定方法について説明する．定常時系列データでは通常自己共分散関数を推定するが，時空間統計解析ではバリオグラムを推定する場合も多い．主な理由は自己共分散関数とは異なり，期待値が一定ならば未知でも推定の必要がないことにある．

いま観測値 $Y(\boldsymbol{s}_i) (i = 1, 2, \ldots, n)$ が得られたとする．そして $S(\boldsymbol{h}) = \{(\boldsymbol{s}_i, \boldsymbol{s}_j) \mid \boldsymbol{h} = \boldsymbol{s}_i - \boldsymbol{s}_j\}$ とおく．したがって $S(\boldsymbol{h})$ はベクトル差がちょうど $\boldsymbol{h}$ に等しい 2 地点のインデックスからなる集合である．不規則な格子データなどではちょうどベクトル差が $\boldsymbol{h}$ に等しい 2 地点は数少なくなるので，差が $\boldsymbol{h}$ に近い地点も含める．ただしバイアスが生じるので，バイアスを減少させるためにはサンプル数が増加するとともに $\boldsymbol{h}$ とのベクトル差を 0 へ収束させる必要がある．

このとき標本バリオグラムは

$$\hat{\gamma}(\boldsymbol{h}) = \frac{1}{2|S(\boldsymbol{h})|} \sum_{\boldsymbol{s}_i, \boldsymbol{s}_j \in S(\boldsymbol{h})} (Y(\boldsymbol{s}_i) - Y(\boldsymbol{s}_j))^2$$

によって定義される．$\hat{\gamma}(\boldsymbol{h})$ は各地点における観測値の差の2乗に基づくので外れ値に影響されやすい．よりロバストな推定量が提案されているが，その1つの例として

$$\bar{\gamma}(\boldsymbol{h}) = \left[\frac{1}{2|S(\boldsymbol{h})|} \sum_{\boldsymbol{s}_i, \boldsymbol{s}_j \in S(\boldsymbol{h})} (Y(\boldsymbol{s}_i) - Y(\boldsymbol{s}_j))^{1/2}\right]^4 / (0.457 + 0.494/|S(\boldsymbol{h})|)$$

が有効とされている．詳しくは Cressie [27] を参照されたい．

パラメトリックなバリオグラムを推定する方法もいくつか提案されている．いま母数ベクトルを θ，それに対応するバリオグラムを $\gamma(\boldsymbol{h}; \theta)$ とおく．たとえば Matérn 型ならば，σ^2, c_0, ϕ などが θ の成分となる．1つの方法としては最小2乗法がある．$\boldsymbol{h}$ として b 個の値 $\boldsymbol{h}_i$ $(i = 1, \ldots, b)$ をとり，残差平方和

$$RSS(\theta) = \sum_{i=1}^{b} [\hat{\gamma}(\boldsymbol{h}_i) - \gamma(\boldsymbol{h}_i; \theta)]^2$$

を最小にする θ を推定量とする．しかし通常，実際のデータ解析では $\|\boldsymbol{h}_i\|$ が大きくなるにつれて $|S(\boldsymbol{h}_i)|$ は小さくなるので，$\hat{\gamma}(\boldsymbol{h}_i)$ の信頼性は低くなる．そこで $\boldsymbol{h}_i$ $(i = 1, \ldots, b)$ としては，$\|\boldsymbol{h}_i\|$ が小さい方から b 個のみを使用する．経験的には $\|\boldsymbol{s}_i - \boldsymbol{s}_j\|$ の最大値の半分程度に $\boldsymbol{h}_b$ を設定することが推奨されている．

しかし $\hat{\gamma}(\boldsymbol{h})$ の分散は不均一で近似的には $\gamma(\boldsymbol{h}, \theta)^2 / |S(\boldsymbol{h})|$ に比例する．その場合には最小2乗推定量より加重最小2乗法の方が優れているので，ウエイトを分散の逆数 $|S(\boldsymbol{h}_i)|/\gamma(\boldsymbol{h}_i; \theta)^2$ にとり，加重残差平方和

$$WRSS(\theta) = \sum_{i=1}^{b} |S(\boldsymbol{h}_i)| \left[\frac{\hat{\gamma}(\boldsymbol{h}_i)}{\gamma(\boldsymbol{h}_i, \theta)} - 1\right]^2$$

を最小にする θ を推定量とすることも考えられる．

ただし問題は $\hat{\gamma}(\boldsymbol{h})$ を構成する際に $\boldsymbol{h}$ と $\boldsymbol{s}_i - \boldsymbol{s}_j$ の差をどこまで許容するか客観的な基準を設定することが難しいことにある．また $\{Y(\boldsymbol{s})\}$ が正規確率場にしたがう場合には最尤推定量も構成できるが，その計算は第4章でも述べたように非常に複雑になる．

これらの難点を回避するために Curriero=Lele [29] は複合尤度法 (composite likelihood approach) という，$\hat{\gamma}(\boldsymbol{h})$ を用いずかつ最尤法より計算が簡便な方法を提案している．この方法は $Y(\boldsymbol{s}_i) - Y(\boldsymbol{s}_j)\,(i \neq j)$ が正規分布にしたがう場合，その密度関数が

$$f(v_{ij}, \theta) = \frac{1}{\sqrt{2\pi}\sqrt{2\gamma(d_{ij}, \theta)}} \exp\left(-\frac{(Y(\boldsymbol{s}_i) - Y(\boldsymbol{s}_j))^2}{4\gamma(d_{ij}, \theta)}\right)$$

であることを利用する．ここで $v_{ij} = Y(\boldsymbol{s}_i) - Y(\boldsymbol{s}_j)$，$\gamma(d_{ij}, \theta) = E[(Y(\boldsymbol{s}_i) - Y(\boldsymbol{s}_j))^2]/2$ である．このとき複合尤度関数は，すべての (i,j) のペアに対するこれらの密度関数の積

$$CL(\theta, \boldsymbol{V}) = \prod_{i=1}^{n-1}\prod_{j>i} f(v_{ij}, \theta)$$

によって定義される．ここで $\boldsymbol{V}$ は v_{ij} を成分とするベクトルである．このとき $-2\log CL(\theta, \boldsymbol{V})$ は定数項を無視すれば

$$\sum_{i=1}^{n-1}\sum_{j>i}\left(\frac{(Y(\boldsymbol{s}_i) - Y(\boldsymbol{s}_j))^2}{2\gamma(d_{ij}, \theta)} + \log(\gamma(d_{ij}, \theta))\right)$$

になる．この関数を最小にする θ を**複合最尤推定量** (composite maximum likelihood estimator) という．実際には分布が正規分布ではない場合も適用することができる．

ただし以上の推定法の理論的考察はあくまで定常確率場を前提としている場合が多く，非定常な固有定常確率場に対する議論はあまり見当たらない．その中で Istas [75] は前述の非等方固有定常確率場の $S(\boldsymbol{\lambda})$ をフーリエ変換の手法を用いてノンパラメトリックに推定する方法を提案し，その一致性と平均2乗誤差を導いている．また Biermé=Richard [13] は，前述の Bonami=Estrade [15] が提案したモデルにおける $H(\boldsymbol{\lambda})$ を推定する方法を提案している．$\boldsymbol{s}_0$ を基準地点，$\theta(\in \boldsymbol{R}^d)$ を $\|\theta\| = 1$ をみたすベクトルとする．$\boldsymbol{s}_0$ から θ の方向へ地点を動かして生成される1次元定常過程 $\{Y(\boldsymbol{s}_0 + \theta t)|-\infty < t < \infty\}$ を観測し，その変動から対応する $H(\boldsymbol{\lambda})$ を推定する．θ を様々な方向に変化させる

と，異なった方向の $H(\boldsymbol{\lambda})$ が推定できる．

8.3 たたみ込み法

本節ではたたみ込み法 (convolution approach) により生成される非定常確率場について説明する．定義 2.17 で導入した直交確率測度 $\{M(\Delta) : \Delta \in \mathcal{B}(\boldsymbol{R}^d)\}$ を用いて確率場 $\{Y(\boldsymbol{s}) : \boldsymbol{s} \in \boldsymbol{R}^d\}$ を

$$Y(\boldsymbol{s}) = \int_{\boldsymbol{R}^d} K(\boldsymbol{s} - \boldsymbol{\lambda}; \theta_{\boldsymbol{s}}) dM(\boldsymbol{\lambda}) \tag{8.12}$$

によって定義する (Zhu=Wu [178])．ここで $E|M(\Delta)|^2 = F(\Delta)$，カーネル $K(\boldsymbol{s}; \theta_{\boldsymbol{s}})$ は対称な $L^2(F(\boldsymbol{\lambda}))$ に属する関数で，θ は関数を規定するパラメータである．このとき共分散関数 $C(\boldsymbol{s}, \boldsymbol{t}) = \mathrm{Cov}(Y(\boldsymbol{s}), Y(\boldsymbol{t}))$ は

$$C(\boldsymbol{s}, \boldsymbol{t}) = \int_{\boldsymbol{R}^d} K(\boldsymbol{s} - \boldsymbol{\lambda}; \theta_{\boldsymbol{s}}) K(\boldsymbol{t} - \boldsymbol{\lambda}; \theta_{\boldsymbol{t}}) dF(\boldsymbol{\lambda}) \tag{8.13}$$

となる．$\theta_{\boldsymbol{s}}$ が定数であれば，(8.13) はベクトル差 $\boldsymbol{s} - \boldsymbol{t}$ のみに依存するので定常確率場になる．たとえば第 3 章で説明した Matérn 族に属する自己共分散関数は適当なカーネル関数をとれば，(8.13) のように表現できる．

[定理 8.9] Matérn 族に属する自己共分散関数

$$C(\boldsymbol{h}) = \frac{\sigma^2}{2^{\nu-1}\Gamma(\nu)}(\alpha\|\boldsymbol{h}\|)^\nu \mathcal{K}_\nu(\alpha\|\boldsymbol{h}\|)$$

は $K(\boldsymbol{s}; \theta)$ として

$$K(\boldsymbol{s}; \theta) = \frac{\sigma \alpha^{\nu/2+d/4}\Gamma(\nu + d/2)^{1/2}\|\boldsymbol{s}\|^{\nu/2-d/4}}{2^{\nu/2+d/4-1}\pi^{d/4}\Gamma(\nu^*/2 + d/2)\Gamma(\nu)^{1/2}} \mathcal{K}_{\nu/2-d/4}(\alpha\|\boldsymbol{s}\|)$$

をとれば，(8.13) の形式に表現できる．ここで $\theta = (\sigma^2, \nu, \alpha)'$ および $\nu^* = \nu/2 - d/4$ とする．

証明 いま $F(\boldsymbol{\lambda})$ を Lebesgue 測度とする．$\theta_{\boldsymbol{s}}$ が定数なので，(8.13) は

$$C(\boldsymbol{h}) = \mathrm{Cov}(Y(\boldsymbol{s}), Y(\boldsymbol{s}+\boldsymbol{h})) = \int_{\boldsymbol{R}^d} K(\boldsymbol{s};\theta)K(\boldsymbol{h}+\boldsymbol{s};\theta)d\boldsymbol{s}$$
$$= \int_{\boldsymbol{R}^d} K(-\boldsymbol{h}-\boldsymbol{s};\theta)K(\boldsymbol{s};\theta)d\boldsymbol{s}$$

となる．したがって $C(\boldsymbol{h})$ は 2 つの $K(\boldsymbol{s};\theta)$ どうしのたたみ込み関数（定理 9.50）になるので，$C(\boldsymbol{h})$ と $K(\boldsymbol{h};\theta)$ のスペクトル密度関数を $f_C(\boldsymbol{\lambda})$, $f_K(\boldsymbol{\lambda})$ とおけば

$$f_C(\boldsymbol{\lambda}) = (2\pi)^d f_K(\boldsymbol{\lambda})^2 \tag{8.14}$$

が成立する．$f_C(\boldsymbol{\lambda})$ は

$$f_C(\boldsymbol{\lambda}) = \frac{\sigma^2 \alpha^{2\nu} \Gamma(\nu+d/2)}{\pi^{d/2} \Gamma(\nu)(\alpha^2 + \|\boldsymbol{\lambda}\|^2)^{\nu+d/2}}$$

であるから，(8.14) より

$$f_K(\boldsymbol{\lambda}) = \frac{\sigma \alpha^\nu \Gamma(\nu+d/2)^{1/2}}{(2\pi)^{d/2} \pi^{d/4} \Gamma(\nu)^{1/2} (\alpha^2 + \|\boldsymbol{\lambda}\|^2)^{\nu/2+d/4}}$$
$$= \frac{\alpha^{d/2} \Gamma(\nu+d/2)^{1/2} \Gamma(\nu^*)}{2^{d/2} \pi^{d/4} \Gamma(\nu)^{1/2} \Gamma(\nu^*+d/2)} \frac{\sigma \alpha^{2\nu^*} \Gamma(\nu^*+d/2)}{\pi^{d/2} \Gamma(\nu^*)(\alpha^2 + \|\boldsymbol{\lambda}\|^2)^{\nu^*+d/2}}$$

となる．ここで $\nu^* = \nu/2 - d/4$ である．したがって対応する $K(\boldsymbol{h};\theta)$ は

$$K(\boldsymbol{s};\theta) = \frac{\alpha^{d/2} \Gamma(\nu+d/2)^{1/2} \Gamma(\nu^*)}{2^{d/2} \pi^{d/4} \Gamma(\nu)^{1/2} \Gamma(\nu^*+d/2)} \frac{\sigma}{2^{\nu^*-1} \Gamma(\nu^*)} (\alpha\|\boldsymbol{s}\|)^{\nu^*} \mathcal{K}_{\nu^*}(\alpha\|\boldsymbol{s}\|)$$

になり，定数部分を整理すれば結論を得る． ∎

次に非定常確率場になる場合の $\theta_{\boldsymbol{s}}$ の推定について考える．その理論的な性質に関しては未解明のようであるが，Matérn 族に属する共分散関数については以下の方法が提案されている (Zhu=Wu [178])．パラメータ・ベクトルは $\theta_{\boldsymbol{s}} = (\sigma_{\boldsymbol{s}}^2, \nu_{\boldsymbol{s}}, \alpha_{\boldsymbol{s}})$ であるが，共分散関数の滑らかさを規定する $\nu_{\boldsymbol{s}}$ は定数と仮定して，$\sigma_{\boldsymbol{s}}^2, \nu, \alpha_{\boldsymbol{s}}$ の推定を考える．以下，簡単のため $d=2$ とする．推定は 2 段階からなる．第 1 段階ではいくつかの地点を選び出し，各地点の近傍ではパラメータが定数とみなして最尤推定法により推定する．第 2 段階では任意の地点のパラメータを，第 1 段階で得られた推定量を用いて，ノンパラメト

リックな手法である局所線形平滑化法 (local linear smoothing) により推定する (Fan=Gijbels [41]). 定式化すると以下のようになる.

観測地点および観測値は $Y(\boldsymbol{s}_i)$, $\boldsymbol{s}_i = (x_i, y_i)\,(i=1,\ldots,n)$ とし,また $\boldsymbol{s} = (x, y)$ は第1段階で選び出された任意の地点とする.(x, y) を中心に,大きさが $2d_1 \times 2d_2$ の長方形の地域を考える.その範囲に入る観測地点の集合を $l_s = \{i \mid |x_i - x| \le d_1,\ |y_i - y| \le d_2,\ i=1,\ldots,n\}$,それに含まれる地点の総数を n_s,j 番目の地点を $j(\boldsymbol{s})\,(j=1,\ldots,n_s)$,観測値の全体を $\boldsymbol{Y}_s = (Y(1(\boldsymbol{s})), Y(2(\boldsymbol{s})), \ldots, Y(n_s(\boldsymbol{s})))'$ とする.

V_s を $\boldsymbol{Y}_s$ の共分散行列としたとき,正規確率場であればその対数尤度関数は定数項を除いて

$$-\frac{1}{2}\ln(\det(V_s)) - \frac{1}{2}\boldsymbol{Y}_s' V_s^{-1} \boldsymbol{Y}_s$$

となる.ここで V_s の (i, j) 成分を $C_{\sigma_s^2, \nu, \alpha_s}(d_{ij}) = \dfrac{\sigma_s^2}{2^{\nu-1}\Gamma(\nu)}(\alpha_s d_{ij})^{\nu} \mathcal{K}_{\nu}(\alpha_s d_{ij})$ によって近似する.なお,$d_{ij} = \sqrt{(x_{i(\boldsymbol{s})} - x_{j(\boldsymbol{s})})^2 + (y_{i(\boldsymbol{s})} - y_{j(\boldsymbol{s})})^2}$ である.この近似対数尤度関数を用いて $\sigma_s^2, \nu, \alpha_s$ を推定する.このとき地点の選択が問題になる.あまり地点間の距離が小さいと推定量どうしの相関が高くなる.また地点間の距離がまちまちであると行列式や逆行列の計算に時間がかかる.そこで等間隔の格子状の地点 $\{(w_i, z_j) \mid i=1,\ldots,n_W,\ j=1,\ldots,n_Z\}$ を選び出すのが1つの方法である.

第2段階では局所線形平滑化法を適用する.$\boldsymbol{s} = (w, z)$ を任意の地点とする.$\boldsymbol{s}$ の近傍では σ_s^2 は滑らかに変化すると仮定し,線形近似した

$$\sum_{i=1}^{n_W} \sum_{j=1}^{n_Z} \kappa\left(\frac{w_i - w}{h_1}, \frac{z_j - z}{h_2}\right) (\hat{\sigma}_{(w_i, z_j)}^2 - b_0 - b_{10}(w_i - w) - b_{01}(z_j - z))^2$$

を最小にする b_0, b_{10}, b_{01} をもとめる.ここで $\hat{\sigma}_{(w_i, z_j)}^2$ は第1段階でもとめた地点 (w_i, z_j) における $\sigma_{(w_i, z_j)}^2$ の最尤推定量,$\kappa(t_1, t_2)$ は2変量カーネル関数である.α_s も同様の方法でもとめる.バンド幅 $h_i\,(i=1,2)$ の選択が問題になるが,ノンパラメトリック法で通常用いられる交差確認法 (cross validation) などを適用して決定する.

第9章

数学的補論

本章では本書を理解するうえで必要な測度論・確率論・線形空間論・フーリエ解析に関する知識をまとめておく．より詳細な内容については巻末の参考文献ガイドに挙げた書籍を参照されたい．

9.1 測度論・確率論

Ω を一般的な集合，ω をその要素とする．

[定義 9.1 (σ 代数)] Ω の部分集合からなる族 $\mathcal{F}$ が以下の性質をみたすとき，$\mathcal{F}$ を **σ-代数** (σ-field) という．

(1) $\Omega \in \mathcal{F}$.
(2) 部分集合 A が $A \in \mathcal{F}$ ならば $A^c \in \mathcal{F}$.
(3) 可算無限個の部分集合 $A_i \, (i = 1, 2, \ldots)$ に対して，$A_i \in \mathcal{F}$ ならば $\bigcup_{i=1}^{\infty} A_i \in \mathcal{F}$.

(1) と (2) より空集合 $\phi (= \Omega^c)$ は $\mathcal{F}$ に属し，また (2), (3) より $A_i \in \mathcal{F}$ ならば $\bigcap_{i=1}^{\infty} A_i \, (= (\bigcup_{i=1}^{\infty} A_i^c)^c)$ も $\mathcal{F}$ に属する．さらに $A_i = \phi \, (i > n)$ とおけば，$A_i \in \mathcal{F} \, (i = 1, \ldots, n)$ ならば有限個の和集合，積集合についても $\bigcup_{i=1}^{n} A_i \in \mathcal{F}$, $\bigcap_{i=1}^{n} A_i \in \mathcal{F}$ が成り立つ．

次に部分集合からなる族 $\mathcal{F}_0$ が与えられたとき，$\mathcal{F}_0$ を含む最小の σ-代数を

$\mathcal{F}_0$ が生成する (generate) σ-代数という．これは必ず存在する．特に位相空間において，すべての開集合からなる族を $\mathcal{F}_0$ としたとき，$\mathcal{F}_0$ が生成する σ-代数を**ボレル σ-代数** (Borel σ-field) といい，$\mathcal{B}(\Omega)$ と書く．

[定義 9.2（可測空間）] 集合 Ω とその上で定義されたある σ-代数 $\mathcal{F}$ の対 $(\Omega, \mathcal{F})$ を**可測空間** (measurable space)，$\mathcal{F}$ に属する Ω の部分集合を**可測集合** (measurable set) という．

[定義 9.3（測度空間）] μ を可測空間 $(\Omega, \mathcal{F})$ 上の可測集合 $A \in \mathcal{F}$ に非負の実数 $\mu(A)$ を対応させる**集合関数** (set function) とする．μ が以下の性質をみたすとき μ を**測度** (measure)，3つ組 $(\Omega, \mathcal{F}, \mu)$ を**測度空間** (measure space) という．

(1) $\mu(\phi) = 0$.
(2) 可算無限個の可測集合 $A_i\, (i = 1, 2, \ldots)$ が互いに排反なとき，すなわち $A_j \cap A_k = \phi\, (j \neq k)$ が成り立つとき，

$$\mu\left(\bigcup_{i=1}^{\infty} A_i\right) = \sum_{i=1}^{\infty} \mu(A_i).$$

(2) の性質を**可算加法性** (countable additivity) という．(1), (2) より $A_i = \phi\,(i > n)$ とおけば，互いに排反な有限個の可測集合に対しても加法性が成り立つ．

$\mu(\Omega) < \infty$ のとき，μ を**有限測度** (finite measure) という．特に $\mu(\Omega) = 1$ のとき，μ を**確率** (probability) といい，慣習的に P と書く．また $(\Omega, \mathcal{F}, P)$ を**確率空間** (probability space) という．

[定義 9.4（完備測度空間）] $(\Omega, \mathcal{F}, \mu)$ を測度空間とする．$\mu(A) = 0$ となるような可測集合（**零集合** (null set) という）のすべての部分集合が $\mathcal{F}$ に属するとき，μ を**完備測度** (complete measure)，$(\Omega, \mathcal{F}, \mu)$ を**完備測度空間** (complete measure space) という．

$(\Omega, \mathcal{F}, \mu)$ が完備ではないとき，以下の方法で完備測度空間にすることがで

きる．集合族 $\overline{\mathcal{F}}$ を

$$\overline{\mathcal{F}} = \{\Lambda \mid A \subset \Lambda \subset B, \ A, B \in \mathcal{F}, \ \mu(B \setminus A) = 0\}$$

によって定義する．このとき $\overline{\mathcal{F}}$ は $\mathcal{F}$ を含む σ-代数である．任意の $\Lambda\,(\in \overline{\mathcal{F}})$ に対して $\overline{\mu}(\Lambda) = \mu(A)\,(= \mu(B))$ と定義すれば，$\overline{\mu}$ は $(\Omega, \overline{\mathcal{F}})$ 上の完備測度，すなわち $(\Omega, \overline{\mathcal{F}}, \overline{\mu})$ は完備測度空間であり，$\overline{\mu}(A) = \mu(A)\,(A \in \mathcal{F})$ が成り立つ．$\overline{\mu}$ を μ の**完備化測度** (completion) という．

[**定義 9.5（絶対連続・同値・特異）**]　μ, ν を可測空間 $(\Omega, \mathcal{F})$ 上の 2 つの有限測度とする（実際はより一般の測度に定義できる）．$\mu(A) = 0$ をみたす任意の可測集合 A に対して $\nu(A) = 0$ が成り立つとき，ν は μ に関して**絶対連続** (absolutely continuous) という．このとき μ に関して可積分で非負の値をとる関数 $f(\omega) : \Omega \to \boldsymbol{R}$ が存在して，任意の可測集合 A に対して ν は Lebesgue 積分

$$\nu(A) = \int_A f(\omega) d\mu(\omega)$$

になる．別の関数 g が上式をみたすとき $\mu(\{\omega \mid f(\omega) \neq g(\omega)\}) = 0$ が成り立つ．すなわち f と g は μ に関してほとんど至るところで等しいという意味で一意的である．f を ν の μ に関する **Radon-Nikodym 微分** (Radon-Nikodym derivative) という．

また同時に μ も ν に関して絶対連続なとき，μ と ν は互いに**同値** (equivalent) であるという．

一方，ある可測集合 A が存在して $\mu(A) = 0$，$\nu(A^c) = 0$ が成り立つならば μ と ν は互いに**特異** (singular) であるという．

[**定理 9.6（Lebesgue 分解）**]　μ, ν を可測空間 $(\Omega, \mathcal{F})$ 上の 2 つの有限測度とする．このとき μ に関して絶対連続な有限測度 ν_0 と，μ とは互いに特異な有限測度 ν_1 が存在して，ν はそれらの和

$$\nu = \nu_0 + \nu_1$$

によって表現できる．これを **Lebesgue 分解** (Lebesgue decomposition) という．この分解は一意的である．

ここでいくつかの重要な測度を説明する．

[定義 9.7（Borel 測度・Lebesgue 測度）] 可測空間 $(\boldsymbol{R}^d, \mathcal{B}(\boldsymbol{R}^d))$ における左半開区間 $I = \{\boldsymbol{x} \mid a_k < x_k \leq b_k, \ k = 1, 2, \ldots, n\}$ に対して

$$\mu(I) = \prod_{k=1}^{n}(b_k - a_k) \tag{9.1}$$

をみたす測度を **Borel 測度** (Borel measure) という．さらに μ の完備化測度 $\overline{\mu}$ を **Lebesgue 測度** (Lebesgue measure) という．

同様に A を $\boldsymbol{R}^d$ の部分集合としたとき，可測空間 $(A, \mathcal{B}(A))$ 上で定義された測度 μ が，A に含まれる任意の左半開区間 I に対して (9.1) をみたすとき，μ を $(A, \mathcal{B}(A))$ 上の Borel 測度という．その完備化測度 $\overline{\mu}$ も同様に，$(A, \overline{\mathcal{B}}(A))$ 上の Lebesgue 測度という．本書で重要なのは $A = [-\pi, \pi]^d$ の場合である．

[定義 9.8（Radon 測度）] Ω を距離空間，その距離を ρ とする．$B \in \mathcal{B}(\Omega)$ に対して，ある $x \in \Omega$ と $r (> 0)$ が存在して，$B \subset B(x, r)$ のとき B は**有界** (bounded) であるという．ここで $B(x, r) = \{\omega \mid \rho(x, \omega) < r\}$ とする．任意の有界可測集合 B に対して $\mu(B) < \infty$ が成り立つとき，μ を **Radon 測度** (Radon measure) とよぶ．特に任意の 1 点集合の測度が 0 となるとき，**拡散的** (diffuse) Radon 測度という．

[定義 9.9（計数測度）] μ を可測空間 $(\Omega, \mathcal{F})$ 上の Radon 測度とする．任意の有界可測集合 B に対して，$\mu(B)$ が非負整数になるとき，μ を **計数測度** (counting measure) という．計数測度は Ω に属する高々可算個の要素 x_i $(i = 1, 2, \ldots)$ によって $\mu(B) = \sum_i \epsilon_{x_i}(B)$ と表現できる．ここで

$$\epsilon_{x_i}(B) = \begin{cases} 1, & x_i \in B, \\ 0, & x_i \notin B, \end{cases}$$

とする．x_i は重複してもよい．

次に確率変数およびそれに関連した事項について説明する．

［定義 9.10（可測写像（関数）・確率変数・分布関数）］ 2つの可測空間 $(\Omega, \mathcal{F}), (G, \mathcal{G})$ に対して，Ω から G への写像 f が定義されているとする．任意の $A \in \mathcal{G}$ に対して $f^{-1}(A) = \{\omega \mid f(\omega) \in A\}$ が $\mathcal{F}$ に属するとき，すなわち Ω 上の可測集合であるとき，f を Ω から G への**可測写像** (measurable mapping) という．$G = \boldsymbol{R}$, $\mathcal{G} = \mathcal{B}(\boldsymbol{R})$ のときは**可測関数** (measurable function) ともいう．

特に $(\Omega, \mathcal{F}, P)$ が確率空間，$G = \boldsymbol{R}^d$, $\mathcal{G} = \mathcal{B}(\boldsymbol{R}^d)$ のとき，f を**確率ベクトル** (random vector) ($d = 1$ のときは**確率変数** (random variable))，さらに一般の $(G, \mathcal{G})$ のときは**確率関数** (random function) という．確率変数の場合は X, Y, Z，確率ベクトルの場合は $\boldsymbol{X}, \boldsymbol{Y}, \boldsymbol{Z}$ などの記号を用いる．そして確率ベクトル $\boldsymbol{X}$ に対して，$F(\boldsymbol{x}) = P(\boldsymbol{X} \leq \boldsymbol{x})$ によって定義される $\boldsymbol{x}(\in \boldsymbol{R}^d)$ の関数を $\boldsymbol{X}$ の**分布関数** (distribution function) という．ここで $\boldsymbol{X} = (X_1, \ldots, X_d)'$, $\boldsymbol{x} = (x_1, \ldots, x_d)'$ とおいたとき，$\boldsymbol{X} \leq \boldsymbol{x}$ は $X_i \leq x_i$ $(i = 1, \ldots, d)$ によって定義される．$'$ は転置を意味する．

分布関数の性質

分布関数 $F(\boldsymbol{x}) = F(x_1, \ldots, x_d)$ は以下の 3 つの性質をみたす．

(1) $F(\boldsymbol{x})$ は任意の点 $\boldsymbol{x}$ で上から連続である．すなわち $\boldsymbol{e} = (1, \ldots, 1)'$ とおいたとき，任意の $\epsilon (>0)$ に対してある $\delta (>0)$ が存在して，$\boldsymbol{x} \leq \boldsymbol{y} < \boldsymbol{x} + \delta \boldsymbol{e}$ ならば

$$0 \leq F(\boldsymbol{y}) - F(\boldsymbol{x}) < \epsilon$$

が成り立つ．

(2) 任意の $\boldsymbol{x}$ に対して $0 \leq F(\boldsymbol{x}) \leq 1$ である．任意の i $(i = 1, \ldots, d)$ をと

り，$x_j\,(j \neq i)$ を固定したとき，$F(\boldsymbol{x})$ は x_i の非減少関数である．さらに任意の直方体 $\prod_{i=1}^d (a_i, b_i]\,(a_i \leq b_i, i=1,\ldots,d)$ に対して

$$P\left(\boldsymbol{X} \in \prod_{i=1}^d (a_i, b_i]\right) = \sum_{\pm} F(a_1 + \theta_1 c_1, \ldots, a_d + \theta_d c_d) \geq 0$$

が成り立つ．ここで $c_i = b_i - a_i$，$\theta = (\theta_1, \ldots, \theta_d)'$ は各成分 θ_i が 0 あるいは 1 のベクトルとする．$\sum_{\pm}$ は，総数が 2^d 個あるベクトル θ に対して，0 成分の個数が偶数のときには対応する項を足し，奇数のときには引くことを意味する．

(3) ある i に対して $x_i \to -\infty$ となるとき，$F(\boldsymbol{x}) \to 0$ が成り立つ．またすべての i に対して $x_i \to \infty$ となるときには $F(\boldsymbol{x}) \to 1$ が成り立つ．

次に推定量の漸近的性質などを導く際に必要となる分布関数や確率変数列の収束および中心極限定理について説明する．

[**定義 9.11（概収束・確率収束）**] $\{X_n\}$ を確率変数列，X を確率変数とする．

$$P(\{\omega \mid \lim_{n\to\infty} X_n(\omega) = X(\omega)\}) = 1$$

が成り立つとき，$\{X_n\}$ は X へ**概収束**する (converges almost surely) という．$\lim_{n\to\infty} X_n = X$ a.s. と書く．また任意の $\epsilon\,(>0)$ に対して

$$\lim_{n\to\infty} P(\{\omega \mid |X_n(\omega) - X(\omega)| > \epsilon\}) = 0$$

が成り立つとき，$\{X_n\}$ は X へ**確率収束**する (converges in probability) という．$X_n \xrightarrow{p} 0$ あるいは $\text{p}-\lim_{n\to\infty} X_n = X$ と書く．概収束，確率収束ともに X は定数でもよい．特に 0 のときは $X_n = o(1)$ a.s. あるいは $X_n = o_p(1)$ と書く．確率ベクトル列の概収束と確率収束は，各成分の収束によって定義する．

[**定理 9.12**] $\{X_n\}$ が X へ概収束するならば確率収束する．また X_n が X へ確率収束するための必要十分条件は任意の部分列 $\{X_{n'}\}(\subset \{X_n\})$ に対し

てそのさらなる部分列 $\{X_{n''}\}(\subset \{X_{n'}\})$ で X に概収束するものが存在することである.

[定義 9.13（分布収束（弱収束）・漠収束・弱コンパクト）] $\{F_n, n=1,2,\ldots\}$ を分布関数列, F を分布関数とする. このとき F の任意の連続点 $\boldsymbol{x}$ において

$$\lim_{n\to\infty} F_n(\boldsymbol{x}) = F(\boldsymbol{x})$$

が成り立つならば, $\{F_n\}$ は F に**分布収束** (convergence in distribution) あるいは**弱収束** (weak convergence) するという. $F_n \Longrightarrow F$ と書く. F_n, F が各々確率ベクトル $\boldsymbol{X}_n, \boldsymbol{X}$ の分布関数のときは, $\boldsymbol{X}_n \Longrightarrow \boldsymbol{X}$ とも書く.

F が必ずしも分布関数ではないとき, すなわち分布関数の性質のうち (1), (2) はみたすが, (3) が必ずしも成り立つとは限らないとき, $\{F_n\}$ は F へ**漠収束** (vague convergence) するという.

分布関数列 $\{F_n\}$ の任意の部分列がさらに分布収束（弱収束）する部分列を含むとき, $\{F_n\}$ は**弱コンパクト** (weakly compact) であるという.

ここで分布収束に関するいくつかの定理を挙げておく.

[定理 9.14（漠収束・分布収束の必要条件・十分条件）] (1) 分布関数列 $\{F_n\}$ が F へ分布収束することと以下の (i) あるいは (ii) の条件は同値である.

(i) C_B を $\boldsymbol{R}^d$ 上の有界で連続な関数の集合とする. このとき C_B に属する任意の $f(\boldsymbol{x})$ に対して

$$\lim_{n\to\infty} \int_{\boldsymbol{R}^d} f(\boldsymbol{x}) dF_n(\boldsymbol{x}) = \int_{\boldsymbol{R}^d} f(\boldsymbol{x}) dF(\boldsymbol{x})$$

が成り立つ.

(ii) $\boldsymbol{t} = (t_1, \ldots, t_d)' (\in \boldsymbol{R}^d)$ とおき, F_n および F の特性関数を $\phi_n(\boldsymbol{t}) = \int_{\boldsymbol{R}^d} \exp(i(\boldsymbol{t}, \boldsymbol{x})) dF_n(\boldsymbol{x})$, $\phi(\boldsymbol{t}) = \int_{\boldsymbol{R}^d} \exp(i(\boldsymbol{t}, \boldsymbol{x})) dF(\boldsymbol{x})$ とする. このとき任意の $\boldsymbol{t}$ に対して $\lim_{n\to\infty} \phi_n(\boldsymbol{t}) = \phi(\boldsymbol{t})$ が成り立つ.

(2) F_n の特性関数を $\phi_n(\boldsymbol{t})$ とする. $\phi_n(\boldsymbol{t})$ が任意の $\boldsymbol{t}$ において, $n \to \infty$ のときある関数 $\phi(\boldsymbol{t})$ に収束し, $\phi(\boldsymbol{t})$ は $\boldsymbol{t} = \boldsymbol{0}$ において連続であるとする. この

とき $\phi(t)$ はある分布関数 F の特性関数であり，$\{F_n\}$ は F に分布収束する．

(3) C_0 を $\boldsymbol{R}^d$ 上で連続かつ

$$\lim_{\|\boldsymbol{x}\|\to\infty} f(\boldsymbol{x}) = 0$$

をみたす関数の集合とする．また C_K を $\boldsymbol{R}^d$ 上で連続かつサポートがあるコンパクト集合となる関数の集合とする．このとき $\{F_n\}$ が F へ**漠収束** (vague convergence) するための必要十分条件は，C_0（あるいは C_K）に属する任意の $f(\boldsymbol{x})$ に対して

$$\lim_{n\to\infty}\int_{\boldsymbol{R}^d} f(\boldsymbol{x})dF_n(\boldsymbol{x}) = \int_{\boldsymbol{R}^d} f(\boldsymbol{x})dF(\boldsymbol{x})$$

が成り立つことである．

定理 9.14 (1) (ii) と (2) の違いを説明する．前者ではあらかじめ $\phi(t)$ が特性関数であることを仮定している．したがって $\phi(t)$ が $t = \boldsymbol{0}$ において連続である．一方後者では各点収束のみを仮定しているので，収束先の関数 $\phi(t)$ が特性関数であるか否かはそれのみでは判定できない．$t = \boldsymbol{0}$ における連続性をさらに仮定することにより，特性関数であることがわかる．

[定理 9.15（Helly の選出定理・弱コンパクト性に関する十分条件）] (1) 分布関数列 $\{F_n\}$ にはある部分列 $\{F_{n'}\}(\subset \{F_n\})$ が存在して，$\{F_{n'}\}$ はある関数 F に漠収束する．

(2) $\{F_n\}$ を分布関数列とする．$\{F_n\}$ が弱コンパクトであるための必要十分条件は任意の $\epsilon(>0)$ に対してある直方体 $\prod_{i=1}^d (a_i, b_i]\, (a_i \le b_i,\ i=1,\ldots,d)$ が存在して，任意の n に対して

$$P\left(\left\{\omega \,\middle|\, \boldsymbol{X}_n(\omega) \in \prod_{i=1}^d (a_i, b_i]\right\}\right) = \sum_{\pm} F_n(a_1 + \theta_1 c_1, \ldots, a_d + \theta_d c_d) \ge 1 - \epsilon$$

が成り立つことである．

定理 9.15 (1) を **Helly の選出定理** (Helly's selection theorem) という．

[定理 9.16（分布収束に対する十分条件）] (1) $\{\boldsymbol{X}_n\}, \{\boldsymbol{Y}_n\}$ を 2 つの確率ベ

クトル列とする．このとき $\bm{X}_n - \bm{Y}_n = o_p(1)$, $\bm{X}_n \Longrightarrow \bm{X}$ ならば，$\bm{Y}_n \Longrightarrow \bm{X}$ が成り立つ．

(2) $\{\bm{X}_n\}\,(n=1,2,\ldots)$, $\{\bm{Y}_{nj}\}\,(j=1,\ldots,n,\,n=1,2,\ldots)$ を確率ベクトル列とする．以下の 3 つの条件を仮定する．

(i) j を固定して，$n \to \infty$ のとき $\bm{Y}_{nj} \Longrightarrow \bm{Y}_j$ が成り立つ．
(ii) $j \to \infty$ のとき，$\bm{Y}_j \Longrightarrow \bm{Y}$ が成り立つ．
(iii) 任意の $\epsilon\,(>0)$ に対して

$$\lim_{j\to\infty} \limsup_{n\to\infty} P(\{\omega \mid |\bm{X}_n(\omega) - \bm{Y}_{nj}(\omega)| > \epsilon\}) = 0$$

が成り立つ．

このとき $\bm{X}_n \Longrightarrow \bm{Y}$ が成り立つ．

次に確率ベクトル列が分布収束するか否かの問題を確率変数列のそれに帰着させる命題を挙げる．

[**定理 9.17（Cramer-Wold 法）**]　確率ベクトル列 $\{\bm{X}_n\}$ に対して，$\bm{X}_n \Longrightarrow \bm{X}$ が成り立つことと，任意の d 次元ベクトル $\bm{\lambda}=(\lambda_1,\ldots,\lambda_d)' \in \bm{R}^d$ に対して確率変数列 $\{\bm{\lambda}'\bm{X}_n\}$ が $\bm{\lambda}'\bm{X}_n \Longrightarrow \bm{\lambda}'\bm{X}$ をみたすことは同値である．

次に中心極限定理に関する定理を挙げる．

[**定理 9.18（Lyapounov の定理）**]　$\{X_{in},\ i=1,\ldots,n\}$ は期待値 0，分散 σ_{in}^2 の互いに独立な確率変数列とする．$s_n^2 = \sum_{i=1}^n \sigma_{in}^2$ とおいたとき，ある $\delta\,(>0)$ が存在して，

$$\lim_{n\to\infty} \frac{\sum_{i=1}^n E(|X_{in}|^{2+\delta})}{s_n^{2+\delta}} = 0$$

が成り立つならば，$\sum_{i=1}^n X_{in}/s_n \Longrightarrow N(0,1)$ が成り立つ．

本節の最後として，一般の写像から生成される σ-代数を定義する．

[**定義 9.19（写像の族が生成する σ-代数）**]　いま $\{f_\lambda, \lambda \in \Lambda\}$ を Ω から可測空間 $(G,\mathcal{G})$ への写像の族とする．Λ はインデックスの集合で，要素の数は有

限個,可算無限個,非可算無限個のいずれでもよい.このとき任意の f_λ が可測写像となるような Ω 上の最小 σ-代数を $\{f_\lambda, \lambda \in \Lambda\}$ が生成する σ-代数という.具体的には部分集合の族 $\{f_\lambda^{-1}(A) \mid A \in \mathcal{G}, \lambda \in \Lambda\}$ が生成する σ-代数である.$\sigma\{f_\lambda, \lambda \in \Lambda\}$ と書く.

9.2 線 形 空 間

K は実数全体の集合 $\boldsymbol{R}$ あるいは複素数全体の集合 $\boldsymbol{C}$ とし,また V はある集合とする.

[定義 9.20(線形空間)] 任意の $\boldsymbol{x}, \boldsymbol{y} (\in V)$ に対して,和の演算 $\boldsymbol{x} + \boldsymbol{y}$ が定義され

$$\boldsymbol{x} + \boldsymbol{y} \in V$$

が成り立ち,また任意の $c (\in K)$ と $\boldsymbol{x} (\in V)$ に対して,スカラー倍あるいはスカラー積という演算 $c\boldsymbol{x}$ が定義され

$$c\boldsymbol{x} \in V$$

が成り立つとする.さらに V に属する任意の元 $\boldsymbol{x}, \boldsymbol{y}, \boldsymbol{z}$ および K に属する任意の元 c, d に対し,和とスカラー倍が,次の (i) から (viii) の規則をみたすとする.

(i) $c(d\boldsymbol{x}) = d(c\boldsymbol{x}) = (cd)\boldsymbol{x}$
(ii) $\boldsymbol{x} + \boldsymbol{y} = \boldsymbol{y} + \boldsymbol{x}$
(iii) $(\boldsymbol{x} + \boldsymbol{y}) + \boldsymbol{z} = \boldsymbol{x} + (\boldsymbol{y} + \boldsymbol{z})$
(iv) $c(\boldsymbol{x} + \boldsymbol{y}) = c\boldsymbol{x} + c\boldsymbol{y}$
(v) $(c + d)\boldsymbol{x} = c\boldsymbol{x} + d\boldsymbol{x}$
(vi) $1\boldsymbol{x} = \boldsymbol{x}$
(vii) $\boldsymbol{x} + \boldsymbol{0} = \boldsymbol{x}$ を成立させるある元 $\boldsymbol{0} (\in V)$ がただ 1 つ存在する.
(viii) $\boldsymbol{x} + \boldsymbol{x}' = \boldsymbol{0}$ を成立させるある元 $\boldsymbol{x}' (\in V)$ がただ 1 つ存在する.

(i), (iii), (iv), (v) においては ( ) の演算を最初に行う．このとき V を K 上の**線形空間** (linear space) あるいは**ベクトル空間** (vector space) という．そして K の元を**スカラー** (scalar)，V の元を**ベクトル** (vector) という．

特に $K = R$ のとき V を実線形空間，$K = C$ のとき V を複素線形空間という．ここで (vii) の $\mathbf{0}$ をゼロベクトルとよぶ．また (viii) の $\boldsymbol{x}'$ を逆ベクトルとよび，$-\boldsymbol{x}$ と書く．

［定義 9.21（線形部分空間）］ 線形空間 V の空でない部分集合 M が，次の 2 つの性質をみたすとき M を V の**線形部分空間** (linear sub-space) あるいは部分空間という．

 (i) $\boldsymbol{x} \in M, \boldsymbol{y} \in M$ であれば，常に $\boldsymbol{x} + \boldsymbol{y} \in M$ が成り立つ．
 (ii) $\boldsymbol{x} \in M$ であれば，任意のスカラー c に対して，常に $c\boldsymbol{x} \in M$ が成り立つ．

すなわち部分空間は，和とスカラー倍について閉じている．

［定義 9.22（ノルム空間）］ 線形空間 V の任意のベクトル $\boldsymbol{x}$ に対して非負の値 $\|\boldsymbol{x}\|$ が対応し，以下の (i) から (iii) の性質が成り立つとき，$\|\boldsymbol{x}\|$ を**ノルム** (norm) とよび，V を**ノルム空間** (normed space) という．

$\quad$ (i) $\boldsymbol{x} = \mathbf{0}$ のときに限り $\|\boldsymbol{x}\| = 0$
$\quad$ (ii) 任意のスカラー c に対して $\|c\boldsymbol{x}\| = |c|\|\boldsymbol{x}\|$
$\quad$ (iii) $\|\boldsymbol{x} + \boldsymbol{y}\| \leq \|\boldsymbol{x}\| + \|\boldsymbol{y}\|$

(iii) を**三角不等式** (triangle inequality) という．

［定義 9.23（内積空間）］ 複素線形空間 V の任意のベクトルの対 $\boldsymbol{x}, \boldsymbol{y}$ に対して，ある複素数 $(\boldsymbol{x}, \boldsymbol{y})$ が対応しているとする．そして任意のベクトル $\boldsymbol{x}, \boldsymbol{y}, \boldsymbol{z}$，任意のスカラー c に対し，次の (i) から (v) の規則が成り立つとき，$(\boldsymbol{x}, \boldsymbol{y})$ を**内積** (inner-product) とよび，V を**内積空間** (inner-product space) という．

(i) $(\boldsymbol{x}, \boldsymbol{y}) = \overline{(\boldsymbol{y}, \boldsymbol{x})}$
(ii) $(\boldsymbol{x} + \boldsymbol{y}, \boldsymbol{z}) = (\boldsymbol{x}, \boldsymbol{z}) + (\boldsymbol{y}, \boldsymbol{z})$
(iii) $(c\boldsymbol{x}, \boldsymbol{y}) = c(\boldsymbol{x}, \boldsymbol{y})$
(iv) $(\boldsymbol{x}, \boldsymbol{x}) \geq 0$
(v) $(\boldsymbol{x}, \boldsymbol{x}) = 0$ が成り立つのは $\boldsymbol{x} = \boldsymbol{0}$ のときのみに限る.

実線形空間の場合は $(\boldsymbol{x}, \boldsymbol{y})$ を実数とし, (ii) から (v) までは同じであるが, (i) の条件は

$$(\boldsymbol{x}, \boldsymbol{y}) = (\boldsymbol{y}, \boldsymbol{x})$$

に置き換える. $(\boldsymbol{x}, \boldsymbol{y}) = 0$ のとき $\boldsymbol{x}, \boldsymbol{y}$ は互いに**直交する** (orthogonal) という.

内積空間において $\|\boldsymbol{x}\|$ を

$$\|\boldsymbol{x}\| = (\boldsymbol{x}, \boldsymbol{x})^{1/2}$$

によって定義すれば, $\|\boldsymbol{x}\|$ は定義 9.22 のノルムの性質をみたす. したがって内積空間はノルム空間である. このとき次の不等式

$$|(\boldsymbol{x}, \boldsymbol{y})| \leq \|\boldsymbol{x}\|\|\boldsymbol{y}\| \tag{9.2}$$

が成り立つ. 等号が成り立つのはあるスカラー c, d が存在して, $c\boldsymbol{x} = d\boldsymbol{y}$ が成り立つときのみである. これを **Cauchy-Schwarz の不等式** (Cauchy-Schwarz inequality) という.

[**定義 9.24 (ノルム収束)**] $\{\boldsymbol{x}_n, n = 1, 2, 3, \ldots\}$ をノルム空間 V に含まれるベクトルの無限列としよう. また $\boldsymbol{x} - \boldsymbol{x}_n$ を $\boldsymbol{x} - \boldsymbol{x}_n = \boldsymbol{x} + (-\boldsymbol{x}_n)$ によって定義する.

このときある $\boldsymbol{x}(\in V)$ が存在して $\|\boldsymbol{x} - \boldsymbol{x}_n\| \to 0 \, (n \to \infty)$ が成り立つならば, $\{\boldsymbol{x}_n, n = 1, 2, 3, \ldots\}$ は $\boldsymbol{x}$ に**ノルム収束** (convergence in norm) するという.

三角不等式から収束先の x は一意的に決まることが導ける．また

$$\|x_n\| \to \|x\| \quad (n \to \infty)$$

が成り立つ．この性質を**ノルムの連続性** (continuity of the norm) という．さらに V が内積空間で $\{y_n, n = 1, 2, 3, \ldots\}$ も y にノルム収束するとき，

$$(x_n, y_n) \to (x, y) \quad (n \to \infty)$$

が成り立つ．この性質を**内積の連続性** (continuity of the inner product) という．

なお複数のノルム空間あるいは内積空間が登場する場合には，どの空間におけるノルムかあるいは内積かを明らかにするため，$\|x\|_V, (x, y)_V$ などと書くこともある．

次にノルム空間に完備性という概念を導入する．ノルム空間 V に含まれるベクトルの無限列 $\{x_n, n = 1, 2, 3, \ldots\}$ が，

$$\|x_m - x_n\| \to 0 \quad (m, n \to \infty)$$

をみたすとき，$\{x_n, n = 1, 2, 3, \ldots\}$ を **Cauchy 列** (Cauchy sequence) という．通常の数列の絶対値がノルムに置き換わったと思えばよい．V 上の任意の Cauchy 列 $\{x_n, n = 1, 2, 3, \ldots\}$ が V のあるベクトル x にノルム収束するとき，V は**完備** (complete) であるという．

[定義 9.25（ノルム収束）] V が完備なノルム空間のとき，V を **Banach 空間** (Banach space) という．

[定義 9.26（Hilbert 空間）] V が完備な内積空間のとき，V を **Hilbert 空間** (Hilbert space) という．

ここで各空間の例をいくつか挙げる．

[例 9.27（Euclid 空間）] l 個の実数の組 $(x_1, x_2, \ldots, x_l)$ の全体を $\boldsymbol{R}^l$ とする．

$$\boldsymbol{x} = (x_1, x_2, \ldots, x_l)'$$

を列ベクトルとよぶ．いま，$\boldsymbol{x}$ のスカラー倍を

$$c\boldsymbol{x} = (cx_1, cx_2, \ldots, cx_l)', \quad c \in \boldsymbol{R}$$

によって定義し，別の列ベクトル $\boldsymbol{y} = (y_1, y_2, \ldots, y_l)'$ との和を

$$\boldsymbol{x} + \boldsymbol{y} = (x_1 + y_1, x_2 + y_2, \ldots, x_l + y_l)'$$

によって定義する．このとき，これらの演算は定義 9.20 (i)-(viii) の性質を満足するので，$\boldsymbol{R}^l$ は実線形空間である．また $(\boldsymbol{x}, \boldsymbol{y})$ を

$$(\boldsymbol{x}, \boldsymbol{y}) = \sum_{i=1}^{l} x_i y_i$$

によって定義すれば，$(\boldsymbol{x}, \boldsymbol{y})$ は定義 9.23 の内積の性質 (i)-(v) をすべて満足するので，$\boldsymbol{R}^l$ は内積空間でもある．

一方 l 個の複素数の組 $(z_1, z_2, \ldots, z_l)$ の全体を $\boldsymbol{C}^l$ とする．

$$\boldsymbol{z} = (z_1, z_2, \ldots, z_l)'$$

を複素列ベクトルという．任意のスカラー $c (\in \boldsymbol{C})$ と別の複素列ベクトル $\boldsymbol{w}$ に対して，$\boldsymbol{z}$ のスカラー倍 $c\boldsymbol{z}$ と和 $\boldsymbol{z} + \boldsymbol{w}$ を実列ベクトルのときと同様に定義すれば，$\boldsymbol{C}^l$ は複素線形空間である．

さらに $(\boldsymbol{z}, \boldsymbol{w})$ を

$$(\boldsymbol{z}, \boldsymbol{w}) = \sum_{i=1}^{l} z_i \overline{w_i}$$

によって定義する．このとき $(\boldsymbol{z}, \boldsymbol{w})$ は内積の性質を満足するので $\boldsymbol{C}^l$ は内積空間である．

$\boldsymbol{R}^l, \boldsymbol{C}^l$ 各々を，l 次元実 **Euclid 空間** (Euclidean space)，**複素 Euclid 空間** という．

l 次元 Euclid 空間は Hilbert 空間である．$\boldsymbol{R}^l$ の場合を考えよう．

$$\boldsymbol{x}_n = (x_{n1}, x_{n2}, \ldots, x_{nl})'$$

とおく．このとき

$$\|\boldsymbol{x}_m - \boldsymbol{x}_n\|^2 = \sum_{i=1}^{l} |x_{mi} - x_{ni}|^2 \to 0 \quad (m, n \to \infty)$$

を仮定する．したがって $i\,(i=1,2,\ldots,l)$ を固定したとき $\{x_{ni}, n=1,2,3,\ldots\}$ は通常の数列の意味で Cauchy 列であるから，ある $x_i (\in \boldsymbol{R})$ が存在して

$$\lim_{n \to \infty} x_{ni} = x_i$$

となる．ここで

$$\boldsymbol{x} = (x_1, x_2, \ldots, x_l)'$$

と定義すれば

$$\|\boldsymbol{x} - \boldsymbol{x}_n\| \to 0 \quad (n \to \infty)$$

が成り立つ．

次にもう少し複雑な例を考える．

[**例 9.28**（l^2 **空間**）] 無限次元実 Euclid 空間 $\boldsymbol{R}^\infty$ を考えよう．$\boldsymbol{x} = (x_1, x_2, \ldots)'$ とする．和とスカラー倍を有限次元ベクトルと同じように定義すれば，$\boldsymbol{R}^\infty$ は線形空間である．$\boldsymbol{R}^\infty$ において

$$\sum_{i=1}^{\infty} x_i^2 < \infty$$

を満足するベクトルの全体は部分空間になり，これを l^2 空間という．

l^2 空間が部分空間であることを示そう．$\boldsymbol{x} \in l^2$ ならば

$$\sum_{i=1}^{\infty}(cx_i)^2 = c^2 \sum_{i=1}^{\infty} x_i^2 < \infty$$

であるから，$c\boldsymbol{x} \in \boldsymbol{l}^2$ である．次に

$$\boldsymbol{y} = (y_1, y_2, \ldots)', \quad \sum_{i=1}^{\infty} y_i^2 < \infty$$

とすれば，$(x_i + y_i)^2 \leq 2(x_i^2 + y_i^2)$ に注意して

$$\sum_{i=1}^{\infty}(x_i + y_i)^2 \leq 2\sum_{i=1}^{\infty}(x_i^2 + y_i^2) < \infty$$

が成り立つ．したがって $\boldsymbol{x} + \boldsymbol{y} \in \boldsymbol{l}^2$ である．

さらに $\boldsymbol{l}^2$ 空間上に $(\boldsymbol{x}, \boldsymbol{y})$ を

$$(\boldsymbol{x}, \boldsymbol{y}) = \sum_{i=1}^{\infty} x_i y_i$$

によって定義する．Cauchy-Schwarz の不等式により，任意の n に対して

$$\sum_{i=1}^{n}|x_i y_i| \leq \left(\sum_{i=1}^{n} x_i^2\right)^{1/2} \left(\sum_{i=1}^{n} y_i^2\right)^{1/2}$$

が成り立つ．ここで $n \to \infty$ とすれば，$(\boldsymbol{x}, \boldsymbol{y})$ は有限な値として定義できることがわかる．

証明は省略するが，$(\boldsymbol{x}, \boldsymbol{y})$ は内積の性質をみたし，さらに $\boldsymbol{l}^2$ 空間が Hilbert 空間であることが示せる．

同様に $\boldsymbol{C}^{\infty}$ においても

$$\sum_{i=1}^{\infty} |x_i|^2 < \infty$$

を満足するベクトルの全体は，内積を

$$(\boldsymbol{x}, \boldsymbol{y}) = \sum_{i=1}^{\infty} x_i \overline{y}_i$$

によって定義すれば Hilbert 空間になる.

[例 9.29 ($L^p(\Omega, \mathcal{F}, \mu)$ 空間)]　$f(\omega)$ を測度空間 $(\Omega, \mathcal{F}, \mu)$ から $(\boldsymbol{C}, \mathcal{B}(\boldsymbol{C}))$ への複素数値可測写像とする. Lebesgue 積分 $\int_\Omega |f(\omega)|^p \mu(d\omega)$ $(p > 0)$ が有限な可測写像の全体を $L^p(\Omega, \mathcal{F}, \mu)$ と書く. 任意の $f \in L^p(\Omega, \mathcal{F}, \mu)$ に対して, $\|f\|_p = (\int_\Omega |f(\omega)|^p \mu(d\omega))^{1/p}$ とおけば, $\|f\|$ は定義 9.22 (i)-(iii) のノルムに対する条件をみたし, さらに $L^p(\Omega, \mathcal{F}, \mu)$ は Banach 空間であることが示せる. ただしゼロベクトルは $\mu(\{\omega \mid f(\omega) \neq 0\}) = 0$ をみたす任意の $f(\omega)$ である. したがって $L^p(\Omega, \mathcal{F}, \mu)$ に属する可測写像間の等式 $f = g$ は $\mu(\{\omega \mid f(\omega) \neq g(\omega)\}) = 0$ の意味で解釈する.

特に $p = 2$ の場合は, 任意の $f, g \in L^2(\Omega, \mathcal{F}, \mu)$ に対して, $(f, g) = \int_\Omega f(\omega) \overline{g(\omega)} \mu(d\omega)$ とおけば, $L^2(\Omega, \mathcal{F}, \mu)$ は (f, g) を内積とする Hilbert 空間になることが示せる.

$L^p(\Omega, \mathcal{F}, \mu)$ 上の関数列 $\{f_n, n = 1, 2, \ldots\}$ がある f にノルム収束するとき **L^p 収束** (convergence in L^p) するという. 実数値可測関数の全体にも同様の議論が成り立つ.

[例 9.30 ($L^2(\Omega, \mathcal{F}, P)$ 空間)]　例 9.29 において $p = 2$, μ を確率 P, f を実数値確率変数 X に置き換えれば $E(X^2) < \infty$ をみたす確率変数の全体となる. この Hilbert 空間を $L^2(\Omega, \mathcal{F}, P)$ と書く. 内積は $(X, Y) = E(XY)$ となる. またゼロベクトルは $P(\{\omega \mid X(\omega) = 0\}) = 1$ をみたす任意の確率変数, 等号 $X = Y$ は, $P(\{\omega \mid X(\omega) = Y(\omega)\}) = 1$ (X と Y は確率 1 で等しい) と解釈する.

$L^2(\Omega, P)$ 空間上の確率変数列 $\{X_n, n = 1, 2, 3, \ldots\}$ がある確率変数 X に L^2 収束するときには, 特に $\{X_n\}$ は X に**平均 2 乗収束** (convergence in mean square) するといい,

$$\operatorname*{l.i.m.}_{n\to\infty} X_n = X$$

と書く．lim ではないことに注意しよう．limit in the mean の略である．

具体例を示そう．$\{\psi_i, i = 0, 1, 2, \ldots\}$ を例 9.28 の l^2 空間に属する数列とし，$\{U_t, t \in Z\} \sim \mathrm{WN}(0, \sigma^2)$ としよう．各 t に対して $\{X_{tn}, n = 1, 2, 3, \ldots\}$ を

$$X_{tn} = \sum_{i=0}^{n} \psi_i U_{t-i}$$

によって定義する．このとき $m > n$ とすれば

$$\|X_{tm} - X_{tn}\|^2 = E(X_{tm} - X_{tn})^2 = \sigma^2 \sum_{i=n+1}^{m} \psi_i^2$$

が成り立つ．t を固定して $m, n \to \infty$ とすれば上式の右辺は 0 に収束するので，$\{X_{tn}, n = 0, 1, 2, \ldots\}$ は Cauchy 列である．$\{X_{tn}\}$ が平均 2 乗収束する確率変数を X_t としたとき，形式的に

$$X_t = \sum_{i=0}^{\infty} \psi_i U_{t-i}$$

と表す．

次に複素数値をとる確率変数の場合は，確率変数 X を $X = X_1 + iX_2$（X_j, $j = 1, 2$ は実数値確率変数）としたとき，

$$E|X|^2 = E(X\overline{X}) = E(X_1^2 + X_2^2) < \infty$$

を満足する確率変数の全体は Hilbert 空間になる．これを複素 $L^2(\Omega, \mathcal{F}, P)$ 空間とよぶ．いま $Y = Y_1 + iY_2$, $E|Y|^2 < \infty$ を別の複素数値確率変数とすれば，内積 (X, Y) は

$$(X, Y) = E(X\overline{Y}) = E(X_1 Y_1 + X_2 Y_2) + iE(X_2 Y_1 - X_1 Y_2)$$

によって定義する.

次に Hilbert 空間に関係するいくつかの概念を導入する.

[定義 9.31 (閉部分空間)] $\mathcal{H}$ を Hilbert 空間, $\mathcal{M}$ をその線形部分空間とする. $\mathcal{M}$ の任意の集積点が, $\mathcal{M}$ に属するとき, すなわち $\{x_n\} \subset \mathcal{M}, \|x - x_n\| \to 0\,(n \to \infty)$ のとき, $x \in \mathcal{M}$ が成り立つならば, $\mathcal{M}$ を $\mathcal{H}$ の**閉部分空間** (close linear subspace) という.

[定義 9.32 (閉包)] $\mathcal{H}$ を Hilbert 空間, $\{x_t, t \in T\}$ をその部分集合とする. ここで T はインデックスの集合である. $\{x_t, t \in T\}$ を含む $\mathcal{H}$ の最小の閉部分空間を $\{x_t, t \in T\}$ の**閉包** (closed span) といい, $\overline{\text{sp}}\{x_t, t \in T\}$ と書く.

[定義 9.33 (同相写像)] T を Hilbert 空間 $\mathcal{H}_1$ から Hilbert 空間 $\mathcal{H}_2$ への写像とする. T が任意の $f_1, f_2 \in \mathcal{H}_1$, 任意のスカラー a, b に対して以下の3条件をみたすとき, **同相写像** (isomorphism) という.

(1) $T(af_1 + bf_2) = aT(f_1) + bT(f)_2$
(2) 1対1, 上への写像.
(3) $(T(f_1), T(f_2))_{\mathcal{H}_2} = (f_1, f_2)_{\mathcal{H}_1}$

また (1) をみたす写像を**線形写像** (linear mapping), (3) をみたす写像を**等距離写像** (isometric mapping) という.

Banach 空間についても, 定義 9.33 (3) を除けば, 定義 9.31-9.33 は同様に定義できる.

次に Hilbert 空間における射影の概念を導入する.

[定義 9.34 (射影)] $\mathcal{H}$ を Hilbert 空間, $\mathcal{M}$ は $\mathcal{H}$ の閉部分空間とする. 任意のベクトル $\boldsymbol{x}\,(\in \mathcal{H})$ に対して, 次式

$$\|\boldsymbol{x} - \boldsymbol{x}^*\| = \inf_{\boldsymbol{y} \in M} \|\boldsymbol{x} - \boldsymbol{y}\|$$

をみたす $\mathcal{M}$ に属するベクトル $\boldsymbol{x}^*$ が唯一存在する. $\boldsymbol{x}^*$ を $\boldsymbol{x}$ の $\mathcal{M}$ への**射影** (projection) という.

x^* が射影となるための必要十分条件をもとめるために，直交補空間を定義する．

[**定義 9.35（直交補空間）**] $\mathcal{M}$ を $\mathcal{H}$ の部分空間とする．次に部分集合 $\mathcal{M}^\perp$ を

$$\mathcal{M}^\perp = \{\boldsymbol{x} \mid (\boldsymbol{x}, \boldsymbol{y}) = 0, \forall \boldsymbol{y} \in \mathcal{M}\}$$

によって定義する．$\mathcal{M}^\perp$ は閉部分空間になり，$\mathcal{M}$ の **直交補空間** (orthogonal complement) という．実際は $\mathcal{M}$ が部分空間ではなく単なる部分集合でも $\mathcal{M}^\perp$ は閉部分空間になる．

[**定理 9.36**] $\boldsymbol{x}^*$ が $\boldsymbol{x}$ の M への射影であるための必要十分条件は

$$\boldsymbol{x}^* \in M, \tag{9.3}$$
$$\boldsymbol{x} - \boldsymbol{x}^* \in M^\perp \tag{9.4}$$

が成り立つことである．

証明 (9.3), (9.4) が必要条件であることを示すのは複雑なので省略する（Brockwell=Davis [17] を参照されたい）．十分条件であることはすぐにわかる．M に属する任意のベクトルを $\boldsymbol{x}'$ とすれば，

$$\begin{aligned}
\|\boldsymbol{x} - \boldsymbol{x}'\|^2 &= \|\boldsymbol{x} - \boldsymbol{x}^* + \boldsymbol{x}^* - \boldsymbol{x}'\|^2 \\
&= \|\boldsymbol{x} - \boldsymbol{x}^*\|^2 + \|\boldsymbol{x}^* - \boldsymbol{x}'\|^2 \\
&\quad + (\boldsymbol{x} - \boldsymbol{x}^*, \boldsymbol{x}^* - \boldsymbol{x}') + (\boldsymbol{x}^* - \boldsymbol{x}', \boldsymbol{x} - \boldsymbol{x}^*) \\
&= \|\boldsymbol{x} - \boldsymbol{x}^*\|^2 + \|\boldsymbol{x}^* - \boldsymbol{x}'\|^2 \\
&\geq \|\boldsymbol{x} - \boldsymbol{x}^*\|^2
\end{aligned}$$

となる．3番目の等式を導くためには，(9.3) より $\boldsymbol{x}^* - \boldsymbol{x}'$ も M に属すること，および (9.4) より $\boldsymbol{x} - \boldsymbol{x}^*$ が M に属する任意のベクトルと直交することを用いる．したがって $\|\boldsymbol{x} - \boldsymbol{x}'\|$ は $\boldsymbol{x}^* = \boldsymbol{x}'$ のときにのみ最小になる．∎

定理 9.36 の証明において，$\boldsymbol{x}' = \boldsymbol{0}$ とおけば

$$\|\boldsymbol{x}\|^2 = \|\boldsymbol{x} - \boldsymbol{x}^* + \boldsymbol{x}^*\|^2$$
$$= \|\boldsymbol{x} - \boldsymbol{x}^*\|^2 + \|\boldsymbol{x}^*\|^2 \tag{9.5}$$

が成り立つ.

本節の最後として,次節のFourier変換の説明に必要となる正規直交基底の定義を与えておく.

[**定義 9.37(正規直交基底)**] Hilbert空間 H の部分集合 $\{\boldsymbol{e}_i, i = 1, 2, \ldots, k\}$ ($k = \infty$ も可) が,次の性質

$$(\boldsymbol{e}_i, \boldsymbol{e}_j) = \begin{cases} 1, & i = j, \\ 0, & i \neq j, \end{cases}$$

をみたすとき,**正規直交集合** (orthonormal set) という.さらに

$$H = \overline{\mathrm{sp}}\{\boldsymbol{e}_i, i = 1, 2, \ldots, k\}$$

が成り立つとき,**正規直交基底** (orthonormal basis) という.

[**定理 9.38(正規直交基底による展開)**] 以下では $k = \infty$ とする.$\{\boldsymbol{e}_i, i = 1, 2, \ldots\}$ が正規直交基底のとき,任意の $\boldsymbol{x}, \boldsymbol{y} \in H$ に対して次の性質が成り立つ.

$$\left\|\boldsymbol{x} - \sum_{i=1}^n (\boldsymbol{x}, \boldsymbol{e}_i)\boldsymbol{e}_i\right\| \to 0 \quad (n \to \infty), \tag{9.6}$$

$$\|\boldsymbol{x}\|^2 = \sum_{i=1}^\infty |(\boldsymbol{x}, \boldsymbol{e}_i)|^2, \tag{9.7}$$

$$(\boldsymbol{x}, \boldsymbol{y}) = \sum_{i=1}^\infty (\boldsymbol{x}, \boldsymbol{e}_i)(\boldsymbol{e}_i, \boldsymbol{y}), \tag{9.8}$$

$$\boldsymbol{x} = \boldsymbol{0} \Leftrightarrow (\boldsymbol{x}, \boldsymbol{e}_i) = 0, \quad i = 1, 2, \ldots. \tag{9.9}$$

(9.7), (9.8) は (9.6) とノルムの連続性,内積の連続性を用いて導ける.(9.8) を **Parsevalの等式** (Parseval's identity) とよぶ.

9.3 Fourier 変換

測度 $\overline{\mu}$ を $\boldsymbol{R}^d$ あるいは $[-\pi,\pi]^d$ 上の Lebesgue 測度とする.このとき $L^p(\boldsymbol{R}^d,\overline{\mathcal{B}}(\boldsymbol{R}^d),\overline{\mu})$, $L^p([-\pi,\pi]^d,\overline{\mathcal{B}}([-\pi,\pi]^d),\overline{\mu})$ を簡単のため $L^p(-\infty,\infty)^d$, $L^p[-\pi,\pi]^d$ と書く ($d=1$ のときは d を略す).本節では $L^p(-\infty,\infty)^d$ と $L^p[-\pi,\pi]^d$ ($p=1,2$) 上の Fourier 変換の定義およびその主な性質を説明する.以下では Lebesgue 積分 $\int_{\boldsymbol{R}^d} f(\boldsymbol{x})\overline{\mu}(d\boldsymbol{x})$ を

$$\int_{\boldsymbol{R}^d} f(\boldsymbol{x})d\boldsymbol{x} = \int_{-\infty}^{\infty}\int_{-\infty}^{\infty}\cdots\int_{-\infty}^{\infty} f(x_1,x_2,\ldots,x_d)dx_1 dx_2\cdots dx_d$$

などと書く.積分領域が $[-\pi,\pi]^d$ の場合も同様の記法を用いる.

まず $d=1$ の場合について考える.一般の d についてはその結果をそのまま拡張できる.

[定義 9.39 ($L^1(-\infty,\infty)$ の Fourier 変換)] $f(x)\in L^1(-\infty,\infty)$ に対して,$\hat{f}(\xi)$ を

$$\hat{f}(\xi) = \frac{1}{\sqrt{2\pi}}\int_{-\infty}^{\infty} f(x)\exp(-i\xi x)dx \tag{9.10}$$

によって定義する.$\hat{f}(\xi)$ を $f(x)$ の **Fourier 変換** (Fourier transform) という.

次に $f(x)\in L^2(-\infty,\infty)$ の Fourier 変換を導入する.一般に $f(x)\in L^2(-\infty,\infty)$ は $L^1(-\infty,\infty)$ に属するとは限らないので,(9.10) の定義をそのまま適用することはできない.そこでまず $f_N(x)$ を

$$f_N(x) = \begin{cases} f(x), & |x|\leq N, \\ 0, & |x|>N, \end{cases}$$

によって定義する.このとき Cauchy-Schwartz の不等式から

$$\int_{-\infty}^{\infty} |f_N(x)|dx = \int_{-N}^{N} |f(x)|dx$$
$$\leq \left[\int_{-N}^{N} |f(x)|^2 dx \int_{-N}^{N} dx\right]^{1/2}$$
$$\leq \|f\|_{L^2(-\infty,\infty)} (2N)^{1/2}$$

が成り立つ．したがって $f_N(x) \in L^1(-\infty, \infty)$ となり，定義 9.39 の意味で Fourier 変換 $\hat{f}_N(\xi)$ が存在する．一方 $\|f_N\|_{L^2(-\infty,\infty)} \leq \|f\|_{L^2(-\infty,\infty)}$ であるから，$f_N(x) \in L^2(-\infty, \infty)$ も成り立つ．

任意の $g(x) \in L^1(-\infty, \infty) \cap L^2(-\infty, \infty)$ に対しては，$\hat{g}$ も L^2 に属し，

$$\|\hat{g}\|_{L^2(-\infty,\infty)} = \|g\|_{L^2(-\infty,\infty)} \tag{9.11}$$

が成り立つ（後に再述するが Fourier 変換に対する Parseval の等式という）．一方 $\hat{f}_M - \hat{f}_N$ $(M < N)$ は $f_M - f_N$ の Fourier 変換であるから，(9.11) より

$$\|\hat{f}_N - \hat{f}_M\|^2_{L^2(-\infty,\infty)} = \|f_N - f_M\|^2_{L^2(-\infty,\infty)}$$
$$= \int_{-N}^{-M} |f(x)|^2 dx + \int_{M}^{N} |f(x)|^2 dx$$

となる．右辺の項は $M, N \to \infty$ のとき 0 へ収束する．したがって $\{\hat{f}_N\}$ は Hilbert 空間 $L^2(-\infty, \infty)$ 上の Cauchy 列となり，ある $\hat{f}(\xi)(\in L^2(-\infty, \infty))$ が存在して

$$\hat{f}(\xi) = \underset{N \to \infty}{\text{l.i.m.}} \hat{f}_N(\xi) \tag{9.12}$$

をみたす．

[**定義 9.40（$L^2(-\infty, \infty)$ の Fourier 変換）**] $f(x) \in L^2(-\infty, \infty)$ に対して，(9.12) によって定義される $\hat{f}(\xi)$ を $f(x)$ の Fourier 変換という．

ここで Fourier 変換に対する 3 つの重要な性質を挙げておく．

[**定理 9.41（Fourier 変換の反転定理）**] $f(x) \in L^1(-\infty, \infty)$ とする．もし

$\hat{f}(\xi) \in L^1(-\infty, \infty)$ ならば，Lebesgue 測度に関し，ほとんどすべての x に対して

$$\frac{1}{\sqrt{2\pi}} \int_{-\infty}^{\infty} \hat{f}(\xi) \exp(ix\xi) d\xi = f(x) \tag{9.13}$$

が成り立つ．特に x が f の連続点であるならば (9.13) が成り立つ．

[**定理 9.42（たたみ込み関数の Fourier 変換）**]　$f(x), g(x) \in L^1(-\infty, \infty)$ とする．$h(x)$ を

$$h(x) = \frac{1}{\sqrt{2\pi}} \int_{-\infty}^{\infty} f(x-t) g(t) dt$$

によって定義する．$h(x)$ を $f(x), g(x)$ の**たたみ込み関数**という．このとき $h(x) \in L^1(-\infty, \infty)$ であり，その Fourier 変換 $\hat{h}(\xi)$ は $f(x)$ と $g(x)$ の Fourier 変換 $\hat{f}(\xi), \hat{g}(\xi)$ の積

$$\hat{h}(\xi) = \hat{f}(\xi) \hat{g}(\xi)$$

に等しい．

[**定理 9.43（Fourier 変換に対する Parseval の等式）**]　$f(x), g(x) \in L^2(-\infty, \infty)$ とする．このとき

$$\|\hat{f}\|_{L^2(-\infty,\infty)} = \|f\|_{L^2(-\infty,\infty)}, \tag{9.14}$$

$$(\hat{f}, \hat{g})_{L^2(-\infty,\infty)} = (f, g)_{L^2(-\infty,\infty)} \tag{9.15}$$

が成り立つ．

(9.15) を Fourier 変換に対する **Parseval の等式** (Parseval's identity) という．(9.14), (9.15) は各々定理 9.38 (9.7), (9.8) に対応する．したがって写像 T を $\hat{f} = T(f)$ によって定義すれば，T は $L^2(-\infty, \infty)$ から $L^2(-\infty, \infty)$ への同相写像である．

次に $L^2[-\pi, \pi]$ 上の Fourier 変換を定義する．

いま

$$\boldsymbol{e}_n = \exp(in\lambda)/\sqrt{2\pi}, \quad n = 0, \pm 1, \pm 2, \ldots$$

とおけば，内積に関して

$$\begin{aligned}(\boldsymbol{e}_n, \boldsymbol{e}_m) &= \frac{1}{2\pi} \int_{-\pi}^{\pi} \exp(i(n-m)\lambda) d\lambda \\ &= \frac{1}{2\pi} \int_{-\pi}^{\pi} (\cos(n-m)\lambda + i\sin(n-m)\lambda) d\lambda \\ &= \begin{cases} 1, & n = m, \\ 0, & n \neq m, \end{cases}\end{aligned}$$

が成り立つ．したがって $\{\boldsymbol{e}_n, n \in \boldsymbol{Z}\}$ は正規直交集合である．実際には $L^2[-\pi, \pi]$ の正規直交基底であることが示せる．

[定義 9.44（$L^2[-\pi, \pi]$ の Fourier 変換）] $f(\lambda) \in L^2[-\pi, \pi]$ に対して，$\boldsymbol{e}_n$ との内積

$$c_n = (f, \boldsymbol{e}_n) = \frac{1}{\sqrt{2\pi}} \int_{-\pi}^{\pi} f(\lambda) \exp(-in\lambda) d\lambda$$

を $f(\lambda)$ の n 次 **Fourier 係数** (Fourier coefficient) という．

定理 9.38 より

$$\int_{-\pi}^{\pi} |f(\lambda)|^2 d\lambda = \sum_{n=-\infty}^{\infty} |c_n|^2$$

が成り立つ．したがって複素数値の数列 $\{c_n\}$ $(n = 0, \pm 1, \pm 2, \ldots)$ は例 9.28 の $\boldsymbol{C}^\infty$ 上の部分空間 l^2 に属する．

また関数列 $f_N(\lambda)$ $(N = 1, 2, \ldots)$ を

$$f_N(\lambda) = \sum_{|n| \leq N} c_n \boldsymbol{e}_n$$

によって定義すれば，同様に定理 9.38 より

$$\int_{-\pi}^{\pi} |f(\lambda) - f_N(\lambda)|^2 d\lambda = \sum_{N < |n|} |c_n|^2$$

が成り立つ．したがって

$$f(\lambda) = \operatorname*{l.i.m.}_{N \to \infty} f_N(\lambda) \tag{9.16}$$

を得る．そこで形式的に

$$f(\lambda) = \frac{1}{\sqrt{2\pi}} \sum_{-\infty}^{\infty} c_n \exp(in\lambda) \tag{9.17}$$

とも書く．(9.17) を $f(\lambda)$ の **Fourier 級数** (Fourier series) という．$L^1[-\pi, \pi]$ に属する関数についても定義 9.44 と同じく Fourier 係数を定義できる．

$f(\lambda)$ が連続関数の場合には，(9.16) の $L^2[-\pi, \pi]$ 収束だけではなく，さらに以下の収束定理が成り立つ．

[**定義 9.45（Cesàro 和）**]

$$f_N^*(\lambda) = \frac{1}{N} \sum_{n=0}^{N-1} f_n(\lambda) = \sum_{|n| \leq N-1} \frac{1}{\sqrt{2\pi}} \left(1 - \frac{|n|}{N}\right) c_n \exp(in\lambda)$$

を $f(\lambda)$ の **Cesàro 和** (Cesàro sum) という．

[**定理 9.46（Cesàro 和の一様収束）**] $f(\lambda)$ を $[-\pi, \pi]$ 上の連続関数でかつ $f(-\pi) = f(\pi)$ をみたすとする．このとき

$$\lim_{N \to \infty} \sup_{\lambda \in [-\pi, \pi]} |f(\lambda) - f_N^*(\lambda)| = 0$$

が成り立つ．

ここからは一般の d について考えよう．$d = 1$ における定義および結果を直ちに拡張できる．

[**定義 9.47（$L^1(-\infty, \infty)^d$ の Fourier 変換）**] $f(\boldsymbol{x}) \in L^1(-\infty, \infty)^d$ に対して，$\hat{f}(\boldsymbol{\xi})$ を

$$\hat{f}(\boldsymbol{\xi}) = \frac{1}{(\sqrt{2\pi})^d} \int_{-\infty}^{\infty}\int_{-\infty}^{\infty}\cdots\int_{-\infty}^{\infty} f(x_1, x_2, \ldots, x_d)$$
$$\times \exp\left(-i\sum_{j=1}^{d}\xi_j x_j\right) dx_1 dx_2 \cdots dx_d$$

によって定義する．$\hat{f}(\boldsymbol{\xi})$ を $f(\boldsymbol{x})$ の **Fourier 変換** (Fourier transform) という．

$f(\boldsymbol{x}) \in L^2(-\infty, \infty)^d$ の Fourier 変換も $d=1$ の場合と同様に定義できる．まず $f_N(\boldsymbol{x})$ を

$$f_N(\boldsymbol{x}) = \begin{cases} f(\boldsymbol{x}), & |x_i| \leq N \ (i=1,2,\ldots,d), \\ 0, & \text{その他}, \end{cases}$$

によって定義する．このとき $f_N(\boldsymbol{x}) \in L^1(-\infty,\infty)^d \cap L^2(-\infty,\infty)^d$ となる．$\hat{f}_N(\boldsymbol{\xi})$ に対して，

$$\|\hat{f}(\boldsymbol{\xi}) - \hat{f}_N(\boldsymbol{\xi})\|_{L^2(-\infty,\infty)^d} \to 0 \quad (N \to \infty) \tag{9.18}$$

をみたす $\hat{f}(\boldsymbol{\xi})$ が存在する．

[定義 9.48 ($L^2(-\infty, \infty)^d$ の Fourier 変換)] $f(\boldsymbol{x}) \in L^2(-\infty, \infty)^d$ に対して，(9.18) によって定義される $\hat{f}(\boldsymbol{\xi})$ を $f(\boldsymbol{x})$ の Fourier 変換という．

$d=1$ の場合と同じく以下の 2 つの性質が成り立つ．

[定理 9.49（多変数 Fourier 変換の反転定理）] $f(\boldsymbol{x}) \in L^1(-\infty,\infty)^d$ とする．もし $\hat{f}(\boldsymbol{\xi}) \in L^1(-\infty,\infty)^d$ ならば，Lebesgue 測度に関し，ほとんどすべての $\boldsymbol{x}$ に対して

$$\frac{1}{(\sqrt{2\pi})^d} \int_{\boldsymbol{R}^d} \hat{f}(\boldsymbol{\xi})\exp(i(\boldsymbol{x},\boldsymbol{\xi}))d\boldsymbol{\xi} = f(\boldsymbol{x}) \tag{9.19}$$

が成り立つ．特に $\boldsymbol{x}$ が f の連続点であるならば (9.19) が成り立つ．

[定理 9.50（たたみ込み関数の多変数 Fourier 変換）] $f(\boldsymbol{x}), g(\boldsymbol{x}) \in L^1(-\infty, \infty)^d$ とする．$h(\boldsymbol{x})$ を $f(\boldsymbol{x}), g(\boldsymbol{x})$ のたたみ込み関数

$$h(\bm{x}) = \frac{1}{(\sqrt{2\pi})^d} \int_{\bm{R}^d} f(\bm{x}-\bm{t})g(\bm{t})d\bm{t}$$

とする. このとき $h(\bm{x})$ の Fourier 変換は

$$\hat{h}(\xi) = \hat{f}(\xi)\hat{g}(\xi)$$

となる.

[定理 9.51 (多変数 Fourier 変換に対する Parseval の等式)] $f(\bm{x}), g(\bm{x}) \in L^2(-\infty, \infty)^d$ とする. このとき

$$\|\hat{f}\|_{L^2(-\infty,\infty)^d} = \|f\|_{L^2(-\infty,\infty)^d}, \tag{9.20}$$

$$(\hat{f}, \hat{g})_{L^2(-\infty,\infty)^d} = (f, g)_{L^2(-\infty,\infty)^d} \tag{9.21}$$

が成り立つ.

次に $L^2[-\pi, \pi]^d$ 上の Fourier 変換を定義する.
いま

$$\bm{e_n} = \frac{1}{(\sqrt{2\pi})^d} \exp(i(\bm{n}, \bm{\lambda})), \quad \bm{n} \in \bm{Z}^d$$

とおけば,

$$(\bm{e_n}, \bm{e_m}) = \prod_{j=1}^{d} \frac{1}{(2\pi)^d} \int_{-\pi}^{\pi} \exp(i(n_j - m_j)\lambda_j)d\lambda_j$$
$$= \begin{cases} 1, & \bm{n} = \bm{m}, \\ 0, & \bm{n} \neq \bm{m}, \end{cases}$$

が成り立つ. したがって $\{\bm{e_n}, \bm{n} \in \bm{Z}\}$ は, $L^2[-\pi, \pi]^d$ の正規直交集合である. さらに正規直交基底であることも示せる.

[定義 9.52 ($L^2[-\pi, \pi]^d$ の Fourier 変換)] $f(\bm{\lambda}) \in L^2[-\pi, \pi]^d$ に対して, $\bm{e_n}$ との内積

$$c_{\bm{n}} = (f, \bm{e_n}) = \frac{1}{(\sqrt{2\pi})^d} \int_{[-\pi,\pi]^d} f(\bm{\lambda}) \exp(-i(\bm{n}, \bm{\lambda}))d\bm{\lambda}$$

を $f(\boldsymbol{\lambda})$ の **Fourier 係数** (Fourier coefficient) という.

定理 9.38 から

$$\int_{[-\pi,\pi]^d} |f(\boldsymbol{\lambda})|^2 d\boldsymbol{\lambda} = \sum_{\boldsymbol{n} \in \boldsymbol{Z}^d} |c_{\boldsymbol{n}}|^2$$

が成り立つ.

また関数列 $f_N(\boldsymbol{\lambda})\,(l=1,2,\ldots)$ を

$$f_N(\boldsymbol{\lambda}) = \sum_{\boldsymbol{n} \in [-N,N]^d} c_{\boldsymbol{n}} \boldsymbol{e}_{\boldsymbol{n}}$$

によって定義する. ここで $[-N,N]^d = \{(n_1,\ldots,n_d)' \mid -N \leq n_i \leq N, i=1,\ldots,d\}$ とする. このとき同様に定理 9.38 から

$$\int_{[-\pi,\pi]^d} |f(\boldsymbol{\lambda}) - f_N(\boldsymbol{\lambda})|^2 d\lambda = \sum_{\boldsymbol{n} \notin [-N,N]^d} |c_{\boldsymbol{n}}|^2$$

が成り立つ. したがって

$$f(\boldsymbol{\lambda}) = \underset{N\to\infty}{\text{l.i.m.}}\, f_N(\boldsymbol{\lambda})$$

を得る. そこで形式的に

$$f(\boldsymbol{\lambda}) = \frac{1}{(\sqrt{2\pi})^d} \sum_{-\infty}^{\infty} c_{\boldsymbol{n}} \exp(i(\boldsymbol{n},\boldsymbol{\lambda})) \tag{9.22}$$

とも書く. (9.22) を $f(\boldsymbol{\lambda})$ の **Fourier 級数** (Fourier series) という.

[定義 9.53 (多変数 Fourier 級数の Cesàro 和)]

$$f_N^*(\boldsymbol{\lambda}) = \frac{1}{(\sqrt{2\pi})^d} \sum_{\boldsymbol{n} \in [-(N-1), N-1]^d} c_{\boldsymbol{n}} \boldsymbol{e}_{\boldsymbol{n}} \prod_{i=1}^{d} \left(1 - \frac{|n_i|}{N}\right)$$

を $f(\boldsymbol{\lambda})$ の Cesàro 和という.

[定理 9.54 (多変数 Cesàro 和の一様収束性)] $f(\boldsymbol{\lambda})$ が $[-\pi,\pi]^d$ 上の連続関

数かつ各 $\lambda_i\,(i=1,\ldots,d)$ に関して周期 2π の周期関数ならば

$$\lim_{N\to\infty}\sup_{\boldsymbol{\lambda}\in[-\pi,\pi]^d}|f(\boldsymbol{\lambda})-f_N^*(\boldsymbol{\lambda})|=0$$

が成り立つ.

参考文献ガイドおよび補足

　本書を読了後，時空間統計解析について興味をもたれた読者が，さらに深くこの分野を学ぶための優れた参考書をここで列挙しておく．また各章の補足点を述べておく．

全般にわたって
　時空間統計解析を一望のもとに俯瞰し，近年までの発展を知るには Gelfand 他 [50] が最適である．この分野を世界的にリードする研究者が各トピックについて懇切丁寧に解説している．他に洋書としては Cressie [27], Finkenstädt 他 [43], Sherman [143] がある．[27] は空間データの統計解析に関する草分け的な本である．その後継本として "temporal" をタイトルに付け加えた Cressie=Wikle [28] も発刊された．十数年を経て "spatial" だけでなく "temporal" の重要性の認識が統計解析において高まっていることがタイトルからも窺える．[43] は若手研究者向けの講義ノートを意識しているようで，この分野の碩学達が，入門的な内容から近年の発展に至るまで平易に解説している．[143] も難解な数式を避けた初学者向けの良書である．和書では現在までのところこの分野を網羅したものはないが，柏木他 [83] は様々な切り口から分野横断的に解説している．矢島 [174] では定常過程から定常確率場への推測理論，特に漸近理論を中心にその歴史的な発展を概観している．
　時空間統計学には二大潮流がある．一方は鉱山学における応用を嚆矢とする地球統計学であり，他方は経済データに対して，その空間的さらには時空間的な特性や相互関係を明らかにする空間計量経済学 (Spatial Econometrics) や時空間計量経済学 (Spatio-Temporal Econometrics) である（堤・瀬谷 [159]）．

前者の参考書・論文としては Chilès=Delfiner [20], Christakos [23], Matheron [111], Wackernagel [162] がある．いずれも理論と応用のバランスがとれている．後者の参考書・論文として空間計量経済学をタイトルに冠した初めての書籍は Paelinck=Klaassen [128] とされている．またこれらの分野を概観するうえで便利な文献としては Anselin 他 [2], Arbia [3], Arbia=Baltagi [4], Arbia [5], Getis 他 [49], LeSage=Pace [94], [95], Pace=LeSage [127] がある．いずれも叙述は平易である．なかでも [3] はコンパクトな本で，この分野の成り立ちから当時までの発展を短時間で知るうえでは便利である．[5] はその後継本でその後の発展について説明されている．この 2 つの流れはほぼ独立に発展してきたが，今後は合流しさらなる発展が期待される．

　本書で触れることができなかった Bayes 統計学に基づく時空間統計モデリングについては Banerjee 他 [8] が詳しい．解析に必要となるコンピュータ・プログラムに関する説明もある．

第 2 章

　Herglotz の定理，Bochner の定理は Fourier 解析の分野では基本的な定理である．本書では前者については Brockwell=Davis [17] を，後者については Gikhman=Skorokhod [51] を参考にした．定常確率場のスペクトル表現も [51] を参考にした．Rosenblatt [136] にも解説がある．

　ちなみに Bochner の定理は引数を相対コンパクト・アーベル群 (locally compact abelian group) の要素とする非負定値関数まで一般化できる．詳細は Rudin [138] を参照されたい．

第 3 章

　ARMA モデル・CAR モデルの説明は Guyon [60] を参考にしている．ただし因果性・反転可能性の定義は定常過程との整合性を保つため，本質は損なわないが変更している．[60] には本書で省略したギブス場，マルコフ場，確率的アルゴリズムなどに関する解説もある．良書ではあるが難解で，読み通すにはそれなりの覚悟が必要である．Gaetan=Guyon [47] はその後継本で，[60] よりは平易になっている．Bronars=Jansen [18] は AR モデルをアメリカ合衆国のデータにあてはめて解析を行っている．

補題 3.15，定理 3.16 の証明は各々 Grenander=Szegö [56], Rudin [138] に基づく．

自己共分散関数に対するモデルに関しては本文で参照した文献の他に，Christakos [22] にも詳細な解説がある．

第 4 章

4.1-4.3 節の解説は Li 他 [96] に，4.4 節の解説は Guyon [60] に各々基づいている．ただし叙述をより簡潔かつ平易にするため，定理の条件などに変更を加えているところもある．

第 5 章

クリギングについては理論および応用について懇切丁寧に解説した本として Cressie [27], 間瀬・武田 [105], 間瀬 [106] がある．したがって本書では BLP, BLUP の厳密な導出法と，類書ではあまり触れられていない共分散ティパリングに焦点を当てた．BLUP は不偏性を制約条件とするラグランジュ未定乗数法を用いても導出できる ([27], [106])．その場合，導出法の十分性を保証する 2 階条件の証明が複雑になるので，この方法を用いずに導出できる Stein [148] を参考にした．確率積分については Cramér=Leadbetter [26] がわかりやすい．

第 6 章

第 6 章では点過程論を Euclid 空間上で展開したが，一般に位相空間上で展開される．実際，点過程論は，Kallenberg [78] および Karr [81] では第 2 可算公理をみたす局所コンパクト Hausdorff 空間上で，van Lieshout [160, 161] および Baddeley [7] ではポーランド空間（完備可分距離空間）上で展開される．特に，Kallenberg [78] は，点過程をランダム測度と捉えている．

Daley=Vere-Jones [32-34] は，最先端の点過程論に関する論文に対するバイブル的文献である．Møller=Waagepetersen [114] もこれら同様 self-contained であり，叙述が比較的平易である．Diggle [35] および Cressie [27] も多くの文献にて引用され，特に，Diggle [35] の APPENDIX に，点配置に関する実データが掲載されている．現代の点過程論への入門書として，Illian

他 [72] を，特に，確率幾何学の観点から，Baddeley [6] および Chiu 他 [21] を推薦する．Stoyan 夫妻による Stoyan=Stoyan [150] は，点過程論およびフラクタルを含む確率幾何学に関する文献であり，Chiu 他 [21] とならび広く引用されている．

点過程論に関する和書は，洋書と比較すると非常に少ない．間瀬 [104] は，点過程論に関する初期の文献であり，参考文献に関するコメントも添えられている．間瀬・武田 [105] は，間瀬 [104] の改訂版であり，各章末の'閑話・冗語'では shape theory にも触れ，関連分野の研究者の紹介および歴史的背景にも言及している点がユニークである．統計地震学の観点から点過程論を紹介している文献として，尾形 [125] がある．樹木の分布と種子の散布の観点から空間データの点過程を扱った文献として，島谷 [145] がある．

なお，第 6 章にて引用したいくつかの文献に対して，それらの誤植リストが，各著者の HP 上にて公開されている．

第 7 章

SAR モデルの推定法に関しては，Lee [92] 以外にも，高次の AR モデルに対する一般化モーメント法 (Generalized Methods of Moment)(Lee=Liu [93]) や，誤差項の密度関数を推定して疑似最尤法より極限分布の共分散行列を小さくする方法なども議論されている (Robinson [134])．

CAR モデルをさらに発展させた Markov Random Fields の解説書としては Rue=Held [139] がある．叙述はわかりやすく具体例も豊富である．

また Arbia [5] では他の空間計量経済学モデル，ビッグデータのための代替モデル，実証分析のための R のコードについて解説している．

第 8 章

Yaglom [170] は固有定常確率場に関するパイオニア的論文である．それを書籍としてまとめたのが Yaglom [171], [172] である．Matheron [112] もこのトピックに関する代表的論文である．

第 9 章

測度論・確率論・確率過程論に関して定評のある良書は数多くあるが，本書

を理解するのに適当なものとして Bierens [12], Billingsley [14], Chung [24], Doob [36], Feller [42], Halmos [64], Karatzas=Shreve [79], Shiryaev [146] がある.

線形空間は大学初年級で学ぶ基礎的な数学であり，良書は多数ある．ここでは筆者が座右におき頻繁に参照する石井 [74], 齊藤 [141], 志賀 [144] を挙げておく．また Brockwell=Davis [17] も本書を理解するうえで必要な線形空間・内積空間・Hilbert 空間の知識を簡潔かつ厳密に説明している．

Fourier 解析に関しては Goldberg [54], 猪狩 [71], Kawada [84], 河田 [85] が基礎的な事項から厳密に説明している．[54] は 100 ページ足らずのコンパクトな本で短期間にこの分野を習得するのに向いている．[84] は確率論との関連についても詳細に言及している．[85] はその確率論との関連部分を除いた和訳版である．[71] は最後の章で多変数 Fourier 変換についての解説がある．本書の理解には必要としないが，Rudin [138] はより一般化して群の要素を引数とする関数に関する Fourier 解析を解説している．

参考文献

[1] Abramowitz, M. and Stegun, I.A. (1970). *Handbook of Mathematical Functions with Formulas, Graphs, and Mathematical Tables*, 9th printing. Dover, New York.

[2] Anselin, L., Florax, R.J.G.M. and Rey, S.J. (2004). *Advances in Spatial Econometrics: Methodology, Tools and Applications.* Springer, New York.

[3] Arbia, G. (2006). *Spatial Econometrics: Statistical Foundations and Applications to Regional Convergence.* Springer, New York.

[4] Arbia, G. and Baltagi, B.H. eds. (2009). *Spatial Econometrics: Methods and Applications.* Springer, New York.

[5] Arbia, G. (2014). *A Premier for Spatial Econometrics: with Applications in R.* Palgrave Macmillan, New York. (堤 盛人 監訳 (2016). Rで学ぶ空間計量経済学入門. 勁草書房.）

[6] Baddeley, A. (2007). *Spatial Point Processes and their Applications.* In *Stochastic Geometry*, Lecture Notes in Mathematics, vol. 1892, 1-75, Baddeley, A., Bárány, I., Schneider, R. and Weil, W. eds. Springer-Verlag, Berlin.

[7] Baddeley, A. (2013). *Spatial Point Patterns: Models and Statistics.* In *Stochastic Geometry, Spatial Statistics and Random Fields: Asymptotic Methods*, Lecture Notes in Mathematics, vol. 2068, 49-114, Spodarev, E. ed. Springer, Heidelberg.

[8] Banerjee, S., Carlin, B.P. and Gelfand, A.E. (2004). *Hierarchical Modeling and Analysis for Spatial Data.* Chapman & Hall/CRC, Boca Raton.

[9] Baudin, M. (1981). Likelihood and nearest-neighbor distance properties of multidimensional Poisson cluster processes. *J. Appl. Probab.* **18** No.4, 879-888.

[10] Beran, J. (1994). *Statistics for Long-Memory Proceses.* Chapman & Hall, London.

[11] Besag, J.E. (1974). Spatial interaction and the statistical analysis of lattice systems (with discussion). *J. Roy. Statist. Soc. Ser. B* **36** 192–236.

[12] Bierens, H. (1981). *Robust Methods and Asymptotic Theory in Nonlinear Econometrics*. Springer, Berlin.

[13] Biermé, H. and Richard, F.J.P. (2011). Analysis of texture anisotropy based on some Gaussian fields with spectral density. *Mathematical Image Processeing*, Springer Proceedings in Mathematics 5 Bergounioux, M. ed. Springer, Berlin.

[14] Billingsley, P. (1968). *Convergence of Probability Measures*. Wiley, New York.

[15] Bonami, A. and Estrade, A. (2003). Anisotropic analysis of some Gaussian models. *J. Fourier Anal. Appl.* **9** 215–236.

[16] Brillinger, D.R. (1975). *Time Series: Data Analysis and Theory*. Holt, Rinehart and Winston, New York.

[17] Brockwell, P.J. and Davis, R.A. (1991). *Time Series: Theory and Methods*, 2nd ed. Springer, New York.

[18] Bronars, S.G. and Jansen, D.W. (1987). The geographic distribution of unemployment rates in the U.S.: A space-time series approach. *J. Econometrics* **36** 251–279.

[19] Brook, D. (1964). On the distinction between the conditional probability and joint probability approaches in the specification of nearest-neighbour systems. *Biometrika* **51** 481–483.

[20] Chilès, J-P. and Delfiner, P. (1999). *Geostatistics: Modeling Spatial Uncertainty*. Wiley, New York.

[21] Chiu, S.N., Stoyan, D., Kendall, W.S. and Mecke, J. (2013). *Stochastic Geometry and its Applications, 3rd ed.* Wiley, Chichester.

[22] Christakos, G. (1984). On the problem of permissible covariance and variogram models. *Water Resour. Res.* **20** 251–265.

[23] Christakos, G. (2000). *Modern Spatiotemporal Geostatistics*. Oxford University Press, Oxford.

[24] Chung, K.L. (1974). *A Course in Probability Theory*, 2nd ed. Academic Press, Boston.

[25] Cliff, A.D. and Ord, J.K. (1975). Space-time modeling with an application to regional forecasting, *Trans. the Inst. of British Geographers* **66** 119-128.

[26] Cramér, H. and Leadbetter, M.R. (1967). *Stationary and Related Stochastic Processes*. Wiley, New York.

[27] Cressie, N. (1993). *Statistics for Spatial Data*, revised ed. John Wiley &

Sons, Inc., New York.
[28] Cressie, N. and Wikle, C.K. (2011). *Statistics for Spatio-Temporal Data.* Wiley, New York.
[29] Curriero, F.C. and Lele, S. (1999). A composite likelihood approach to semivariogram estimation. *J. Agricultural, Biological and Environmental Statist.* **4** 9–28.
[30] Dahlhaus, R. (1983). Spectral analysis with tapered data. *J. Time Ser. Anal.* **4** 163–175.
[31] Dahlhaus, R. and Künsch, H.R. (1987). Edge effects and efficient parameter estimation for stationary random fields. *Biometrika* **74** 877–882.
[32] Daley, D.J. and Vere-Jones, D. (1988). *An Introduction to the Theory of Point Processes.* Springer-Verlag, New York.
[33] Daley, D.J. and Vere-Jones, D. (2003). *An Introduction to the Theory of Point Processes, Volume I: Elementary Theory and Methods, 2nd ed.* Springer-Verlag, New York.
[34] Daley, D.J. and Vere-Jones, D. (2008). *An Introduction to the Theory of Point Processes, Volume II: General Theory and Structure,* 2nd ed. Springer-Verlag, New York.
[35] Diggle, P.J. (1983). *Statistical Analysis of Spatial Point Patterns.* Academic Press, Inc., London.
[36] Doob, J.L. (1953). *Stochastic Processes.* Wiley, New York.
[37] Doukhan, P. (1995). *Mixing: Properties and Examples.* Lecture Notes in Statistics **85** Springer, New York.
[38] Doukhan, P., Oppenheim, G., and Taqqu, M. eds. (2002). *Theory and Applications of Long-Range Dependence.* Birkhäuser, Boston.
[39] Du, J., Zhang, H. and Mandrekar, V. (2009). Fixed-domain asymptotic properties of tapered maximum likelihood estimators. *Ann. Statist.* **37** 3330–3361.
[40] Erlang, A.K. (1909). The theory of probabilities and telephone conversations. *Nyt. Tidsskr. Mat.* **B20** 33–39. Reprinted in E. Brockmeyer, H.L. Halstrom and A. Jensen (1948), *The Life and Works of A.K. Erlang,* Copenhagen Telephone Company, Copenhagen, pp. 131–137.
[41] Fan, J. and Gijbels, I. (1996). *Local Polynomial Modelling and Its Applications.* Chapman & Hall, London.
[42] Feller, W. (1971). *An Introduction to Probability Theory and Its Applications,* vol. II 2nd ed. Wiley, New York.
[43] Finkenstädt, B., Held, L. and Isham, V. eds. (2007). *Statistical Methods for Spatio-Temporal Systems.* Chapman & Hall/CRC, Boca Raton.

[44] Fuentes, M., Chen, L. and Davis, J.M. (2008). A class of nonseparable and nonstationary spatial temporal covariance functions. *Environmetrics* **19** 487-507.

[45] Furrer, R., Genton, M.G. and Nychka, D. (2006). Covariance tapering for interpolation of large spatial datasets. *J. Comp. Graph. Statist.* **15** 502-523.

[46] Furrer, R., Genton, M.G. and Nychka, D. (2012). Erratum and Addendum to: "Covariance tapering for interpolation of large spatial datasets". *J. Comp. Graph. Statist.* **21** 823-824.

[47] Gaetan, C. and Guyon, X. (2010). *Spatial Statistics and Modeling*. Springer, New York.

[48] Gallant, A.R. and White, H. (1987). *A Unified Theory of the Estimation and Inference for Nonlinear Dynamic Models*. Basil Blackwell, Oxford.

[49] Getis, A., Mur, J. and Zoller, H.G. eds. (2004). *Spatial Econometrics and Spatial Statistics*. Palgrave-Macmillan, New York.

[50] Gelfand, A.E., Diggle, P.J., Fuentes, M. and Guttorp, P. eds. (2010). *Handbook of Spatial Statistics*. Chapman & Hall/CRC, Boca Raton.

[51] Gikhman, I.I. and Skorokhod, A.V. (1974). *The Theory of Stochastic Processes I*. Springer, Berlin.

[52] Gneiting, T. (1997). Normal scale mixtures and dual probability densities. *J. Statist. Comput. Simul.* **59** 375-384.

[53] Gneiting, T. (2002). Nonseparable, stationary covariance functions for space-time data. *J. Amer. Statist. Assoc.* **97** 590-600.

[54] Goldberg, R.R. (1970). *Fourier Transforms*, reprinted. Cambridge University Press, Cambridge.

[55] Gradshteyn, I.S. and Ryzhik, I.M. (1980). *Tables of Integrals, Series, and Products: Corrected and Enlarged Edition*. Academic Press, Orlando.

[56] Grenander, U. and Szegö, G. (1984). *Toeplitz Forms and their Applications*, 2nd ed. Chelsea, New York.

[57] Guan, Y., Sherman, M. and Calvin, J.A. (2004). A nonparametric test for spatial isotropy using subsampling. *J. Amer. Statist. Assoc.* **99** 810-821.

[58] Guttorp, P. and Gneiting, T. (2006). Studies in the history of probability and statistics XLIX. On the Matérn correlation family. *Biometrika* **93** 989-995.

[59] Guttorp, P. and Thorarinsdottir, T.L. (2012). What happened to discrete chaos, the Quenouille process, and the sharp Markov property? Some history of stochastic point processes. *Int. Stat. Rev.* **80** No.2, 253-268.

[60] Guyon, X. (1995). *Random Fields on a Network: Modeling, Statistics,*

and Applications. Springer, New York.
[61] Haining, R. (1990). *Spatial Data Analysis in the Social and Environmental Sciences*. Cambridge University Press, Cambridge.
[62] Haining, R. (2003). *Spatial Data Analysis: Theory and Practice*. Cambridge Univesity Press, Cambridge.
[63] Hall, P. and Heyde, C.C. (1980). *Martingale Limit Theory and Its Application*. Academic Press, New York.
[64] Halmos, P.R. (1974). *Measure Theory*. Springer, New York.
[65] Hannan, E.J. (1973). The asymptotic theory of linear time series models. *J. Appl. Prob.* **10** 130-145.
[66] Hays, J.C., Kachi, A. and Franzese, Jr. R.J. (2010). A spatial model incorporating dynamic, endogenous network interdependence: A political science application. *Statistical Methodology* **7** 406-428.
[67] Hewitt, E. and Ross, K.A. (1979). *Abstract Harmonic Analysis I*, 2nd ed. Springer, New York.
[68] Heyde, C. and Gay, R. (1993). Smoothed periodogram asymptotics and estimation for processes and fields with possible long-range dependence. *Stochast. Processes and their Appl.* **45** 169-182.
[69] Hirano, T. and Yajima, Y. (2013). Covariance tapering for prediction of large spatial data sets in transformed random fields. *Ann. Inst. Statist. Math.* **65** 913-940.
[70] Ibragimov, I.A. and Linnik, Y.V. (1971). *Independent and Stationary Sequences of Random Variables*. Wolters-Noordhoff, Groningen.
[71] 猪狩 惺 (1975). フーリエ級数. 岩波書店.
[72] Illian, J., Penttinen, A., Stoyan, H. and Stoyan, D. (2008). *Statistical Analysis and Modelling of Spatial Point Patterns*. Wiley, Chichester.
[73] Inoue, T., Sasaki, T. and Washio, T. (2012). Spatio-temporal Kriging of solar radiation incorporating direction and speed of cloud movement. *The 26th Annual Conference of the Japan Society of Artificial Intelligence*.
[74] 石井恵一 (2013). 線形代数講義 (増補版). 日本評論社.
[75] Istas, J. (2007). Identifying the anisotropical function of a d-dimensional Gaussian self-similar process with stationary increments. *Statist. Inf. Stoch. Proc.* **10** 97-106.
[76] Johansen, S. (1966). An application of extreme point methods to the representation of infinitely distributions. *Z. Wahrscheinlichkeitstheorie verw. Geb.* **5** 304-316.
[77] Jones, R.H. and Zhang, Y. (1997). Models for continuous stationary space-time processes. *Modelling Longitudinal and Spatially Correlated*

Data. Gregoire, T.G. et al. eds. 289-298, Lecture Notes in Statistics **159** Springer, New York.

[78] Kallenberg, O. (1986). *Random Measures*, 4th ed. Akademie-Verlag, Berlin and Academic Press, London.

[79] Karatzas, I. and Shreve, S.E. (1991). *Brownian Motion and Stochastic Calculus*, 2nd ed. Springer, New York.

[80] 刈屋武昭・矢島美寛・田中勝人・竹内 啓 (2003). 経済時系列の統計 その数理的基礎（統計科学のフロンティア 8）. 岩波書店.

[81] Karr, A.F. (1986). Inference for stationary random fields given Poisson samples. *Adv. in Appl. Probab.* **18** 406-422.

[82] Kaufman, C., Schervish, M.J. and Nychka, D.W. (2008). Covariance tapering for likelihood-based estimation in large spatial data sets. *J. Amer. Statist. Assoc.* **103** 1545-1555.

[83] 柏木宣久・矢島美寛・清水邦夫 編 (2012). 特集「時空間統計解析：新たなる分野横断的展開」. 統計数理 第 60 巻 第 1 号.

[84] Kawada, T. (1972). *Fourier Analysis in Probability Theory*. Academic Press, New York.

[85] 河田龍夫 (1975). Fourier 解析. 産業図書.

[86] Kelbert, M., Leonenko, N. and Ruiz-Medina, M.D. (2005). Fractional random fields associated with stochastic fractional heat equations. *Adv. in Appl. Probab.* **37** 108-133.

[87] Kendall, D.G. (1977). The diffusion of shape. *Adv. in Appl. Probab.* **9**, No.3, 428-430.

[88] Kendall, D.G., Barden, D., Carne, T.K. and Le, H. (1999). *Shape and Shape Theory*. Wiley, Chichester.

[89] Klimko, L.A. and Nelson, P.I. (1978). On conditional least squares estimation for stochastic processes. *Ann. Statist.* **6** 629-642.

[90] Kriege, D.G. (1951). A statistical approach to some basic mine valuation problems on the Witwatersrand. *J. Chemical Metallurgical and Mining Society of South Africa* **52** 119-139.

[91] Le, H. and Kendall, D.G. (1993). The Riemannian structure of Euclidean shape spaces: a novel environment for statistics. *Ann. Statist.* **21** No.3, 1225-1271.

[92] Lee, L-F. (2004). Asymptotic distributions of quasi-maximum likelihood estimators for spatial autoregressive models. *Econometrica* **72** 1899-1925.

[93] Lee, L-F. and Liu, X. (2010). Efficient GMM estimation of higher order spatial autoregressive models with autoregressive disturbances. *Econometric Theory* **26** 182-230.

[94] LeSage, J. and Pace, R.K. (2004). *Spatial and Spatiotemoral Econometrics*. Advanced in Econometrics vol. 18, Elsevier, Oxford.

[95] LeSage, J. and Pace, R.K. (2009). *Introduction to Spatial Econometrics*. Chapman & Hall/CRC, Boca Raton.

[96] Li, B., Genton, M.G. and Sherman, M. (2008). On the asymptotic joint distribution of sample space-time covariance estimators. *Bernoulli* **14** 228-248.

[97] Ludeña, C. and Lavielle, M. (1999). The Whittle estimator for strongly dependent stationary Gaussian fields. *Scand. J. Statist.* **26** 433-450.

[98] Ma, C. (2002). Spatio-temporal covariance functions generated by mixtures. *Mathematical Geology* **34** 965-975.

[99] Ma, C. (2003). Families of spatio-temporal stationary covariance models. *J. Statist. Plann. and Infer.* **116** 489-501.

[100] Ma, C. (2005a). Linear combinations of space-time covariance functions and variograms. *IEEE Trans. Signal Processing* **53** 857-864.

[101] Ma, C. (2005b). Semiparametric spatio-temporal covariance models with the ARMA temporal margin. *Ann. Inst. Statist. Math.* **57** 221-233.

[102] Ma, C. (2008). Recent developments on the construction of spatio-temporal covariance models. *Stoch. Environ. Res. and Risk Asses.* **22** S39-S47.

[103] Manderbrot, B.B. and van Ness, J.W. (1968). Fractional Brownian motions, fractional noise and applications. *SIAM Rev.* **10** 422-437.

[104] 間瀬 茂 (1997). Spatial Statistics: 空間統計学 (空間点過程とその応用). Seminar on Mathematical Sciences No. 24 Keio University.

[105] 間瀬 茂・武田 純 (2001). 空間データモデリング―空間統計学の応用 (データサイエンス・シリーズ 7). 共立出版.

[106] 間瀬 茂 (2010). 地球統計学とクリギング法：R と GeoR によるデータ解析. オーム社.

[107] Masry, E. (1983). Non-parametric covariance estimation from irregularly-spaced data. *Adv. in Appl. Probab.* **15** 113-132.

[108] Matérn, B. (1947). *Metoder art Uppskatta Noggranhetten vid Linje- och Provytetaxering*. Stockholm: Medd Staten Skogsforskningsinstitut **36** no. 1 (In Swedish with substantial English summary).

[109] Matérn, B. (1960). *Spatial Variation: Stochastic Models and Their Application to some Problems in Forest Surveys and other Sampling Investigations*. Stockholm: Medd. Statens Skogsforskningsinstitut **49** no. 5.

[110] Matérn, B. (1986). *Spatial Variation*. Lecture Notes in Statistic No. 36, 2nd ed. Springer, New York.

[111] Matheron, G. (1963). Principles of geostatistics. *Economic Geology* **58** 1246-1266.

[112] Matheron, G. (1973). The intrinsic random functions and their applications. *Adv. in Appl. Probab.* **5** 439-468.

[113] Matsuda, Y. and Yajima, Y. (2009). Fourier analysis of irregularly spaced data on R^d. *J. Roy. Statist. Soc. Ser. B* **71** 191-217.

[114] Møller, J. and Waagepetersen, R.P. (2004). *Statistical Inference and Simulation for Spatial Point Processes.* Chapman & Hall/CRC, Boca Raton.

[115] Mónica, A., Antunes, C. and Rao, T.S. (2006). On hypotheses testing for the selection of spatio-temporal models. *J. Time Ser. Anal.* **27** 765-791.

[116] Neumann, J.von, and Schoenberg, I.J. (1941). Fourier integrals and metric geometry. *Trans. Amer. Math. Soc.* **50** 226-251.

[117] Neyman, J. (1939). On a new class of "contagious" distributions, applicable in entomology and bacteriology. *Ann. Math. Statist.* **10** 35-57.

[118] Neyman, J. and Scott, E.L. (1952). A theory of the spatial distribution of galaxies. *Astrophys. J.* **116** 144-163.

[119] Neyman, J. and Scott, E.L. (1958). Statistical approach to problems of cosmology. *J. Roy. Statist. Soc. Ser. B* **20** 1-43.

[120] Neyman, J. and Scott, E.L. (1972). Processes of clustering and applications. In *Stochastic Point Processes: Statistical Analysis, Theory, and Applications*, Lewis, P.A.W. ed. 646-681, John Wiley & Sons, Inc., New York.

[121] Neyman, J., Scott, E.L. and Shane, C.D. (1953). On the spatial distribution of galaxies: a Specific Model. *Astrophys. J.* **117** 92-133.

[122] Niu, X. and Tiao, G.C. (1995). Modeling satellite ozon data. *J. Amer. Statist. Assoc.* **90** 969-983.

[123] Ogata, Y. (1988). Statistical models for earthquake occurrences and residual analysis for point processes. *J. Amer. Statist. Assoc.* **83** No.401, 9-27.

[124] 尾形良彦 (1993). 地震学とその周辺の地球科学分野に於ける統計モデルと統計的手法. 日本統計学会誌 **22** 第3号 413-463.

[125] 尾形良彦 (1998). 点過程モデル. 時系列解析の方法：尾崎 統・北川源四郎 編 168-179 朝倉書店.

[126] Ogata, Y. and Katsura, K. (1991). Maximum likelihood estimates of the fractal dimension for random spatial patterns. *Biometrika* **78** 463-474.

[127] Pace, R.K. and LeSage, J. (2010). Spatial Econometrics. *Handbook of Spatial Statistics*, Gelfand, A.L. et al. eds. Chapman & Hall/CRC, Boca Raton.

[128] Paelinck, J.H.P. and Klaassen, L.H. (1979). *Spatial Econometrics.* Saxon

House, Farnborough.
[129] Palm, C. (1943). Intensitätsschwankungen im Fernsprechverkehr. *Ericsson Technics* **44** 1-189.
[130] Pfeifer, P.E. and Deutsch, S.J. (1980). A three-stage iterative procedure for space-time modeling. *Technometrics* **22** 35-47.
[131] Poisson, S.D. (1837). *Recherches sur la Probabilité des Jugements en Matière Criminelle et en Matière Civile. Précédées des Règles Générales du Calcul des Probabilités*. Bachelier, Paris.
[132] Range, R.M. (1998). *Holomorphic Functions and Integral Representations in Several Complex Variables*, 2nd ed. Springer, New York.
[133] Ripley, B.D. (1977). Modelling spatial patterns (with discussion). *J. Roy. Statist. Soc. Ser. B* **39** 172-212.
[134] Robinson, P.M. (2010). Efficient estimation of the semiparametric spatial autoregressive model. *J. Econometrics* **157** 6-17.
[135] Rosenblatt, M. (1956). A central limit theorem and a strong mixing condition. *Proc. Nat. Ac. Sc. U.S.A.* **42** 43-47.
[136] Rosenblatt, M. (1985). *Stationary Sequences and Random Fields*. Birkhäuser, Boston.
[137] Rosenblatt, M. (2000). *Gaussian and Non-Gaussian Linear Time Series and Random Fields*. Springer, New York.
[138] Rudin, W. (1962). *Fourier Analysis on Groups*. Wiley, New York.
[139] Rue, H. and Held, L. (2005). *Gaussian Markov Random Fields: Theory and Applications*. Chapman & Hall/CRC, London.
[140] Ruiz-Medina, M.D., Anguko, J.M. and Anh, V.V. (2004). Fractional random fields on domain with fractal boundary conditions. *Inf. Dim. Anal. Quantum Probab. Rel. Top.* **7** 395-417.
[141] 齋藤正彦 (1966). 線型代数入門. 東京大学出版会.
[142] Schoenberg, I.J. (1938). Metric spaces and completely monotone functions. *Ann. Math.* **39** 811-841.
[143] Sherman, M. (2011). *Spatial Statistics and Spatio-Temporal Data: Covariance Functions and Directional Properties*. Wiley, Hoboken.
[144] 志賀浩二 (1991). 固有値問題 30 講. 朝倉書店.
[145] 島谷健一郎 (2012). ISM シリーズ：進化する統計数理 2 フィールドデータによる統計モデリングと AIC. 近代科学社.
[146] Shiryaev, A.N. (1995). *Probabilty*, 2nd ed. Springer, New York.
[147] Stein, M.L. (1993). A simple condition for asymptotic optimality of linear predictions of random fields. *Statist. & Probab. Letters* **17** 399-404.
[148] Stein, M.L. (1999). *Interpolation of Spatial Data: Some Theory for Krig-*

ing. Springer, New York.

[149] Stein, M.L. (2005). Space-time covariance functions. *J. Amer. Statist. Assoc.* **100** 310–321.

[150] Stoyan, D. and Stoyan, H. (1994). *Fractals, Random Shapes and Point Fields: Methods of Geometrical Statistics.* John Wiley & Sons, Ltd., Chichester.

[151] 杉浦光夫 (1985). 解析入門 II. 東京大学出版会.

[152] Tanaka, U. and Ogata, Y. (2014). Identification and estimation of superposed Neyman-Scott spatial cluster processes. *Ann. Inst. Statist. Math.* **66** 687–702.

[153] Tanaka, U., Ogata, Y. and Katsura, K. (2008a). Simulation and Estimation of the Neyman-Scott Type Spatial Cluster Models. *Computer Science Monographs* **34** 1–44. URL http://www.ism.ac.jp/editsec/csm/

[154] Tanaka, U., Ogata, Y. and Stoyan, D. (2008b). Parameter estimation and model selection for Neyman-Scott point processes. *Biom. J.* **50** 43–57.

[155] Tanaka, U., Saga, M. and Nakano, J. (2019a). NScluster: Simulation and Estimation of the Neyman-Scott Type Spatial Cluster Models. R package version 1.3.1, URL https://CRAN.R-project.org/package=NScluster.

[156] Tanaka, U., Saga, M. and Nakano, J. (2021). NScluster: An R Package for Maximum Palm Likelihood Estimation for Cluster Point Process Models Using OpenMP, *Journal of Statistical Software* **98** 1–22.

[157] Taniguchi, M. and Kakizawa, Y. (2000). *Asymptotic Theory of Statistical Inference for Time Series.* Springer, New York.

[158] Thomas, M. (1949). A generalization of Poisson's binomial limit for use in ecology. *Biometrika* **36** 18–25.

[159] 堤 盛人・瀬谷 創 (2012). 応用空間統計学の二つの潮流：空間統計学と空間計量経済学. 特集「時空間統計解析：新たなる分野横断的展開」. 柏木宣久・矢島美寛・清水邦夫 編. 統計数理 第 60 巻 第 1 号 3–25.

[160] van Lieshout, M.N.M. (2000). *Markov Point Processes and Their Applications.* Imperial College Press, London.

[161] van Lieshout, M.N.M. (2010). Spatial Point Process Theory. In *Spatial Point Process Theory, Handbook of Spatial Statistics*, Gelfand, A.L. et al. eds. Chapman & Hall/CRC, Boca Raton.

[162] Wackernagel, H. (1998). *Multivariate Geostatistics*, 2nd ed. Springer, Berlin.

[163] Wahg, D. and Loh, W-L. (2011). On fixed-domain asymptotics and covariance tapering in Gaussian random fields. *Electronic J. Statistics* **5** 238–269.

[164] Wall, M.M. (2004). A close look at the spatial structure implied by the CAR and SAR models. *J. Statist. Plann. and Infer.* **121** 311-324.
[165] Wendland, H. (1995). Piecewise polynomial, positive definite and compactly supported radial functions of minimal degree. *Adv. Comp. Math.* **4** 389-396.
[166] Wendland, H. (1998). Error estimation for interpolation by compactly supported radial basis functions of minimal degree. *J. Approx. Th.* **93** 258-272.
[167] White, H. (1994). *Estimation, Inference and Specification Analysis.* Cambridge University Press, New York.
[168] Whittle, P. (1954). On stationary processes in the plane. *Biometrika* **41** 434-449.
[169] Whittle, P. (1962). Gaussian estimation in stationary time series. *Bull. Int. Statist. Inst.* **39** 105-129.
[170] Yaglom, A.M. (1957). Some classes of random fields in n-dimensional space related to stationary random processes. *Th. Probab. and its Appl.* **2** 273-320.
[171] Yaglom, A.M. (1987a). *Correlation Theory of Stationary and Related Random Functions*, Vol. I, *Basic Results.* Springer, New York.
[172] Yaglom, A.M. (1987b). *Correlation Theory of Stationary and Related Random Functions*, Vol. II, *Supplementary Notes and References.* Springer, New York.
[173] Yajima, Y. and Matsuda, Y. (2009). On nonparametric and semiparametric testing for multivariate linear time series, *Ann. Statist.* **37** 3529-3554.
[174] 矢島美寛 (2011). 時系列解析から時空間統計解析への展望. 日本統計学会誌 **41** 219-244.
[175] 矢島美寛・平野敏弘 (2012). 時空間大規模データに対する統計解析法. 統計数理 **60** 57-71.
[176] Yoshihara, K. (2003). *Recent Topics on Random Processes and Fields*, Weakly Dependent Stochastic Sequences and Their Applications, VOL. XIII. Sanseido, Tokyo.
[177] Zhang, H. (2004). Inconsistent estimation and asymptotically equivalent interpolations in model-based geostatistics. *J. Amer. Statist. Assoc.* **99** 250-261.
[178] Zhu, Z. and Wu, Y. (2010). Estimation and prediction of a class of convolution-based spatial nonstationary models for large spatial data. *J. Comp. and Graph. Statist.* **19** 74-93.

索　　引

【欧字】

ARMA モデル, 30
AR モデル, 30
Banach 空間, 219
Bochner の定理, 16
Borel 測度, 210
CAR モデル, 42, 166
Cauchy-Schwarz の不等式, 218
Cauchy 列, 219
Cesàro 和, 232
completely random, 153
Fourier 級数, 232, 235
Fourier 係数, 231, 235
Fourier 変換, 228, 233
Helly の選出定理, 214
Herglotz の定理, 13
Hilbert 空間, 219
independent scattering, 153
Lebesgue 測度, 210
Lebesgue 分解, 210
L^p 収束, 223
MA モデル, 30
MPLE, 163
Neyman-Scott クラスター点過程, 155
Palm 型最尤推定値, 163
Palm 型最尤推定量, 163
Palm 型最尤法, 162
Palm 型尤度関数, 163
Palm 強度, 158

Parseval の等式, 227, 230
Poisson distribution of point counts, 153
Poisson 過程, 87
Poisson 点過程, 152
purely random, 153
Radon-Nikodym 微分, 209
Radon 測度, 210
Ripley の K-関数, 159
SAR モデル, 165
STARMA モデル, 185
σ-代数, 207
Thomas 点過程, 155
Whittle 推定量, 112

【ア行】

一様, 149
移動平均モデル, 30
イノベーション過程, 33
因果性, 32
エルミート関数, 13
親点, 155

【カ行】

概収束, 212
拡散的, 210
確率, 208
確率関数, 211
確率空間, 208

確率収束, 212
確率場, 3
確率ベクトル, 211
確率変数, 211
重ね合わせ, 162
可測関数, 211
可測空間, 208
可測写像, 211
可測集合, 208
片側的, 34
完備, 219
完備化測度, 209
完備測度, 208
完備測度空間, 208
稀少性, 154
キュムラント, 94
キュムラント・スペクトル密度関数, 106
強混合係数, 77
強混合条件, 77
強定常確率場, 7
強定常過程, 7
強度, 152
強度関数, 87, 151
強度測度, 150
共分散ティパリング, 138
局所有限点過程, 150
空間重み行列, 165
空間計量経済学, 164
空間自己回帰モデル, 165
計数測度, 210
格子データ, 3, 4
後退作用素, 29
子点, 155
固有定常確率場, 190
混合条件, 77
混合漸近理論, 76

【サ行】
最良線形不偏予測量, 133

最良線形予測量, 129
三角不等式, 217
散乱核, 155
時空間自己回帰移動平均モデル, 185
時空間データ, 1
時空間統計解析, 1
時系列データ, 3
自己回帰移動平均モデル, 30
自己回帰モデル, 30
自己共分散関数, 7
自己相関関数, 7
指示関数, 16
実 Euclid 空間, 220
射影, 225
弱コンパクト, 213
弱収束, 213
弱定常確率場, 7
弱定常過程, 7
集合関数, 208
充填漸近論, 76
条件付き自己回帰モデル, 42, 166
条件付き負定値, 191
シンプル, 154
スカラー, 217
スペクトル表現, 26
スペクトル分布関数, 19
スペクトル密度関数, 19
正規直交基底, 227
正規直交集合, 227
斉次 Poisson 点過程, 87, 153
斉次的, 152
正定値, 9
絶対連続, 209
線形過程, 28
線形空間, 217
線形写像, 225
線形部分空間, 217
線形予測量, 129
測度, 208
測度空間, 208

【タ行】

たたみ込み関数, 230
短期記憶過程, 86
単純クリギング, 135
地域データ, 3, 4
地点参照データ, 3
長期記憶過程, 86
直交確率測度, 19
直交する, 218
直交増分過程, 20
直交補空間, 226
定常, 149
テイパー因子, 108
ティパー型データ, 102
点過程, 148
点過程の分布, 148
点配置, 148
点配置データ, 3, 147
点パターン, 149
等距離写像, 22, 225
同時自己回帰モデル, 166
同相写像, 225
同値, 209
等方型モデル, 48
等方的, 149
特異, 209

【ナ行】

内積, 217
内積空間, 217
内積の連続性, 219
ナゲット効果, 198
ノルム, 217
ノルム空間, 217
ノルム収束, 218
ノルムの連続性, 219

【ハ行】

漠収束, 213, 214
白色雑音, 10

端効果, 101
バリオグラム, 190
半空間, 32
反転可能性, 33
バンド幅, 93
半バリオグラム, 190
非斉次 Poisson 点過程, 153
非斉次的, 151
非負定値, 9
非負定値性, 9
標本自己共分散関数, 80
ピリオドグラム, 101
複合最尤推定量, 203
複素 Euclid 空間, 220
複素数値弱定常確率場, 12
普通クリギング, 135
普遍クリギング, 135
フラクショナル・ガウシアン・ノイズ, 196
フラクショナル・ブラウン運動, 196
分布, 148
分布関数, 211
分布収束, 213
分離型モデル, 57
平均 2 乗収束, 223
閉部分空間, 225
閉包, 225
ベクトル, 217
ベクトル空間, 217
ボレル σ-代数, 208

【マ行】

マーク, 5

【ヤ行】

有界, 210
有限測度, 208

【ラ行】

領域増加漸近論, 76

零集合, 208

Memorandum

Memorandum

Memorandum

Memorandum

〈著者紹介〉

矢島美寛（やじま よしひろ）
1980 年	東京工業大学大学院理工学研究科博士課程 修了
同　年	東京工業大学理学部情報科学科 助手
1988 年	和歌山大学経済学部 助教授
1990 年	東京大学経済学部 助教授
1996 年	東京大学大学院経済学研究科 教授
2016 年	東北大学大学院経済学研究科 客員教授
現　在	東京大学名誉教授
	理学博士
専　攻	統計科学・計量経済学

田中　潮（たなか うしお）
統計数理研究所，立教大学を経て，
現　在　大阪公立大学大学院理学研究科 数学専攻 准教授
　　　　博士（学術）
専　攻　微分幾何学，Shape Theory，点過程論

理論統計学教程：従属性の統計理論	著　者	矢島美寛 2019
時空間統計解析		田中　潮
Spatio-temporal Statistical Analysis	発行者	南條光章
	発行所	共立出版株式会社
2019 年 5 月 15 日　初版 1 刷発行		〒112 0006
2022 年 5 月 1 日　初版 2 刷発行		東京都文京区小日向 4-6-19
		電話番号　03-3947-2511（代表）
		振替口座　00110-2-57035
		www.kyoritsu-pub.co.jp
	印　刷	大日本法令印刷
	製　本	加藤製本
検印廃止		一般社団法人
NDC 417		自然科学書協会
ISBN 978-4-320-11352-7		会員
		Printed in Japan

JCOPY ＜出版者著作権管理機構委託出版物＞
本書の無断複製は著作権法上での例外を除き禁じられています．複製される場合は，そのつど事前に，出版者著作権管理機構（TEL：03-5244-5088，FAX：03-5244-5089，e-mail：info@jcopy.or.jp）の許諾を得てください．

理論統計学教程

吉田朋広　栗木 哲 [編]

★統計理論を深く学ぶ際に必携の新シリーズ！

理論統計学は，統計推測の方法の根源にある原理を体系化するものである。論理は普遍的でありながら，近年統計学の領域の飛躍的な拡大とともに体系自身が変貌しつつある。本教程は，その基礎を明瞭な言語で正確に提示し，最前線に至る道筋を明らかにしていく。

【各巻：A5判・上製本・税込価格】

数理統計の枠組み

代数的統計モデル
青木　敏・竹村彰通・原　尚幸著
目次：マルコフ基底と正確検定（マルコフ基底の諸性質／他）／グラフィカルモデルと条件つき独立性（階層的部分空間モデル／他）／実験計画法におけるグレブナー基底／他
288頁・定価4180円・ISBN978-4-320-11353-4

従属性の統計理論

保険数理と統計的方法
清水泰隆著
目次：確率論の基本事項／リスクモデルと保険料／ソルベンシー・リスク評価／保険リスクの統計的推測／確率過程／古典的破産理論／現代的破産理論／付録／他
384頁・定価5060円・ISBN978-4-320-11351-0

時空間統計解析
矢島美寛・田中　潮著
目次：序論／定常確率場の定義と表現／定常確率場に対するモデル／定常確率場の推測理論／時空間データの予測／点過程論／地域データに対するモデル／他
268頁・定価4180円・ISBN978-4-320-11352-7

時系列解析
田中勝人著
目次：離散時間確率過程／連続時間確率過程／確率過程の分布収束／特性関数の導出／数値積分による分布計算／AR単位根時系列の分析／さまざまな単位根検定／他
460頁・定価6160円・ISBN978-4-320-11354-1

続刊テーマ

数理統計の枠組み

確率分布

統計的多変量解析

多変量解析における漸近的方法

統計的機械学習の数理

統計的学習理論

統計的決定理論

ノン・セミパラメトリック統計

ベイズ統計学

情報幾何，量子推定

極値統計学

従属性の統計理論

確率過程と極限定理

確率過程の統計推測

レビ過程と統計推測

ファイナンス統計学

マルコフチェイン・モンテカルロ法，統計計算

経験分布関数・生存解析

※定価，続刊テーマは予告なく変更される場合がございます

共立出版

www.kyoritsu-pub.co.jp
https://www.facebook.com/kyoritsu.pub